Die

Rechtsbildung

in

Staat und Kirche.

Von

Dr. jur. **Ernst Meier**,
Privatdocenten zu Göttingen.

Berlin.
Druck und Verlag von Georg Reimer.
1861.

Dem

Herrn Geheimen Oberregierungsrathe

Ludwig Aemilius Richter,

Doctor der Theologie und der Rechte, o. ö. Professor der Rechtswissenschaft
zu Berlin.

Vorwort.

Ich habe in der folgenden Abhandlung versucht, eine Lehre, welche für die Grundlagen der gesammten Rechtswissenschaft von der höchsten Bedeutung ist, im Zusammenhange aller dahin gehörigen Momente zu erörtern.

Ich habe mir aber diese Aufgabe nicht von vornherein so gestellt, sie hat sich vielmehr erst allmälig mit innerer Nothwendigkeit zu diesem Umfange erweitert. Indem ich nämlich darauf ausging, eine Theorie des kirchlichen Gewohnheitsrechts zu gewinnen, so wurde ich nach zwei Seiten über die Grenzen dieses ursprünglichen Gegenstandes hinaus geführt. Ich hielt es zunächst zum Zweck einer befriedigenden Lösung jener Aufgabe für nothwendig, die Darstellung einer vollständigen Theorie der kirchlichen Rechtsbildung zu versuchen, denn wenn es meiner Ansicht nach bisher nicht gelungen ist, zu einer wahren Einsicht in das Wesen des kirchlichen Gewohnheitsrechts zu gelangen, so scheint mir daran vorzugsweise die bisherige Behandlungsweise Schuld gewesen zu sein, welche sich ganz äußerlich mit einer isolirten Betrachtung des Gewohnheitsrechts begnügte, und indem sie den natürlichen Zusammenhang der Dinge ignorirte, keine andere als ungenügende Resultate hervorbringen konnte. Ich bin dann aber im weitern Fortgange meiner Untersuchungen dazu gelangt, auch eine Theorie über die Entstehung des Rechts überhaupt aufzustellen. Es dürfte nämlich an sich gewiß keinem Zweifel unterliegen, daß eine Theorie über die Entstehung des Kirchenrechts erst dadurch ihre letzte Begründung erhält, daß man sie in Verbindung bringt mit der Theorie über die Entstehung des Rechts überhaupt, denn so selbstständig und eigenthümlich nun auch die kirchliche Rechtsbildung vor sich gehen mag, so unterliegt sie doch in wichtigen Beziehungen Grundsätzen, die aller Rechtsbildung gemeinsam sind. Ich mußte mich dann aber um so mehr dazu aufgefordert fühlen, die Frage nach der Rechtsbildung überhaupt hier ausführlicher zu behandeln, als ich bei längerer Beschäftigung mit diesen Dingen mich immer entschiedener von derjenigen Theorie entfernte, welche als Lehre der historischen Schule in den weitesten Kreisen Geltung hat, und deren wesentliche Momente auch mir bisher als unangreifbare Axiome gegolten hatten.

Ich übergebe damit diese Ausführungen der wissenschaftlichen Prüfung derer, die zu einem Urtheile hier berufen sind; und wenn ich nun auch nicht hoffen kann, in der Lösung von Problemen, welche zu den schwierigsten gehören, die überhaupt aufgeworfen werden können, überall das Richtige getroffen zu haben, so ist es doch mein lebhafter Wunsch, daß diese Arbeit wenigstens insofern zu einer tiefern Erkenntniß der Wahrheit in diesen Lehren beitrage, daß Einiges von dem, was hier zurückgewiesen worden ist, für immer widerlegt, und Einiges von dem, was hier neu aufgestellt worden ist, für immer festgestellt erscheinen möge.

Göttingen, den 12. October 1860.

Inhalt.

Erster Theil.

Die Grundsätze der staatlichen Rechtsbildung.

Einleitung.

Die Kritik der bisherigen Lehren.

Indem es mir scheint als ob es den Bemühungen der Wissenschaft bisher nicht gelungen wäre, eine Lehre von der Entstehung des Rechts aufzustellen, die auf allen Punkten als ein wahrhafter Ausdruck der Verhältnisse des Lebens gelten könnte, so suche ich den Grund dafür sehr tief in der ganzen bisher angewandten Methode.

Ich glaube, daß es deshalb zu einer allseitig befriedigenden Lösung dieses Problems nicht hat kommen können, weil man sich immerfort nur darauf beschränkte, eine von anders woher entlehnte Theorie an die Rechtsbildung selbst anzulegen, während doch die Aufgabe es erfordert hätte, durch treues Eingehen in die Eigenthümlichkeiten der thatsächlichen Verhältnisse eine solche aus der wirklichen Rechtsbildung heraus zu entwickeln.

In der That zeigt uns die ganze bisherige Literatur als gemeinsamen Charakterzug das Bestreben, aus den römischen Quellen eine für Deutschland anwendbare Lehre zu gewinnen.

Es ist nöthig, wenigstens kurz einen Blick auf die Geschichte dieser Literatur zu werfen, denn durch Nichts mehr als durch den Verlauf, den die bisherige Behandlungsweise im Einzelnen genommen hat, werden wir zu einem Aufgeben derselben im Ganzen geführt.

Es sind drei Perioden in der Literaturgeschichte dieser Lehre zu unterscheiden, das Mittelalter, welches schon vor der Reception wenigstens in einem gewissen Sinne unter der Herrschaft des römischen Rechts stand, die neue Zeit, welche principiell die Reception auf dies Gebiet ausdehnte, und die neueste Zeit seit Anfang dieses Jahrhunderts, wo man angefangen hat, die Geltung des römischen Rechts in diesen Dingen principiell zu verwerfen, ohne daß es jedoch bei dem Mangel an einem neuen positiven Principe zu einer wirklichen Beseitigung desselben gekommen wäre.

Ich beginne mit der Literatur des Mittelalters.

Allerdings streng genommen hat es eine solche im eigentlichen Deutschland damals noch nicht gegeben; es hieße den Zustand der deutschen Rechtswissenschaft vor der Reception des römischen Rechts völlig verkennen, wollte man von jenen Anfängen einer wissenschaftlichen Bearbeitung, wie sie in den Rechtsbüchern vorliegt, eine Untersuchung von Fragen auch nur erwarten, an deren Lösung ohne eine gewisse Höhe wissenschaftlicher Ausbildung erreicht zu haben keine Zeit sich gewagt hat. So sehr man auch im deutschen Mittelalter der Grundsätze für die Entstehung des Rechts im Einzelnen sich bewußt war, und so richtig man überall im Leben danach verfuhr, so war man doch damals nicht dazu im Stande, dieselben in einem zusammenhängenden Ganzen zum wissenschaftlichen Bewußtsein zu bringen. Die vereinzelten Aussprüche, die über Rechtsbildung überhaupt und über Gewohnheit insbesondere im Sachsenspiegel, noch mehr im Schwabenspiegel vorkommen, und auch in andern Rechtsbüchern nicht ganz fehlen, bieten zwar recht gute Anhaltspunkte für die Darstellung der damals geltenden Sätze und dürfen so wenig wie die in den Gesetzen vorkommenden direkten Aussprüche übergangen werden, wenn es sich um eine Schilderung der damaligen Rechtsbildung handelt, aber sie sind doch so weit entfernt ein vollständiges Bild zu gewähren, daß sie mehr die negative Bedeutung haben, uns vor falschen Vorstellungen zu bewahren, während eine eigentliche Bearbeitung selbstständig auch für die damalige Zeit noch neben ihnen gemacht werden muß; eine zusammenfassende germanistische Behandlung dieser Lehre hat das deutsche Mittelalter nicht hervorgebracht.

Dennoch kann man nun aber sagen, daß es in Deutschland damals nicht ganz und gar an einer solchen Lehre gefehlt habe. Es hat damit folgende Bewandniß. In dem großen Werke der Etymologien des Isidor von Sevilla, welches dazu bestimmt war, die gesammten Bildungselemente des römischen Alterthums in sich zu vereinigen, finden sich an zwei Stellen, da wo die Rhetorik und da wo die Rechtswissenschaft abgehandelt wird, Sätze, welche sich auf die Entstehung des Rechts beziehen, theils Notizen aus der äußeren römischen Rechtsgeschichte, theils allgemeine Bemerkungen über Gesetz und Gewohnheit. Nicht als ob Isidor dabei auch nur entfernt daran gedacht hätte, durch diese Zusammenstellungen eine für seine Zeit und sein Land anwendbare Lehre zu gewinnen, der Kontrast, der zwischen der hier vorgetragenen sehr spiritualistischen Auffassung der Gewohnheit und dem beinahe gleichzeitigen gänzlichen Verbote derselben in dem westgothischen Gesetzbuche besteht, weist jeden Gedanken daran von vornherein zurück. Das Interesse, welches den Compilator auch hier leitete, war ein rein theoretisches, blos auf Erhaltung der Erzeugnisse antiker Cultur gerichtet; und es ist in dieser Hinsicht bezeichnend, daß die Quellen, aus denen Isidor hier geschöpft hat, nicht juristische, sondern die Schriften römischer Grammatiker und Philosophen gewesen zu sein scheinen; soviel nämlich auch im Einzelnen über die bei der Compilation angewandte Methode dunkel ist, sowenig man namentlich bisher weiß, ob etwa schon ähnliche Unternehmungen unserm Verfasser vorgelegen haben, so möchte doch die Richtigkeit jener Annahme mit gleicher Stärke aus formellen und materiellen Gründen sich ergeben, aus formellen insofern als keins der vorhandenen juristischen Quellenwerke, weder das Breviar, noch der Codex Theodosianus die geringste Aehnlichkeit aufweist, dagegen ein Vorhandensein der Originalschriften römischer Juristen im siebenten Jahrhundert in Spanien nicht gut angenommen werden kann; und aus materiellen Gründen insofern, als abgesehen von einer Masse Unrichtigkeiten, die allerdings aus der Bearbeitung sich herschreiben könnten, das Ganze, wie ein einziger Blick zeigt, nicht eine speciell juristische, sondern eine allgemein wissenschaftliche Färbung hat.

Diese Erörterungen über Entstehung des Rechts, wie sie aus

römischen Quellen bei Isidor sich finden, haben nun aber dadurch eine erhöhete Bedeutung gewonnen, daß sie als Grundlage jener umfassenden Lehre von der Rechtsbildung gedient haben, die Gratian an die Spitze seines Decrets gestellt hat. Es sind bekanntlich die ersten zwanzig Distinctionen, die in dieser Beziehung gegenüber dem sonstigen Inhalt des ersten Theils ein Ganzes bilden; eine Art Einleitung, auf welche allein sich die Ueberschrift des ganzen ersten Theils bezieht. In einem auf gewisse Weise großartigen Zusammenhange, der freilich vielfach unterbrochen wird durch Materien, die sogar zum Theil weder in einem kirchlichen Rechtsbuche, noch in einem Rechtsbuche überhaupt vernünftigerweise eine Stelle haben sollten, wird hier im Fortgange vom Allgemeinen zum Besondern das Wesen der Rechtsbildung untersucht. Indem Gratian, dessen Aussprüche wesentlich unter dem Einflusse der scholastischen Philosophie stehen, hierbei mehr als sonst im Vordergrunde steht, aber außer dem Isidor doch auch noch andere Gewährsmänner herbeizieht, so ist zunächst die Rede von dem Verhältniß des Naturrechts und des positiven, denn überall gäbe es einen Inbegriff von Principien, welche ohne selbst Recht zu sein, einen ewigen Maaßstab für die Entstehung alles Rechts darböten, sie beruheten zum Theil auf der Einrichtung der menschlichen Natur, der ihr innewohnenden Vernunft, zum Theil auf übernatürlicher göttlicher Offenbarung. Es wird dann, indem ich nur das Allgemeinste berühre, fortgegangen zur Entstehung des Rechts selbst; es handelt sich dabei zunächst um die Entstehung des Rechts im Allgemeinen, sie geschieht durch Gesetz und Gewohnheit; über Beides findet sich eine Theorie; genauer ist dann die Rede von der kirchlichen Rechtsbildung im Besondern, auch hier wieder wird Gesetz und Gewohnheit sich gegenübergestellt, und dann am Schlusse ausführlicher auf die Arten der kirchlichen Gesetze eingegangen.

Das Urtheil über die Behandlung, welche dieser Lehre im Decrete Gratians zu Theil geworden ist, wird etwa zusammenfallen mit dem Urtheil über die wissenschaftliche Bedeutung des Decrets überhaupt. Man wird nämlich auf der einen Seite nicht verkennen, daß für den Standpunkt des zwölften Jahrhunderts hier in der That etwas in jeder Weise Außerordentliches geleistet ist, zumal wenn man bedenkt, daß mit dem Decrete Gratians eine wissenschaftliche Bearbeitung des canonischen Rechts überhaupt erst begann, wie denn auch nirgends vorher eine derartige Abhandlung über die Entstehung des Rechts sich findet. Auf der andern Seite wird man aber freilich zugestehen müssen, daß bei diesem ersten Versuche es keineswegs überall gelungen ist, eine concordia discordantium canonum an jeder Stelle herbeizuführen, und das Recht durchgängig so darzustellen, wie es sich in der Anwendung fand; und am allerwenigsten möchte das eben von der Einleitung zu behaupten sein, die mit ihrer Theorie der Rechtsbildung der Wirklichkeit doch nur in den allgemeinsten Umrissen entsprach, und mehr eine theoretische Verzierung darbietet, wie denn das Mittelalter öfters in einem eigenthümlich naiven Verhältnisse zu seinen Theorien steht, die häufig sehr weit davon entfernt sind, einen Ausdruck für die Verhältnisse selbst zu gewähren.

Wenn daher auch in diesem Theile wie in den übrigen das Decret Gratians auf Deutschland nicht ohne Einfluß geblieben ist, was bei der Gemeinsamkeit der wenigen wissenschaftlichen Cultur von damals nicht anders zu erwarten war, uns aber auch noch besonders bezeugt wird, so hat sich dieser Einfluß doch blos auf der Oberfläche gehalten, und man war auch trotz des Decrets am Ende des Mittelalters in Deutschland sehr weit davon entfernt, eine Theorie über Entstehung des Rechts zu besitzen.

Eine solche ist erst das Resultat der neuern Zeit gewesen, zu der wir uns jetzt wenden.

Es unterliegt nun keinem Zweifel, daß die Lehre, welche sich jetzt ausbildete, einen bedeutenden Fortschritt enthielt gegen den Zustand von früher, wo man eine solche entweder gar nicht oder nur in den allgemeinsten Grundzügen gehabt hatte; indessen war sie doch trotzdem weit davon entfernt, das zu sein, was sie eigentlich hätte sein sollen, nämlich ein Spiegel der Rechtsbildung selbst, denn die Rechtsbildung selbst ging nach deutschen Grundsätzen vor sich, die Theorie dagegen beruhete auf romanistischen und canonistischen Quellen.

In der That ging die Entstehung des Rechts in Deutschland nicht blos vor der Reception und bei derselben, sondern auch nachher ganz in Gemäßheit derjenigen Grundsätze vor sich, die im engsten und untrennbarsten Zusammenhange mit der deutschen Staatsverfassung stehend, unter sich ein einheitliches Ganze bildeten, aus dem nicht beliebig einzelne Stücke herausgenommen, andere dafür hereingesetzt werden konnten. Von einer eigentlichen Reception des römischen Rechts kann für diese Lehre nicht die Rede sein, eine solche hat vielmehr nur insofern scheinbar stattgefunden, als auf manchen mehr untergeordneten Punkten eine thatsächliche Uebereinstimmung zwischen deutschen und römischen Grundsätzen sich vorfand, und man nun auch in den Gerichten anfing, die klaren und bestimmten Aussprüche der Art, die in der Justinianischen Compilation sich vorfanden, zu allegiren. Dabei soll indeß nicht ganz und gar in Abrede gestellt werden, daß nicht in einzelnen Beziehungen die fremden Rechte, namentlich das canonische, auch wirklich einen materiellen Einfluß geübt haben; nur gehören dahin längst nicht alle die Veränderungen in den Grundsätzen über Rechtsbildung, in denen äußerlich eine Uebereinstimmung mit dem römischen oder canonischen Recht allmälig zu Tage tritt; es ist das nämlich in sehr vielen Fällen nicht sowohl die Wirkung des Einflusses der fremden Rechte, als die Folge des Umstandes, daß die thatsächlichen Verhältnisse in Deutschland vielfach denjenigen allmälig immer ähnlicher wurden, aus denen manche solche Sätze der fremden Rechte hervorgegangen waren, und ich verweise in dieser Hinsicht namentlich auf die Bestimmungen hinsichtlich der Rescripte und Mandate, die ihre Geltung, soweit es zu einer solchen überhaupt kam, weniger der formellen Autorität des römischen Rechts als der Ausbreitung des staatlichen Absolutismus verdankten.

Es muß dann aber freilich im höchsten Grade auffallend erscheinen, daß trotzdem die Wissenschaft drei Jahrhunderte hindurch sich bemüht hat, auf romanistischer und canonistischer Grundlage eine solche Theorie zu gewinnen, die noch dazu in den weitesten Kreisen als eine durchaus genügende gelten konnte; man begreift auf den ersten Blick weder wie es möglich war, den richtigen Weg soweit zu verfehlen, noch wie dabei nicht sofort die größten Inconvenienzen zu Tage treten mußten.

Beides muß kurz erklärt werden.

In ersterer Beziehung verweise ich auf den Zustand der Rechtswissenschaft, die bekanntlich während dieser ganzen Periode, namentlich aber zu Anfang derselben, ganz unter dem Einflusse einer romanistischen Behandlungsweise stand. Es ist das an sich natürlich genug; denn es liegt durchaus nicht blos an den allgemeinen Bildungsverhältnissen des Mittelalters, daß es damals zu einer nennenswerthen Jurisprudenz nicht gekommen ist, es liegt vielmehr wesentlich an der eigenthümlichen Beschaffenheit des zu bearbeitenden Rechtsstoffs, der nach allen Seiten in s. g. naturwüchsiger Gestaltung auseinandergegangen war, statt daß eine kräftige Staatsgewalt sich der sorgfältigen Bildung desselben hätte unterziehen sollen; es ist im hohen Grade bezeichnend, daß erst mit der Reception die deutsche Rechtswissenschaft ihren Aufschwung nahm, denn erst da fand sie ein Material, welches in concentrirter Gestalt vorliegend, einer weitern Bearbeitung sich weit eher darbot. Wenn nun aber irgendwo eine wissenschaftliche Bearbeitung des deutschen Rechts mit Schwierigkeiten verknüpft war, so war das vor Allem hier der Fall, wo es sich darum handeln sollte, das vielgestaltige deutsche Rechtsleben in seinen Bildungsgesetzen zu begreifen, noch dazu in einer Zeit, in welcher die Grundsätze darüber sich in einem Uebergangszustande befanden.

Und um so leichter konnte man sich dann den fremden Rechten auch in dieser Beziehung überlassen, je mehr man darauf aus war, sie nur mit großer Vorsicht und Discretion zur Anwendung zu bringen. Das ist aber in der That geschehen. Weit entfernt, die in den Quellen wirklich vorliegende Lehre über Rechtsbildung wiederzugeben, beschränkte man sich vielmehr darauf, indem man alle charakteristischen römischen Sätze aus der Darstellung herausließ, nur diejenigen Momente hervorzuheben, in denen wirklich jene erwähnte thatsächliche Uebereinstimmung sich fand. Wenn es nun auch auf diese Weise nicht zu vermeiden war, daß die aus dem ganzen Zusammenhange der römischen Lehre herausgerissenen einzelnen Sätze ein ganzes Heer von Controversen mit sich führten, die von den Zeiten der Glossatoren her immerfort in derselben Fassung wiederkehren, und die man sich Jahrhunderte hindurch vergeblich immer wieder bemühte, mit immer denselben ungenügenden Mitteln zu lösen, so brachte man es doch jedenfalls zu den Elementen einer Theorie, die auf den deutschen Hausgebrauch berechnet den Verhältnissen nicht geradezu widersprach.

Völlig ungenügend war aber die ganze Methode trotzdem, denn Alles was dabei zu erreichen war, bestand darin, durch maaßvolle Anwendung römischer Sätze offenbare Fehler zu vermeiden, während dagegen gar keine Möglichkeit dazu vorhanden war, auf diesem Wege tiefer in das Wesen der Rechtsbildung einzudringen und eine allseitige Theorie derselben zu gewinnen. Es ist bei dieser Lage der Dinge denn auch durchaus überflüssig, auf die überaus zahlreiche Literatur, welche unter dem Einflusse jener Methode sich mit unserer Lehre beschäftigt, im Einzelnen näher einzugehen.

Ich wende mich zuletzt, indem ich den Verlauf der Literaturgeschichte ins gegenwärtige Jahrhundert hinein verfolge, zur Lehre der historischen Schule von der Entstehung des Rechts; denn epochemachend und bedeutungsvoll ist diese Lehre im höchsten Grade.

Es ist dabei zweierlei hervorzuheben.

Es muß zunächst in nachdrücklichster Weise darauf hingewiesen werden, daß die historische Schule, wenigstens die Begründer derselben, davon ausgegangen sind, die bisher angenommene Autorität der fremden Rechte, namentlich des römischen, so bestimmt wie möglich zu verwerfen. Die Aussprüche sowohl Savigny's als Puchta's in dieser Beziehung sind völlig klar und deutungslos. Und in der That sobald man einmal anfing tiefer in diese Fragen einzudringen, konnte es gar nicht anders sein, als daß man vor allen Dingen das bisher bestandene Verhältniß zum römischen Rechte löste.

Nun scheint es mir aber für die ganze weitere Behandlung dieser Lehre verhängnißvoll geworden zu sein, daß man es durchaus versäumte, sich nach Verwerfung des römischen Rechts über einen neuen positiven Ausgangspunkt klar zu werden, denn die wenigen Aeußerungen, die sich überhaupt in dieser Beziehung an maaßgebender Stelle finden, sind doch durchaus inhaltslos, so wenn Puchta davon spricht, daß eine Lehre gewonnen werden müsse, die als das Resultat der gesammten juristischen Vergangenheit sich darstelle. Und so auffallend eine derartige Unklarheit in den Grundlagen einer solchen Lehre nun auch erscheinen mag, so giebt es doch dafür eine genügende Erklärung. Es kommt nämlich dafür der eigenthümliche Umstand in Betracht, daß entsprechend dem hohen Stande der romanistischen Jurisprudenz es vorzugsweise gerade Romanisten gewesen sind, die sich mit diesen immer eine gewisse formelle Ausbildung erheischenden Fragen beschäftigt haben, und die doch geradezu ihre Incompetenz hätten erklären müssen, wenn sie nicht blos das römische Recht verwarfen, sondern auch anerkannten, daß das deutsche dafür an die Stelle gesetzt werden müßte. Leider hat jedoch diese Vertuschung zu Nichts geholfen, im Gegentheil, die historische Schule hat sich durch diese Unklarheit in der Methode von vornherein mit Nothwendigkeit um alle Erfolge ihrer Anstrengungen gebracht.

Diese Methode ist nun nämlich eine doppelte.

Man geht nicht zu weit, wenn man es als das Charakteristische derselben hervorhebt, daß an Stelle der Anwendung einer falschen Quelle eine Nichtbeachtung jeder Quelle, eine völlige Quellenlosigkeit getreten ist. In demselben Augenblick, wo man die bisherige romanistische Grundlage verwarf, hielt man sich auch für befugt, von allen positiven Zuständen abzusehen, und begab sich auf das Gebiet der Construction. Man gelangte auf diese Weise von geistreichen Voraussetzungen aus, die man aber Gott weiß woher entnommen hatte, zu einer Theorie, die sich gewissermaaßen von selbst verstand, von der stillschweigend angenommen wurde, daß sie wesentlich gleichartig bei allen Völkern in allen Zeiten sich finde, die überall in Betracht kommen müsse, wo es nur immer um Entstehung des Rechts sich handle. Es sind eben geniale Männer gewesen, die so zu Werke gegangen sind, und es enthält deßhalb sehr Vieles von dem, was sie auf diese Weise neu entdeckt haben, eine viel tiefere Erkenntniß von dem Wesen der Rechtsbildung, als alle früheren Versuche derart, wenn sie auch vielleicht methodisch correcter waren; aber das ist doch ebensowenig zu verkennen, daß sie an vielen Punkten, nachdem sie sich jedes Correctivs in der Betrachtung der thatsächlichen Verhältnisse beraubt hatten, von dem Boden der Wirklichkeit weg in das Reich der Phantasien und Träume geriethen.

Und es ist immerhin sehr merkwürdig, wie sehr die historische Schule ihre sonst auf klares und nüchternes Begreifen des Wirklichen und Historischen gerichtete Methode gerade bei dieser Gelegenheit, wo sie am meisten hätte zur Anwendung gebracht werden müssen, aufgab.

Aber ganz wurde sie auch eben nicht aufgegeben, denn sowohl Savigny als auch Puchta waren viel zu sehr auf die gründlichste Quellenforschung angelegt, als daß sie es auf die Dauer in der dünnen Luft dieser Abstractionen hätten aushalten sollen; ja das Bedürfniß zu einer Vergleichung ihrer Ideen mit den wirklichen Lebensverhältnissen, um darin einen Stützpunkt für dieselben zu finden, mußte sich sehr stark und unabweisbar bei ihnen geltend machen, indem sie sich sogar dazu entschlossen, trotz ihrer principiellen Verwerfung des römischen Rechts, dasselbe doch nachträglich im weitesten Umfange zur Anwendung zu bringen. Auf diese Weise ist denn aber thatsächlich die ganze Methode der historischen Schule dahin ausgeartet, daß man sich auf das römische Recht überall da berief, wo man seine Aussprüche irgendwie mit der vorgefaßten Lehre in Einklang zu bringen vermochte, während man dagegen, wo das nun einmal platterdings nicht ging, auf das mangelhafte Verständniß der römischen Juristen und die uns zu Theil gewordene tiefere Einsicht in die Grundwahrheiten der Entstehung des Rechts verwies.

Es ist nicht nothwendig, das Vorhandensein dieses Dualismus in der Methode der historischen Schule an den hervorragendsten Erscheinungen der darauf bezüglichen Literatur besonders nachzuweisen; es wird vielmehr genügen, einen flüchtigen Blick auf das bekannte Buch von Puchta über das Gewohnheitsrecht zu werfen, welches doch gewiß bei seiner Bedeutung für die Ausbildung dieser Lehre Anspruch darauf hat als Prototyp der Behandlungsweise gelten zu können. Und in der That, es bietet uns einen sehr interessanten und einleuchtenden Beleg. Ich will dabei gar keinen Werth auf den Umstand legen, daß eine Erörterung über das rein römische Gewohnheitsrecht, abgesehen von dem Einflusse, den die römischen Ansichten auf die Folgezeit ausgeübt haben, als Einleitung an die Spitze der ganzen Darstellung gestellt ist, denn das hat doch, unbeschadet der spätern Erklärungen Puchta's, wesentlich nur einen historischen rein theoretischen Zweck, nämlich den an sich gewiß sehr berechtigten, einfach die Grundsätze kennen zu lernen, welche über diesen Gegenstand bei dem classischen Volke der Rechtswissenschaft zur Ausbildung gekommen sind, und es steht in der That diese Einleitung mit dem übrigen Theile des Buches nur in einem sehr entfernten und losen Zusammenhange. Es bedarf natürlich keiner Bemerkung darüber, daß dieser Theil der Aufgabe von Puchta mit gewohnter Meisterschaft gelöst ist. Wenn wir uns nun aber zu der Darstellung der Theorie selbst wenden, wie sie Puchta hier aufstellt, so treten dabei die angedeuteten Eigenthümlichkeiten der Methode auf das Klarste hervor. Soweit es sich nämlich dabei zunächst um allgemeine Grundbegriffe handelt, namentlich um den Begriff die Gültigkeit und den Werth des Gewohnheitsrechts, so werden diese eben ohne jede weitere Rücksicht auf concrete Zustände in der Weise willkürlichster Construction zu Stande gebracht; und wenn es anfangs schien, als ob die in Deutschland wirklich stattgefundene Rechtsbildung dabei nicht ganz zur Seite bleiben sollte, so sind doch die Ansätze zu einer solchen Behandlungsweise, die freilich eigenthümlich genug ausfielen, sofort wieder aufgegeben. Ein völlig anderes Aussehen gewinnt dann aber die Darstellung, als sie an dem Punkte anlangt, wo ein Eingehen in die speciellen Lehren nothwendig wird, denn nun befinden wir uns mit einem Male mitten in einer römischrechtlichen Monographie, und die Theorie des Gewohnheitsrechts, soweit es sich um die Erfordernisse, die Erkenntnißquellen, die Wirkung, den Beweis handelt, erfährt auf diese Weise eine ganz auf positiven Grundlagen ruhende Bearbeitung mit Herbeiziehung des ganzen wissenschaftlichen Apparats, wie er zur Behandlung der Lehren und Institute des heutigen römischen Rechts erfordert wird, wozu außer den Quellen auch noch eine umfassende Benutzung der Literatur von den Zeiten der Glossatoren her gehört.

Es mag nun wohl selten vorgekommen sein, daß eine neue Lehre von dem Augenblicke ihres ersten Auftretens an einen so vollständigen Erfolg davon getragen hat, wie gerade diese. Man war gar nicht dazu im Stande, sich dem Eindruck zu entziehen, den die geistige Ueberlegenheit der Begründer derselben und die Vollendung der

Form, in der sie vorgetragen wurde, nothwendig ausüben mußte. Und ohne, daß man vorläufig auch nur daran gedacht hätte, neue Untersuchungen über die Grundlagen anzustellen, war vielmehr eine ganze Generation von Rechtsgelehrten einzig damit beschäftigt, die auf jenen Grundlagen gefundenen Resultate in den einzelnen Gebieten des Rechtslebens zur Geltung zu bringen, wie das ein Blick auf die Compendien aller möglichen juristischen Disciplinen bestätigen wird. Es war eben auf die Zeit großer Anregungen und Entdeckungen eine Zeit gefolgt, welche wenigstens in diesen Dingen eines schöpferischen Geistes entbehrend nur receptiv verfuhr und sich einfach auf das Reproduciren dessen beschränkte, was früher neu aufgestellt war. Und wie das dann zu gehen pflegt, man war auch nicht einmal darin besonders glücklich, denn man kam vielfach, ohne es auch nur entfernt zu wollen, dahin, anstatt der orthodoxen Lehre, die man wirklich nur einfach wiedergeben wollte, Theoreme aufzustellen, die in wesentlichen Punkten höchstens eine Carricatur derselben genannt werden können. Es ist das übrigens so natürlich wie möglich, denn wenn dieselbe Auffassung auch nur von zweien wiedergegeben wird, so bleibt sie selten ganz dieselbe, geht vielmehr aus der Hand eines jeden neuen Bearbeiters stets in etwas veränderter Gestalt hervor; es kommt aber noch hinzu, daß es überall das Schicksal der Nachfolger ist, die Ideen, die von den Meistern in maaßvoller Weise vorgetragen worden sind, in's Abentheuerliche zu erweitern. Es ließe sich in der That eine interessante Blumenlese von dergleichen veranstalten. Ich hebe diesen Umstand aber nur deshalb hervor, um einen strengen Unterschied zu machen zwischen der eigentlichen Theorie der historischen Schule und den Ausschreitungen und Uebertreibungen der Späteren, und um in dieser Hinsicht darauf hinzuweisen, daß eine Polemik, welche blos gegen die letztern gerichtet ist, jene Lehre selbst wesentlich unberührt läßt; wir haben es hier überhaupt nur mit der Sache selbst zu thun und nicht mit dem, was daran hängt. Dafür hatten übrigens die Begründer der historischen Schule selbst schon gesorgt, daß es allmälig ganz in Vergessenheit gerathen mußte, wie sie selbst ursprünglich zum römischen Rechte im Princip gestanden hatten, in der That war von einer Beanstandung desselben in dieser ganzen Literatur kaum noch die Rede.

In ihren wesentlichen Theilen ist aber jene Theorie auch noch heut zu Tage herrschend. Denn wenn es auch an Angriffen gegen dieselbe inzwischen nicht ganz und gar gefehlt hat, so sind diese doch bisher noch nicht principiell gegen die Methode, wenigstens nicht gegen das Innerste der Methode gerichtet gewesen. Es hat deßhalb in dieser Beziehung hier zunächst gar kein Interesse, wenn hin und wieder Einzelnheiten in den Resultaten in Frage gestellt sind, wie das z. B. in der Lehre vom Gewohnheitsrechte, wo man sich genöthigt sah, einige sehr spiritualistische Auffassungen wenigstens in etwas auf das Maaß der gegebenen Verhältnisse und wirklichen Zustände zurückzuführen, von sehr bedeutenden Männern, namentlich solchen, die der Praxis näher standen, in der That geschehen ist. Man hat sich aber in solchen Fällen einfach darauf beschränkt, unter Festhaltung der alten Lehre, der neuen Theorie den Eingang zu verwehren, ohne auch nur den Versuch zu machen, an solchen offenbaren Unrichtigkeiten einzelner Consequenzen, die doch aber auch mit dem Princip auf das Engste zusammenhingen, eine Unrichtigkeit der ganzen Methode nachzuweisen, wobei man freilich zu der Erkenntniß hätte kommen müssen, daß auch die Methode, der man selbst unbewußt folgte, blos den Besitzstand für sich hatte, und sonst ohne jede tiefere Rechtfertigung war.

Es ist dann aber allerdings auch ein Angriff auf die Methode erfolgt, nur nicht in zureichender Weise, denn es wurden nur einzelne Momente derselben in Frage gestellt, nicht aber der Ausgangspunkt bekämpft, so daß alle Opposition doch immer mehr oder weniger auf dem Boden der historischen Schule stehen geblieben, und von den Grundanschauungen derselben ausgegangen ist. Meinem Plane getreu, die Literärgeschichte nur in ihren Hauptmomenten zu berücksichtigen, gehe ich in diesem Zusammenhange nur auf die Anschauungen von Georg Beseler ein, denn er ist doch der Einzige gewesen, der in hervorragender und eigentlich allein ebenbürtiger Weise die Theorie der historischen Schule bekämpft hat. Aber auch seinem Angriff kann ich keine größere Bedeutung beilegen als die eben angedeutete. Es ist allerdings richtig, Beseler steht nicht blos in einzelnen seiner Resultate in zum Theil schroffem Gegensatz gegen die gemeingültige herrschende Lehre, sondern es beruht seine ganze Stellung auch wesentlich auf tiefen Differenzpunkten in der Methode. Namentlich ist ja Beseler von dem Bestreben geleitet gewesen, das deutsche Recht gegenüber dem römischen hier zur Geltung zu bringen. Ich muß aber trotz alledem auf das Bestimmteste hervorheben, daß Beseler nicht entfernt daran denkt, an Stelle der bisherigen construirenden Methode eine rein positiv-geschichtliche treten zu lassen; und wenn auch Ansätze von ihm gemacht sind, das deutsche Recht als positive Grundlage bei seiner Theorie zu verwerthen, so steht er doch selbst viel zu sehr unter dem Einflusse der früheren Behandlungsweise, um unter gänzlichem Aufgeben aller Construction nur mit den Thatsachen zu operiren. Ja noch mehr, die Constructionen, auf denen auch er seine Theorie auferbaut, stimmen auch hinsichtlich ihres Inhalts in sehr viel weiterer Ausdehnung als man gewöhnlich annimmt, mit demjenigen zusammen, was auch die historische Schule lehrt. Zunächst nämlich ist ein sehr großer Theil der obersten Voraussetzungen in jeder Hinsicht völlig gemeinsam, ein Umstand, den man wohl nur deshalb vielfach übersehen hat, weil man sich allmälig daran gewöhnt hatte, dergleichen als etwas völlig Selbstverständliches, gar nicht der historischen Schule Eigenthümliches zu betrachten. In einem anderen Theile findet sich dann zwar eine förmliche Uebereinstimmung nicht, im Gegentheil, es treten mannigfache Differenzen zu Tage, nur scheint es mir, als ob Beseler von den einmal gegebenen Grundlagen aus hier vielfach sehr viel richtiger construirt hätte, als die historische Schule selbst, daß man also in solchen Modificationen eine Weiterbildung jener Ansicht anerkennen muß; und wenn gerade gegen solche Punkte eine außerordentlich heftige Polemik aus dem Mittelpunkte der historischen Schule heraus entbrannt ist, so scheint mir diese besonders dadurch ihren Charakter angenommen zu haben, weil man jene Folgerungen zwar ihrem Inhalte nach auf das Entschiedenste verwarf, aber doch das Gefühl nicht unterdrücken konnte, daß dieselben mit dem angenommenen Princip in einem nicht abzuweisenden Zusammenhange ständen. Endlich findet sich dann freilich in den Constructionen Beseler's auch

Vieles, was in gar keinem Zusammenhange mit der Lehre der historischen Schule steht. In Bezug darauf muß ich mich aber bei aller Anerkennung vor Beseler dem allgemeinen Urtheile anschließen, wonach diesem Theile seiner Ausführungen ziemlich einstimmig der Eingang zu den für vollgültig anerkannten Sätzen der Wissenschaft verwehrt ist, es scheint auch mir das Meiste darunter mehr original zu sein als wahr, und es ist also hier bei einem zwar anerkennenswerthen aber doch mißlungenen Versuche geblieben.

Indem nun aber die Bearbeitung dieser Lehre in dieser Lage sich gegenwärtig befindet, glaube ich, daß es allerdings durch den bisherigen Verlauf der Literärgeschichte gerechtfertigt sei, wenn ich es jetzt versuche, einen neuen Aufbau der Theorie über die Entstehung des Rechts unter wirklicher Zugrundelegung der deutschen Rechtsbildung und allein mit Rücksicht auf sie zu unternehmen.

Ich gehe dabei im Einzelnen in folgender Weise zu Werke.

Es handelt sich zunächst darum, die allgemeinen Lehren, die der deutschen Rechtsbildung zu Grunde liegen, festzustellen; in der That ist eine solche abgesonderte Behandlung derselben nothwendig; denn wenn ein solches Verfahren schon an sich geboten wäre, so wird es noch besonders nahe gelegt durch die Rücksicht auf den Stand der herrschenden Lehre, wonach eine günstige Aufnahme des Einzelnen nur dann erwartet werden kann, wenn es vorher gelungen ist, eine Verständigung über gewisse Hauptpunkte herbeizuführen.

Ich wende mich dann aber, nachdem das versucht worden ist, zu einer Erörterung über die Grundsätze der Rechtsbildung im Einzelnen. Dieser besondere Theil zerfällt wieder in zwei Abschnitte, einen geschichtlichen und einen dogmatischen. Es ist nämlich zunächst erforderlich, die Normen, nach denen die deutsche Rechtsbildung vor sich geht, in ihrer historischen Genesis kennen zu lernen, denn es gilt auch hier, daß die Zustände der Gegenwart nicht verstanden werden können ohne Kenntniß der Vergangenheit. Freilich muß ich mich darauf beschränken, aus der hier stattgefundenen geschichtlichen Entwicklung nur die Hauptmomente herauszuheben, während es einer Geschichte des deutschen Staatsrechts oder auch der Rechtsquellen überlassen bleiben muß, durch Hervorheben des Details dieses geschichtlichen Verlaufs eine Aufgabe zu lösen, die bisher noch nicht gelöst worden ist, und die auch, so belohnend sie auf gewisse Weise ist, doch immer auf eigenthümliche Schwierigkeiten stoßen wird, in Folge deren eine ganz befriedigende Lösung überhaupt kaum zu hoffen ist. Auf dieser geschichtlichen Grundlage kommt es dann zu einer Darstellung derjenigen Grundsätze, nach denen die deutsche Rechtsbildung in der Gegenwart vor sich geht. Wenn es dort auf das Herbeiziehen gewisser Partien der deutschen Staats- und Rechtsgeschichte ankam, so befinde ich mich hier nach meiner Auffassung auf dem Boden des deutschen Staatsrechts, und es ist demgemäß, wenn man will, dieser dogmatische Theil nichts weiter, als eine umfassendere Behandlung derjenigen Erörterungen, die schon immer als Theorie der Gesetzgebung in den Systemen des deutschen Staatsrechts eine Stelle gehabt haben; wie ich denn glaube, daß hier ins Künftige die ganze Lehre von der Entstehung des Rechts abgehandelt werden müsse, aber auch hier allein und nicht zu gleicher Zeit auch in den Einleitungen zu allen möglichen andern Disciplinen.

Es wird ein doppeltes Verfahren zur Anwendung gebracht werden, um aus der Rechtsbildung heraus die Grundsätze zu finden, die dabei maaßgebend sind. Es kommt nämlich dafür zunächst auf die ausdrücklichen Aussprüche der Quellen an, wie sich solche in Deutschland so gut wie anderswo und fast auf allen Stufen unserer Rechtsentwicklung, namentlich aber in den späteren Zeiten finden. Indessen würde man doch, wenn man sich darauf allein beschränken wollte, nie dahin gelangen, eine zusammenhängende Theorie aufzustellen, denn jene directen Quellenzeugnisse sind immer nur vereinzelt, und nirgends ist man, wo die Rechtsbildung selbst vor sich geht, dazu gekommen, theoretisch über dieselbe zu reflectiren, und einer solchen Reflexion eine officielle Bedeutung beizulegen. Man war sich zu allen Zeiten an maaßgebender Stelle der geltenden Grundsätze bewußt, überließ es aber zu allen Zeiten der Wissenschaft, unter Hinzunahme noch anderer Momente, ein System daraus zu Stande zu bringen. Indem daher jenen directen Aeußerungen mehr nur eine negative Bedeutung beigelegt wird, wonach sie insoweit aufs Höchste zu respectiren sind, daß kein einziger Punkt in der aufgestellten

Theorie irgendwie mit ihnen im Widerspruch stehen darf, so ist es doch durchaus nothwendig, um gleichsam die Zwischenräume zwischen jenen Aussprüchen mit Fleisch und Blut zu erfüllen, auf die jedesmalige Staatsverfassung zurückzugehen, und die in ihr enthaltenen allgemeinen Grundsätze auf die Rechtsbildung anzuwenden, natürlich ohne in irgend einer Weise von vorgefaßten Meinungen dabei auszugehen.

Erster Abschnitt.

Die Grundsätze der Rechtsbildung im Allgemeinen.

Erstes Capitel.

Die Rechtsbildung hinsichtlich des Subjects.

I. Das Volksbewußtsein und das Gewohnheitsrecht.

Auf drei Gesichtspunkte lassen sich die allgemeinen Grundsätze, welche für die Entstehung des Rechts in Deutschland in Betracht kommen, zurückführen, auf die Frage nach dem Subjecte der Rechtsbildung, auf die Frage nach den Principien, welche den Inhalt derselben bestimmen, auf die Frage endlich nach der Form, in welcher sie sich äußerlich manifestirt.

Die Frage nach dem Subjecte der Rechtsbildung, auf die wir hier zunächst eingehen, ist die bei Weitem wichtigste, die Grundlage der ganzen Theorie.

Ich muß in dieser Beziehung damit beginnen, eine Grundanschauung der historischen Schule zurückzuweisen, welche in den Begriffen Volksbewußtsein und Gewohnheitsrecht sich ausspricht. Es erscheint danach als das oberste Subject der Rechtsbildung nicht der Staat, sondern im Unterschiede vom Staate das Volk, in dem Sinne, daß man darunter die Gesammtheit der zu einer rechtlichen Gemeinschaft vereinigten Menschen versteht, ohne Rücksicht auf jede äußere Organisation, ganz abgesehen von den Formen irgend welcher Verfassung, und daß man nun annimmt, die Ueberzeugung, welche sich hier in Bezug auf rechtliche Dinge geltend mache, das Volksbewußtsein, wie man es nennt, habe eine unmittelbare rechtsbildende Kraft und Bedeutung, in der Weise, daß dasselbe von keiner Seite her und namentlich auch nicht durch die höchste Staatsgewalt in seiner Wirksamkeit irgendwie eingeschränkt werden könne. Als ein unmittelbarer Ausdruck dieses Volksbewußtseins und mit demselben identisch erscheint dann in diesem Zusammenhange das Gewohnheitsrecht, wie das Volksbewußtsein selbst von allen Erfordernissen entbunden, und wie das Volksbewußtsein selbst der Einschränkung des Staats durchaus entzogen, so daß auch die höchste Gewalt im Staate gegen die Natur der Verhältnisse sich auflehnen würde, falls sie es etwa unternehmen sollte, das Gewohnheitsrecht verbieten zu wollen.

Es sind das Anschauungen, wie sie wirklich in sehr weiten Kreisen sich finden, und sie werden namentlich auch in ihren wesentlichen Momenten von Georg Beseler getheilt, denn die Stellung, welche er seinem Volksrechte im Gegensatze zum staatlichen Gesetzesrechte anweist, entspricht doch in ihren Grundgedanken ganz und gar demjenigen, was die historische Schule auch sonst in dieser Beziehung lehrt, wenn freilich auch hier wie sonst anerkannt werden muß, daß Beseler auf der einen Seite manche Doctrinen consequenter weitergebildet hat, daß dagegen auf der anderen Seite sich Manches findet, wobei Beseler von seinen Vorgängern auch im Grundgedanken abweicht. Es bezieht sich Letzteres namentlich auf die besondere Bedeutung, welche er dem Gewohnheitsrechte beilegt; es mag indeß um so eher erlaubt sein, darüber hinwegzugehen, als Beseler selbst späterhin den in dieser Hinsicht aufgestellten Behauptungen wesentliche Modificationen hat zu Theil werden lassen.

Ich glaube nun aber, daß in dieser Grundanschauung der historischen Schule auch der Grundfehler der ganzen Theorie liegt; ich halte die eben dargestellte Doctrin für unrichtig aus einem doppelten Grunde.

Es scheint mir nämlich zunächst, daß es derselben an jeder realen

Unterlage in den concreten Verhältnissen der deutschen Rechtsbildung durchaus fehlt, und daß sie weit entfernt, die Wirklichkeit zu einem adäquaten Ausdrucke zu bringen, mit derselben in einem tiefen unlösbaren Widerspruche sich befindet. Es möchte sich gerade hier bei dem Ausgangspunkte der Theorie der an der Methode der historischen Schule hervorgehobene Mangel schwer gerächt haben. Denn es lassen sich solche Doctrinen von einer über der höchsten Staatsgewalt stehenden rechtsbildenden Gewalt so lange mit einigem Scheine aufstellen, als dabei vom Staate nur ganz im Allgemeinen die Rede ist, sie stellen sich aber sofort in ihrer ganzen inneren Unwahrheit heraus, sobald man genöthigt ist, sie gegenüber einem ganz bestimmten Staate, und nicht bloß in der Theorie, sondern auch in der Praxis zur Anwendung zu bringen. Es ist zwar an sich nicht ganz leicht, das Nichtvorhandensein von Momenten zu beweisen, welche eine fast unsichtbare Existenz führen, es scheint mir indessen trotzdem in den Verhältnissen, wie sie namentlich in Preußen vorliegen, eine ganz direkte Widerlegung jener Behauptungen enthalten zu sein. Denn in Preußen ist allerdings durch die höchste Staatsgewalt ein ausdrückliches Verbot eines allgemeinen Gewohnheitsrechts erfolgt, und es scheint mir damit so klar wie möglich ausgesprochen zu sein, daß wenigstens dem preußischen Volke und dem unmittelbaren Rechtsbewußtsein desselben eine rechtsbildende Gewalt über der höchsten preußischen Staatsgewalt nicht zustehe. Und in der That besteht jenes Verbot noch heutzutage in vollster Kraft, ohne daß es bisher dazu gekommen wäre, daß das allgemeine preußische Volksbewußtsein, über die angeblich beschränkte Auffassung des Landrechts sich hinwegsetzend, mit innerer Nothwendigkeit in allgemeinen Gewohnheitsrechten sich Bahn gebrochen hätte. Jedenfalls dürfte kein Zweifel darüber bestehen, daß der preußische Staat denjenigen Richter, der aus Vorliebe für jene Lehre eine solche höhere Rechtsbildung bei seinen Erkenntnissen zu Grunde legen würde, in die Schranken seiner Befugnisse zurückzuweisen hätte; und ich hege kein Bedenken, daß Savigny selbst in der Stellung, die er später einnahm, diejenigen seiner Anhänger verleugnet haben würde, die auf diese Weise bestrebt gewesen wären, seiner Lehre einen Eingang in die Gerichtshöfe zu verschaffen.

Es scheint mir dann aber auch außerdem, daß, abgesehen von einer Vergleichung mit den thatsächlichen Verhältnissen der Rechtsbildung, die ganze Theorie in sich selbst völlig unhaltbar sei, da sie eng zusammenhängt mit den Lehren von der Volkssouveränetät und der naturrechtlichen Construction des Staates. Ich muß nämlich einen solchen Zusammenhang allerdings behaupten, obgleich derselbe von der historischen Schule stets mit einer gewissen Vornehmheit abgelehnt worden ist; nicht als ob ich leugnen wollte, daß auf vielen Punkten eine tiefe Differenz besteht, es möchte sich aber doch bei dieser Gelegenheit von Neuem die Wahrheit jener Beobachtung herausstellen, daß es für alle Späteren außerordentlich schwer ist, sich von Anschauungen, welche früher einmal die ganze geistige Atmosphäre erfüllt haben, und denen noch dazu eine große wissenschaftliche Ausbildung nicht abzusprechen ist, völlig loszumachen.

Es ist doch zunächst ein weiterer Nachweis darüber, daß die Idee der Volkssouveränetät wirklich der Ausgangspunkt der ganzen Lehre sei, gar nicht nöthig, denn das wird eben wörtlich behauptet; und wenn man um diesem Vorwurfe zu entgehn besonders darauf hinweist, daß zu dem Volke in diesem Sinne auch die Regierenden gehörten, so ändert das nicht das Geringste, denn das behauptet eben die Lehre der Volkssouveränetät gleichfalls. Eine letzte Begründung erhält nun aber die Lehre von der Volkssouveränetät erst dann, wenn man noch einen Schritt weiter geht, und annimmt, daß auch die Entstehung des Staats auf Grundlage derselben vor sich gegangen sei, daß es also auch eine Zeit gegeben habe, wo das Volk im Unterschiede vom Staate nicht blos die höchste, sondern auch die einzige rechtsbildende Gewalt gewesen sei. Nun sind freilich nicht alle Anhänger der Lehre der historischen Schule zu solchen Behauptungen gelangt, und namentlich Savigny hat dieselben sogar auf das Nachdrücklichste zurückgewiesen, ich muß aber doch so bestimmt als möglich hervorheben, daß die weit Meisten allerdings diese Consequenz anerkannt haben, indem von ihnen die Bedeutung des Volksbewußtseins gegenüber dem Staate besonders dadurch als sehr einleuchtend hingestellt wird, daß man darauf verweist, wie es ja ursprünglich nicht einmal einen Staat gegeben habe, wie auch dieser erst aus dem Volksbewußtsein heraus hätte hervorgehen müssen. Ich glaube namentlich Aeußerungen in dieser Richtung auch bei Puchta zu finden, und es scheint mir jedenfalls bezeichnend zu sein, daß Puchta im Gewohnheitsrecht es für geboten hält, mit großer Ausführlichkeit eine Ansicht über die älteste deutsche Rechtsgeschichte vorzutragen, wonach eine solche allmälige Entstehung des Staates auf dem Grunde des Volksbewußtseins sich sogar auf dem Boden der geschichtlichen Thatsachen für Deutschland nachweisen ließe.

Wenn es nun aber richtig ist, daß die Voraussetzungen jener Theorie mit innerer Nothwendigkeit zu solchen Consequenzen hinführen, so hat sie damit sich selbst widerlegt, denn eine solche Entstehung des Staats, wie sie auf diese Weise angenommen werden muß, ist, obgleich sie bei einer oberflächlichen Betrachtung manches Einleuchtende haben mag, logisch unmöglich. Es bedarf das bei dem heutigen Stande der Wissenschaft keines weitläufigen Nachweises, man kann in der That behaupten, daß diese Lehren gegenwärtig als überwunden zu betrachten sind; es ist in keiner Weise zu construiren, daß auf einen anfänglichen staatlosen Zustand im Wege förmlicher Rechtsbildung ein staatlicher gefolgt sein sollte, sondern man hat nur die Wahl, entweder die Entstehung des Staats an den Anfang der Dinge zu setzen oder dem angenommenen Urzustande auf dem Wege der Gewalt ein Ende zu machen.

II. Das Juristenrecht.

Es steht in einem unverkennbaren Zusammenhange mit der eben zurückgewiesenen Theorie, wenn die historische Schule weiter behauptet, daß eine selbständige rechtsbildende Gewalt in einem ganz besonderen Grade demjenigen Theile des Volks zukomme, der vermöge seiner Lebensstellung der Rechtsbildung vorzugsweise nahe steht. Es wird auf diese Weise den Juristen als solchen, unabhängig von aller Staatsgewalt, ein direkter Einfluß auf die Entstehung des Rechts zugeschrieben, der sich auf eine doppelte Art äußern soll, als Recht der Wissenschaft und als Praxis der Gerichte.

Ich muß aber eine solche Bedeutung der Juristen für die Rechtsbildung wiederum aus einem doppelten Grunde bestreiten.

Es scheint mir zunächst, als ob man nur unter der Voraussetzung, daß dem Volke in dem bezeichneten Sinne eine rechtsbildende Kraft beigelegt wird, für die Juristen als Repräsentanten des Volks eine solche in Anspruch nehmen könne, und daß also mit der Zurückweisung des Volksrechts auch das Juristenrecht seine Begründung verliere.

Ich vermisse dann aber außerdem auch für diese Behauptungen wieder jede Rechtfertigung aus den Verhältnissen des wirklichen Lebens. Denn wenn es auch hie und da auf den ersten Blick scheinen mag, daß einzelne unserer Rechtssätze und Rechtsinstitute auf eine solche Thätigkeit der Juristen als auf ihre letzte Quelle zurückzuführen seien, so wird sich doch bei einer eingehenderen Untersuchung in jedem Falle auf das Evidenteste herausstellen, daß die Jurisprudenz immer nur die Erkenntnißquelle, niemals aber eine wirkliche Entstehungsquelle für die Rechtsbildung sei, indem die Rechtswissenschaft den vorhandenen Stoff zum Bewußtsein zu bringen und die einzelnen Sätze zu ihren Consequenzen zu entwickeln sucht, während dagegen die Erkenntnisse der Gerichte sich einfach darauf beschränken, die allgemeinen Normen auf die einzelnen Fälle anzuwenden. Es versteht sich dabei von selbst, daß es den wirklich zur Rechtsbildung competenten Factoren frei steht, sowohl den Erzeugnissen der Wissenschaft als den Erkenntnissen der Gerichte eine formelle Autorität, die ihnen an sich in dieser Hinsicht nicht zukommt, ausdrücklich beizulegen, und wenn es in Deutschland an Beispielen fehlen sollte, daß der Wissenschaft eine solche Bedeutung beigelegt wäre, so ist es doch häufig genug vorgekommen, daß im Interesse einer gleichartigen Justiz die höchsten Gerichtshöfe auf diese Weise einen Antheil an der Rechtsbildung erlangt haben; indessen diese vereinzelten Concessionen, die den Juristen in dieser Beziehung zu Theil geworden sind, weit entfernt, das Princip zu erschüttern, bestätigen sie es vielmehr. Auch das bedarf wohl keiner besonderen Erwähnung, daß auch auf Grund eines Gewohnheitsrechts solche Normen, die an sich als bloße Erzeugnisse der Jurisprudenz völlig bedeutungslos wären, zu wirklichen Rechtssätzen erhoben werden können; und wenn daher wissenschaftliche Fehler an sich, sobald sie als solche erkannt sind, aufgegeben werden müssen, so kann es doch auf Grund eines solchen Gewohnheitsrechts geschehen, daß sie trotzdem, daß sie als fehlerhaft erkannt sind, doch in Geltung bleiben müssen.

Ich muß mich hier auf diese allgemeinen Bemerkungen beschränken, werde aber später noch Gelegenheit haben, einzelne Vorgänge, in denen man eine Anerkennung eines Rechts der Wissenschaft hat erblicken wollen, auf ihre wahre Bedeutung für die Rechtsbildung zurückzuführen.

III. Die staatliche Rechtsbildung.

Indem ich nun darauf eingehe, unter wirklicher Berücksichtigung der deutschen Verhältnisse eine Theorie über die Entstehung des Rechts hinsichtlich des Subjects aufzustellen, so erscheint danach als der oberste Träger für alle und jede Rechtsbildung die höchste Staatsgewalt.

Dieselbe kommt aber, genauer gefaßt, in einer zwiefachen Weise dabei in Betracht. Zunächst nämlich geht die Entstehung des Rechts im größten Umfange unmittelbar von der höchsten Staatsgewalt aus, indem nicht bloß das öffentliche, sondern auch das Privatrecht sowohl für den Umfang des ganzen Gebiets als für die einzelnen Theile auf diese Weise bestimmt wird.

Die höchste Staatsgewalt ist aber wenigstens in Deutschland weit davon entfernt, alle Rechtsbildung absorbiren zu wollen, eine solche erfolgt vielmehr unter der Aufsicht der höchsten Staatsgewalt, welche man Rechtsbildungshoheit nennen könnte, in allen möglichen kleinern Kreisen und Genossenschaften auf dem Wege der Autonomie; mögen nun solche Kreise eine mit dem Staate wesentlich gleiche Natur haben, wie die Provinzen, Bezirke, Kreise, Gemeinden, deren Gesammtheit das gesammte Staatsgebiet ausfüllt, oder mögen sie blos vereinzelt dastehen und wesentlich andere Zwecke verfolgen als der Staat selbst, wie die Kirchen- und andere Religionsgesellschaften auf der einen, die Erwerbsgenossenschaften aller Art auf der andern Seite. Es findet sich sogar, daß eine autonome Bildung privatrechtlicher Normen ohne eine äußerlich hervortretende Organisation durch eine locale oder sonstige Gemeinsamkeit gleicher Verkehrsbedürfnisse herbeigeführt wird. Es ergiebt sich aus dem Allen, daß eine Theorie der Rechtsbildung in Deutschland zu einem wesentlichen Theile auf einer Theorie der Autonomie beruht, und es ist immerhin bemerkenswerth, daß, wo von germanistischer Seite her der Versuch gemacht worden ist, eine Theorie der Entstehung des Rechts aufzustellen, eine solche wirklich auch auf den Begriff der Autonomie zu begründen versucht ist; es ist freilich in dieser Hinsicht nirgends über die ersten Andeutungen hinaus gekommen, und insofern mag Puchta Recht haben, wenn er mit freilich sehr unzureichenden Gründen diese Methode überhaupt als unberechtigte hinzustellen sucht.

IV. Die Rechtsbildung im Völkerrecht.

Wenn auch der eigentliche Boden für die Entstehung des Rechts der einzelne Staat ist, so findet sich doch eine solche ausnahmsweise auch darüber hinaus durch die Vereinigung mehrerer für sich selbstständiger Staaten. Es ist aber diese Art der Rechtsbildung immer nur eine sehr unvollkommene zu nennen, da es in diesem Falle an einer selbstständigen obersten Gewalt ganz fehlt. Wo aber selbst eine solche völkerrechtliche Vereinigung nicht vorhanden ist, da ist von einer gemeinsamen Rechtsbildung überhaupt nicht weiter die Rede, der Begriff des gemeinen Rechts erreicht damit sein Ende; und wenn abgesehen von solchen völkerrechtlichen Vereinigungen die Rechtsbildung verschiedener selbstständiger Staaten eine Gleichheit in den Resultaten aufweist, so mag man in diesem Falle nur dann von einem gemeinen Rechte sprechen, wenn man sich völlig darüber klar ist, daß dieser Begriff dann gar keine Bedeutung für die Rechtsbildung, sondern höchstens für die vergleichende Rechtswissenschaft hat.

Zweites Capitel.

Die Rechtsbildung hinsichtlich des Inhalts.

I. Im Allgemeinen.

So sehr ist die Rücksicht auf das Subject der Rechtsbildung für die ganze Theorie maaßgebend, daß man zweifelhaft sein könnte, ob man der Frage nach den Principien, welche den Inhalt der Rechtsbildung bestimmen, eine eigene Stelle in der Behandlung einräumen solle. Ich entschließe mich dazu indessen besonders deshalb, weil mir auf diese Weise eine willkommene Gelegenheit geboten wird, das wahre Moment, welches der Lehre der historischen Schule bei der Theorie von Volksbewußtsein und Gewohnheitsrecht zu Grunde liegt, hervorzuheben.

Wenn nämlich auch schon in frühern Zeiten vielfach darauf hingewiesen ist, daß die Bildung des Rechts nicht dem Mechanismus eines blinden Ungefähr unterworfen sei, sondern in normalen Verhältnissen unter der Herrschaft gewisser Ideen organisch erfolge, wie sich Aeußerungen und Ausführungen dieser Art bei Isidor v. Sevilla, Eicke v. Repgov, Luther, Montesquieu finden, so muß es doch als das eigenthümliche Verdienst der historischen Schule anerkannt werden, diese innern Momente, nach denen die Entstehung des Rechts materiell vor sich geht, zum ersten Male in zusammenhängender Darstellung und tieferer Begründung zum wissenschaftlichen Bewußtsein gebracht zu haben.

Es sind besonders zwei Momente, welche in dieser Beziehung für die Entstehung des Rechts in Betracht kommen.

Alles Recht, insofern es sich auf die Verhältnisse der Menschen unter einander bezieht, muß sich zunächst seinem Inhalte nach in Uebereinstimmung befinden mit dem Wesen der menschlichen Natur. In der That ergiebt sich aus der Beobachtung derselben eine Anzahl von Grundsätzen, deren Inbegriff meist Naturrecht genannt wird, und die, ohne selbst positives Recht zu sein, doch Forderungen an die Bildung desselben enthalten. An sich müßten diese Grundsätze, da die menschliche Natur stets dieselbe gewesen ist, überall gleich sein, es ist indeß erst der fortschreitenden Entwicklung gelungen, dieselben immer klarer zum Bewußtsein zu bringen, und den vorzüglichsten Einfluß hat in dieser Beziehung das Christenthum auf die Folgezeit geübt. Wirklich ist nun auch die Rechtsbildung im Großen und Ganzen von solchen Principien beherrscht gewesen, die größten Fortschritte, welche der Inhalt derselben aufzuweisen hat, sind gerade dadurch herbeigeführt worden; und namentlich ist es wieder das Christenthum gewesen, unter dessen Einflusse die Rechtsbildung der germanischen Völker zu immer höherer Ausbildung geführt ist, so daß Savigny mit Recht sagen kann, die Welt sei dadurch umgewandelt, und alle unsere Gedanken so fremd, ja so feindlich sie dem Christenthum scheinen mögen, seien doch von ihm beherrscht und durchdrungen.

Die Entstehung des Rechts ist dann aber in viel weiterer Ausdehnung bedingt durch die Lebensverhältnisse, für welche das Recht einen Ausdruck gewähren soll. Erst durch die Beachtung dieses Moments erhält die Entstehung des Rechts nach Seite des Inhalts ihre nähere Bestimmung, indem das Naturrecht nur für verhältnißmäßig wenige Sätze und Institute bestimmte Forderungen aufstellt, und das weit meiste Recht seinem Inhalte nach naturrechtlich völlig indifferent ist. Es ist nun eben die Aufgabe für die Träger der Rechtsbildung, die Gesammtheit jener Verhältnisse, auf die es in dieser Beziehung ankommt, zu erfassen, und die Rechtsbildung demgemäß zu gestalten. Es muß aber von vornherein darauf verzichtet werden, auch nur die hauptsächlichsten unter den Gesichtspunkten, um die es sich dabei handelt, hier zur Uebersicht zu bringen; nur scheint es mir, als ob ein Moment dabei häufig zu sehr in den Vordergrund gestellt sei, das nationale. Denn so gewiß ein derartiger Einfluß besteht, so wird sich doch nirgends auch nur annähernd darthun lassen, daß derselbe für die Bildung des Rechts eine ähnliche Bedeutung habe, wie für die Bildung der Sprache; und wenn man namentlich auf die Gegenwart den Blick richtet, so wird man gewiß nicht in Abrede stellen dürfen, daß selbst für das öffentliche Recht dies Moment sehr zurückgetreten ist, und unsere Rechtsbildung ihrem Inhalte nach jetzt großentheils eine in nationaler Hinsicht indifferente geworden ist.

Es scheint mir endlich nicht, daß man genöthigt wäre, auch dem bloßen Zufalle einen Einfluß auf den Inhalt der Rechtsbildung zuzugestehen, denn selbst einfache Zahlenbestimmungen tragen doch wenigstens bis zu einem gewissen Grade ihre Nothwendigkeit in den Verhältnissen des äußern Verkehrs.

II. In der Anwendung für die äußere Rechtsbildung.

Wenn es nun aber auch richtig ist, daß jede normale Rechtsbildung innerlich durch solche Principien bestimmt wird, so haben sie doch für eine juristische Lehre von der Entstehung des Rechts nur eine untergeordnete Bedeutung.

Es tritt zunächst gar keine Rücksicht auf den Inhalt der Rechtsbildung in dem Falle hervor, wenn dieselbe von dem obersten rechtsbildenden Subjecte, der höchsten Staatsgewalt ausgegangen ist; die Rechtsnormen, welche hier entstanden sind, haben vielmehr zunächst in jedem Falle äußere Gültigkeit, sie mögen noch so sehr gegen die Grundsätze des Naturrechts verstoßen, noch so sehr mit den Lebensverhältnissen in Widerspruch stehen.

Wenn es sich dagegen um die autonome Rechtsbildung kleinerer Kreise handelt, so ist vermöge jener Rechtsbildungshoheit, welche der höchsten Staatsgewalt zukommt, eine äußere Einwirkung auf den Inhalt der Rechtsbildung an sich möglich, und in der That wird überall bei dieser Art der Rechtsbildung die Rücksicht auf den Inhalt in einem ganz besondern Sinne äußerlich geltend gemacht. Inwiefern es dann freilich der höchsten rechtsbildenden Gewalt gelingt, bei jener Einwirkung auf die autonome Rechtsbildung, wirklich in Uebereinstimmung mit jenen Grundsätzen zu handeln, dafür fehlt es natürlich wieder an jeder äußern Garantie.

Drittes Capitel.

Die Rechtsbildung hinsichtlich der Form.

Es muß zuletzt die von dem berechtigten Subjecte ausgegangene Rechtsbildung sich auch äußerlich manifestiren, und es geschieht das in doppelter Weise; es findet sich nämlich zunächst, daß der auf rechtliche Festsetzungen gerichtete Wille des Trägers der Rechtsbildung zu einem förmlichen Ausdrucke gebracht wird, es ist das die Entstehung des Rechts in der Form des Gesetzes; es kommt dann aber daneben auch vor, daß ein solcher Wille als vorhanden angenommen werden muß, weil er ohne in eine bestimmte Form gekleidet zu sein die Verhältnisse beherrscht, es ist das die formlose Entstehung des Rechts auf dem Wege der Gewohnheit.

Je mehr man nun neuerdings bemüht gewesen ist, die ganze Theorie über Entstehung des Rechts geradezu aufzulösen in eine Theorie des Gewohnheitsrechts, um so mehr muß hier darauf hingewiesen werden, daß es eine eigene Theorie des Gewohnheitsrechts gar nicht giebt, daß vielmehr alle Rechtsbildung bis zu dem Augenblicke, wo sie entweder als Gesetz oder als Gewohnheit sich manifestirt, durchaus denselben Grundsätzen unterliegt, und daß daher der ganze Unterschied zwischen Gesetz und Gewohnheit in der That nur auf die Form sich bezieht.

Die Gewohnheit hat auf der einen Seite gar nichts Eigenthümliches hinsichtlich des Subjects, sie ist vielmehr in dieser Hinsicht ganz denselben Erfordernissen unterworfen wie auch das Gesetz; es giebt demgemäß keine Gewohnheit an sich, bei der es auf einen bestimmten Träger gar nicht ankäme, wo nach einer Competenz eines berechtigten Subjects nicht gefragt würde, es ist vielmehr die Gültigkeit einer Gewohnheit in jedem einzelnen Falle ganz in Gemäßheit derjenigen Grundsätze zu entscheiden, welche im Allgemeinen für die Rechtsbildung hinsichtlich des Subjects in Betracht kommen, so daß eine Rechtsbildung auf dem Wege der Gewohnheit nur da möglich ist, wo auch von denselben Organen aus eine Rechtsbildung in der Form des Gesetzes stattfinden könnte. Es giebt auf diese Weise Gewohnheiten, welche auf die höchste Staatsgewalt als Träger der Rechtsbildung zurückgeführt werden müssen, es giebt aber ebensogut Gewohnheiten in den Kreisen der autonomen Rechtsbildung, und sie kommen besonders häufig vor für die autonome Entstehung privatrechtlicher Normen. Es liegt übrigens in der Natur der Sache, daß die weit meisten Gewohnheiten der Rechtsbildung kleinerer Kreise angehören, denn nur da ist es möglich, daß ein rechtsbildender Wille in solcher Entschiedenheit und Uebereinstimmung vorhanden ist, daß eine besondere Formulirung desselben unnöthig erscheint.

Die Gewohnheit hat dann aber auch andererseits nichts Eigenthümliches hinsichtlich des Inhalts; sie ist in dieser Hinsicht keinen größern Anforderungen unterworfen als das Gesetz, und es kommen die Principien, welche den Inhalt der Rechtsbildung bestimmen, für die Gewohnheit nur ganz ebenso in Betracht als auch für das Gesetz. Es wird danach bei einer Gewohnheit, die auf den höchsten Träger der Rechtsbildung zurückgeführt werden muß, gar keine äußere Rücksicht auf den Inhalt derselben genommen, eine Gewohnheit dagegen, welche der autonomen Rechtsbildung kleinerer Kreise angehört, ist ganz ebenso wie ein Gesetz auf dieser Stufe der Rechtsbildung einer solchen Einwirkung von Seiten der höchsten Gewalt allerdings unterworfen. Wenn man trotzdem häufig behauptet hat, daß die Gewohnheit in dieser Beziehung einer ganz eigenthümlichen Einschränkung unterliege, indem das Gesetz zwar von allen solchen Erfordernissen entbunden sei, einerlei ob dasselbe von der höchsten rechtsbildenden Gewalt ausgegangen sei oder nicht, dagegen die Gewohnheit denselben überall unterworfen sei, wieder ganz ohne Rücksicht auf das Subject, von dem die Gewohnheit ausgegangen ist, so liegt dabei ein augenscheinliches Mißverständniß zu Grunde. Indem man nämlich schon an sich geneigt war für die Gewohnheit, nachdem man sie hinsichtlich des Subjects von allen und jeden Erfordernissen entbunden hatte, hinsichtlich des Inhalts gewisse Vorsichtsmaaßregeln zu treffen, damit nicht der Rechtszustand in bedenklicher Weise alterirt würde, so kamen einem solchen Verlangen allerdings gewisse Aeußerungen in den Quellen in Bezug auf die Eigenschaften der Gewohnheit entgegen; denn es wird vielfach ausdrücklich von der Gewohnheit gefordert, daß sie gut und löblich sein müsse oder was dergleichen Ausdrücke mehr sind. So sehr man nun auf den ersten Blick in solchen Stellen einen Beleg für jene Annahme finden möchte, so zeigt sich doch bei näherer Betrachtung, daß dies Erforderniß sich nicht auf die Gewohnheit als solche bezieht, sondern nur auf die Gewohnheit, insofern sie der regelmäßige Ausdruck für die Entstehung des Rechts in kleinern Kreisen ist, so daß also die Forderung, die Gewohnheiten müßten gut und löblich sein, weiter gar nichts enthält, als eine Einschärfung des Grundsatzes, wonach alle autonome Rechtsbildung ihrem

Inhalte nach der Controlle der höchsten rechtsbildenden Gewalt unterliegt. In der That wird demgemäß jenes Erforderniß auf der einen Seite für gewisse Gewohnheiten nicht verlangt, auf der andern Seite dagegen für gewisse Arten von Gesetzen ebensogut verlangt. Wenn es sich nämlich um ein Gewohnheitsrecht handelt, welches seinem Ursprunge nach auf die höchste rechtsbildende Gewalt als Träger zurückgeführt werden muß, so ist von diesem Erfordernisse weiter nicht die Rede, es steht aber natürlich jenem Subjecte in jedem Augenblicke frei, eine solche Gewohnheit dennoch außer Wirksamkeit zu setzen. Dagegen wenn es sich um eine autonome Rechtsbildung irgend welcher Art handelt, einerlei ob dieselbe in der Form des Gesetzes oder formlos auf dem Wege der Gewohnheit zu Tage tritt, so muß die Geltung dieses Erfordernisses in jedem Falle behauptet werden; und in der That wird dasselbe gegenüber von Statuten und particulären Gesetzen überhaupt ganz in derselben Weise zur Anwendung gebracht, wie gegenüber von Observanzen und particulären Gewohnheiten. Es ist zwar richtig, daß die Erwähnung dieses Erfordernisses bei der gewohnheitsmäßigen autonomen Rechtsbildung sich häufiger findet, als bei derartigen Gesetzen, es mag das aber dadurch bewirkt werden, daß bei den Gesetzen eine öftere Einschärfung dieses Moments weniger nöthig ist, weil bei ihrer Emanation eine bewußtere Reflexion vorausgesetzt wird, sie auch von selbst eher zur Kunde der höchsten rechtsbildenden Gewalt kommen, während dagegen die Gewohnheiten sich mehr unbewußt und mehr im Verborgenen bilden, so daß es gut sein mag, dabei jenes Erforderniß in jedem Augenblicke gegenwärtig zu haben.

Wenn nun aber diese Darlegungen richtig sind, so ist auch die Stellung des Richters zum Gewohnheitsrechte eine ganz andere, als das nach der gewöhnlichen Meinung angenommen wird. Indem nämlich Gesetz und Gewohnheit bis auf den Unterschied in der Form sowohl hinsichtlich des Subjects, als auch des Inhalts ganz denselben Grundsätzen unterliegen, so ist das Verhältniß des Richters zur Gewohnheit auch wesentlich dasselbe wie zum Gesetz. Es hat danach der Richter sowohl bei Gesetzen, als auch bei Gewohnheiten vor der Anwendung derselben festzustellen, daß sie von einem dazu berechtigten Subjecte ausgegangen seien, denn wenn es durch Gesetze, die blos einem kleinern Kreise angehören, nicht möglich ist, die Rechtsbildung in einem weitern Umfange zu bestimmen, so kann das durch Gewohnheiten noch viel weniger geschehen; und wenn z. B. eine Stadt, der im Mittelalter eine eigene Rechtsbildung in strafrechtlicher Beziehung zugestanden hatte, noch heutzutage in einem Staate, wo strafrechtliche Festsetzungen allein der höchsten rechtsbildenden Gewalt vorbehalten sind, dergleichen geltend machen wollte, so müßten vor Gericht nicht blos städtische Statuten solchen Inhalts, sondern auch derartige Gewohnheiten zurückgewiesen werden. Dagegen steht nun aber dem Richter in keiner Weise irgend eine materielle Prüfung der Rechtsbildung zu hinsichtlich der Principien, welche den Inhalt derselben bestimmen, es ist vielmehr lediglich Sache der höhern rechtsbildenden Gewalt zu beurtheilen, ob die Rechtsnormen, die von kleinern Kreisen ausgegangen sind, wirklich als gute und löbliche zu betrachten sind, oder ob sie nach dortiger Auffassung einer innern Rechtfertigung entbehren, und deshalb beseitigt werden müssen; am wenigsten aber würde eine solche materielle Controlle dem Richter zustehen blos hinsichtlich der Gewohnheit, während das Gesetz von dergleichen entbunden wäre; es findet dergleichen von Seiten des Richters überhaupt nicht statt, daß aber die Gewohnheit im Unterschiede vom Gesetze einer solchen Beschränkung unterworfen wäre, hängt eben mit einem schon zurückgewiesenen Mißverständnisse zusammen, wonach die Gewohnheit, sie möge einen Träger haben welchen sie wolle, überall einer materiellen Prüfung des Inhalts unterworfen sei, das Gesetz dagegen niemals, während doch Gewohnheiten, die auf die höchste rechtsbildende Gewalt als Träger zurückgeführt werden müssen, sowenig wie derartige Gesetze solchen Einschränkungen unterliegen, die dagegen für alle Rechtsbildung kleinerer Kreise, mag dieselbe in Gesetzen oder Gewohnheiten sich manifestiren, in Betracht kommen. Endlich ist auch hinsichtlich der Form die Stellung des Richters bei der Gewohnheit ganz dieselbe wie beim Gesetze, wenigstens im Principe und nur durch die Unterschiede, die in dieser Hinsicht zwischen Gesetz und Gewohnheit wirklich bestehen, wird dieselbe in etwas modificirt. Es hat nämlich an und für sich der Richter bei aller Rechtsbildung zu untersuchen, ob es zu einer Manifestation derselben wirklich gekommen sei; er hat sich daher bei einer Gewohnheit allerdings darüber zu vergewissern, ob ein rechtsbildender Wille auf diesem Wege zu einem Ausdrucke gebracht sei, ob also die Lebensverhältnisse ganz ohne weitere Formulirung sich der Herrschaft desselben unterworfen haben, was sich aus einer Untersuchung einzelner Thatumstände ergeben wird, die als Zeichen einer auf diese Weise vor sich gegangenen Rechtsbildung, als Erkenntnißquellen des Gewohnheitsrechts erscheinen. Ganz ähnlich hat aber auch der Richter zu constatiren, daß es bei der Rechtsbildung in der Form des Gesetzes zu einer wirklichen Manifestation gekommen sei, und es liegt ihm deshalb ob, das Vorhandensein derjenigen formellen Requisite zu prüfen, die nun nach dem Rechte jedes Landes zu dem Begriffe eines Gesetzes gehören. Auch darin scheint mir zuletzt Nichts zu liegen, was der Gewohnheit im Unterschiede vom Gesetze eigenthümlich wäre, daß die Gewohnheit allerdings sehr häufig von Seiten der Parteien dem Richter zur Anwendung erst besonders vorgelegt werden muß. Es ist nämlich an und für sich die Aufgabe des Richters das Recht, welches in seinem Gerichte zur Anwendung kommen kann, auch zu kennen, es ist das aber in Ländern mit einer reichen autonomen Rechtsbildung nicht möglich; und wenn nun auch diejenigen Bestandtheile des Rechtsstoffs, welche ihre Entstehung der höchsten rechtsbildenden Gewalt verdanken, ihm ohne Weiteres bekannt sind, so befindet er sich doch sehr häufig in der Lage, über die Rechtsbildung kleinerer Kreise nicht hinlänglich unterrichtet zu sein; und es wird eine solche mangelhafte Kenntniß in erhöhetem Maaße gegenüber derjenigen Rechtsbildung vorkommen, die auf dem Wege der Gewohnheit vor sich geht, denn es ist dazu schon ein tieferes Eindringen in die Lebensverhältnisse nothwendig; es kann aber an sich ebensogut der Fall eintreten, daß eine solche Unkunde sich auch auf die Rechtsbildung kleinerer Kreise erstreckt, trotzdem daß dieselbe in der Form des Gesetzes zu Tage getreten sei, namentlich dann wenn der autonome Kreis, um den es sich handelt, von geringerer Bedeutung ist, auch die Emanation des betreffenden Gesetzes einer Zeit angehört, die bereits weit zurückliegt; es würde sich dann eben zunächst darum handeln, jenes Statut in beglaubigter Gestalt beizubringen; und es könnte dann der Beweis für das Vorhandensein eines solchen Gesetzes auch dadurch noch verwickelter werden, daß dasselbe vielleicht ganz und gar verloren gegangen wäre, denn es bedarf doch keiner Bemerkung darüber, daß es sich in einem solchen Falle nicht um den Beweis eines Gewohnheitsrechts handeln würde, sondern daß es zunächst einfach darauf ankäme, die Existenz eines Gesetzes darzuthun; ob man sich dann etwa später, falls das nicht gelänge, darauf zurückziehen könnte, ein gewohnheitsmäßiges Vorhandensein jenes Rechtssatzes zu behaupten, wäre eine andere Frage.

Indem ich nun aber, wie ich glaube, im Vorhergehenden den Beweis geliefert habe, daß der ganze Unterschied von Gesetz und Gewohnheit lediglich als ein formeller betrachtet werden muß, so wird dann auch die Werthschätzung, welche man diesen beiden Arten der Manifestation für die Rechtsbildung beilegt, nicht länger durch unklare Vorstellungen aller Art bestimmt werden können. Man wird vielmehr nun zu der rückhaltslosen Anerkennung genöthigt sein, daß das Gesetz in jeder Weise als die vollkommenste Manifestation der Rechtsbildung erscheine. Wie nämlich die Entstehung des Rechts überhaupt nicht pflanzenähnlich vor sich geht, sondern eine schwere Arbeit des menschlichen Geistes ist, so kommt sie nur dann zu einem den frühern Stadien der Rechtsbildung ebenbürtigen Abschlusse, wenn auch die Manifestation mit der vollen Energie bewußter Geistesthätigkeit erfolgt; und soviel Unvollkommenes nun auch im Einzelnen auf dem Felde der Gesetzgebung zu Tage getreten ist, so werden doch die großen Gesetzgeber, die in allen Zeiten bei einzelnen Völkern aufgetreten sind, überall unter diejenigen gerechnet werden, die sich in hervorragendster Weise um die menschliche Cultur verdient gemacht haben. Es erscheint dem gegenüber dann das Gewohnheitsrecht als eine nur sehr unvollkommene Art der Rechtsbildung, als eine Rechtsbildung, die gleichsam in ihren Elementen stecken geblieben ist, der es an der letzten Vollendung fehlt. Und wenn es nun auch allerdings richtig ist, daß nirgends in einem Rechtszustande die Gewohnheit ganz entbehrt werden kann, falls nicht alle Augenblicke Lücken sichtbar werden sollen, so ist doch auf der andern Seite von den rechtsbildenden Gewalten auf das Sorgfältigste darauf zu achten, daß nicht aus einer solchen Anwendung des Gewohnheitsrechts Nachtheile hervorgehen, welche sehr leicht die Vorzüge, welche die Möglichkeit einer gewohnheitsmäßigen Rechtsbildung allerdings bietet, reichlich wieder aufheben. Denn wenn auch eine Vollständigkeit des Rechtszustandes dadurch erreicht wird, so wird doch die Rechtssicherheit sehr leicht dadurch bedroht, weil es häufig genug geschehen ist, daß mit einer wunderbaren Leichtigkeit Gewohnheitsrechte zur Geltung gebracht sind, und daß auf diese Weise das Recht eines Landes durch alle möglichen subjectiven Einfälle bereichert ist. Und merkwürdigerweise ist einem angeblichen Gewohnheitsrechte häufig um so leichter Eingang zu verschaffen, je größer der geographische Bezirk ist, für welchen dasselbe behauptet wird; und wenn es seine Schwierigkeiten hat für einen ganz kleinen Distrikt dergleichen darzuthun, so ist doch der Erweis eines Gewohnheitsrechts, welches sich z. B. in handelsrechtlicher Beziehung über halb Europa erstrecken soll, ohne weitere Anstände im Augenblicke zu erbringen, denn es genügt dazu vollständig, etwa drei Schriftsteller zu citiren, von denen der eine für Spanien, der andere für Hamburg, der dritte für Schweden dergleichen behauptet, ohne daß dann irgend noch darauf gesehen wird, inwiefern jene Behauptungen wahr sind oder nicht; die Handelsgerichte in Triest werden auf solche Argumentationen eingehen, und annehmen, daß auch dort deshalb ein Gewohnheitsrecht in dieser oder jener Richtung bestehe. Es erklärt sich dann aus dieser unverkennbaren Gefahr, welche eine gewohnheitsmäßige Rechtsbildung mit sich führt, zur Genüge, weshalb große Gesetzgeber häufig soweit gegangen sind, das Gewohnheitsrecht ganz oder theilweise zu verbieten, namentlich in Epochen, wo man unmittelbar nach einer großen Codification sich dem Glauben hingeben konnte, den ganzen Rechtsstoff vollständig in der Form des Gesetzes zusammengefaßt zu haben. Ja man wird sogar behaupten dürfen, daß ein solches Verbot insoweit volle Billigung in Anspruch zu nehmen habe, als es sich auf die Rechtsbildung größerer Kreise, namentlich auf solche allgemeine Gewohnheitsrechte, die für das ganze Land Geltung haben sollen, bezieht, denn es wird der Natur der

Dinge nach unmöglich sein, daß sich in Bezirken von größerm Umfange gemeinsame Rechtsüberzeugungen bilden, die ohne daß sie einer besondern Formulirung bedürfen, die Lebensverhältnisse beherrschen. Es scheint mir dagegen, daß es allerdings zu weit gegangen ist, wenn sich ein solches Verbot auch auf die Rechtsbildung kleinerer Kreise bezieht, wo dergleichen an sich möglich ist, und wo doch die Vortheile größer zu sein scheinen als die Nachtheile, die allerdings eintreten können.

Interessant ist es, wie in dieser Beziehung die Redactoren des preußischen Landrechts dachten, und ich kann mir nicht versagen, eine charakteristische Stelle aus den Materialien des Landrechts hier folgen zu lassen, denn sowenig ich auch jede einzelne Aeußerung darin unterschreiben will, so ist es doch gut nach den vielen kühnen Constructionen der Theorie, die sich nicht überall von Phantasie ganz freigehalten haben, die Betrachtungen praktischer Männer anzuhören, die zwar nüchtern sind, aber doch durchaus nicht von so beschränkten Anschauungen ausgegangen erscheinen, wie man vielfach glaubt. Herr von Grolmann hat sich bei der Berathung dieses Gegenstandes folgendermaßen geäußert: „Mich wundert, daß so viele Monenten für die Beibehaltung des Gewohnheitsrechts stimmen und sich einbilden, aus ihrer Abschaffung würden Ungerechtigkeiten entstehen. Umgekehrt aus der bisherigen Lehre von Gewohnheit und Observanz sind viele Ungerechtigkeiten entstanden; z. B. wenn Cajus nicht erweisen kann, daß er seit rechtsverjährter Zeit seine Unterthanen im Dienste nicht gespeist habe, so nimmt er seine Zuflucht zur Observanz. Er bringt ein Attest des Landraths, der sich auch gern von der Speisung frei machen will, bei, daß an einigen Orten die Unterthanen im Kreise nicht gespeist werden. Er läßt Zeugen abhören, daß Titus, Sempronius, seine Nachbarn ihre Unterthanen nicht speisen, dabei wird nicht untersucht, ob diese mit Recht die Speisung verweigern oder ob etwa besondere Verträge sie davon befreien, ob sie ihren Unterthanen andere Vergütung geben, oder ob andere Umstände die Ursache des Nichtspeisens sind. Genug die Unterthanen werden nicht gespeist, und so ist observantia specialis und specialissima erwiesen. Nach einiger Zeit bekommt Sempronius einen gleichen Streit mit seinen Unterthanen, und nun bedient er sich des Caji, wie sich Cajus seiner bedient hat. Auf diese und ähnliche Weise sind Observanzen ein Deckmantel der Ungerechtigkeit, und an ihrer Statt ein geschriebenes Recht zu substituiren bleibt immer rathsam. Wenn neue Geschäfte von dem Landesherrn selbst eingeführt werden, so wird er auch die Rechte und Verbindlichkeiten derselben festsetzen, wie z. B. in unsern Tagen bei den Pfandbriefen geschehen ist. Führen Unterthanen neue Geschäfte ein, wie z. B. bei den Sterbegesellschaften in Berlin, so müssen sie nach Analogie des Rechts entschieden werden, und wo dieses nicht geschehen kann, müssen die Justizkollegien die Bestimmung des Rechts bei der Gesetzkommission auswirken" *).

Ich bin dann zuletzt noch genöthigt, darauf aufmerksam zu machen, daß in gleicher Weise wie der Werth des Gewohnheitsrechts häufig überschätzt wird, auch übertriebene Vorstellungen bestehen über das thatsächliche Vorkommen desselben. Wie man nämlich auch über das Wünschenswerthe einer gewohnheitsmäßigen Rechtsbildung denken möge, so kann man doch bei einem unbefangenen Blicke auf die Verhältnisse des wirklichen Lebens wenigstens soviel nicht leugnen, daß abgesehen von einzelnen Zeitläufen bei einzelnen Völkern die Entstehung des Rechts zum weit größten Theile in der Form des Gesetzes vor sich gegangen sei, und man hat also gar nicht nöthig, gegen den Sprachgebrauch anzukämpfen, wonach der Ausdruck Gesetz häufig im Sinne von Recht überhaupt genommen wird, und man von gesetzlich spricht, wo man streng genommen rechtlich, oder wie Puchta einmal vorschlägt, recht sagen sollte; denn in der That besteht unser ganzes Recht wesentlich nur in der Summe der Gesetze. Man kann zu einem andern Resultate in dieser Beziehung nur dann gelangen, wenn man den Begriff der Gewohnheit ungebührlich erweitert, und eine Ausdehnung desselben zuläßt, wonach er sich zu etwas ganz Irrelevantem verflüchtigt; nur dann nämlich läßt sich

*) Es findet sich die Stelle unter Andern bei Bornemann, syst. Darstellung des preuß. Civilrechts Bd. I. S. 31. Suarez hat dem im Ganzen zugestimmt. Andrer Ansicht war schon damals Schlosser, auf den sich nachher Savigny in seinen ersten Schriften vorzugsweise beruft.

dergleichen mit einigem Scheine behaupten, wenn man unter Gewohnheitsrecht alles dasjenige Recht versteht, welches nicht aufgeschrieben ist, oder wohl gar alles das, dessen schriftliche Abfassung verloren gegangen, vielleicht nicht vollständig beglaubigt wird; selbst dann wird aber für die Gegenwart eine solche Behauptung sich nicht durchführen lassen, sondern man wird immer noch genöthigt sein, in entferntere Perioden zurückzugehen, aus denen uns nur dunkele Kunde überliefert ist. Es soll dabei indeß auch auf der andern Seite nicht in Abrede gestellt werden, daß namentlich in Deutschland zu gewissen Zeiten unserer Geschichte die Gewohnheit eine sehr hervorragende Bedeutung für die Entstehung des Rechts gehabt habe; damals hat denn auch allerdings ein Sprachgebrauch bestanden, wonach die Gesammtheit der rechtlichen Vorschriften nicht Gesetz, sondern vorzugsweise Gewohnheit genannt wurde; der Ausdruck Gewohnheit ist im deutschen Mittelalter, wo die Verhältnisse der Rechtsbildung dem entsprechend waren, der Ausdruck für den Inbegriff des gesammten menschlichen Rechts, im Gegensatze z. B. zu einem göttlichen Rechte, zu den höhern Principien nämlich, welche den Inhalt der Rechtsbildung bestimmen; wie das später genauer dargelegt werden wird. So ausgedehnt man sich aber auch das Walten des Gewohnheitsrechts denken möge, so bleibt doch immer eine sehr große Anzahl von Sätzen und Instituten übrig, hinsichtlich deren es mir an jeder Möglichkeit zu fehlen scheint, daß sie auf dem Wege des Gewohnheitsrechts könnten entstanden sein, die um überhaupt sich zu bilden nicht anders als in der Form des Gesetzes, durch einen ausdrücklichen Akt der rechtsbildenden Gewalt sich bilden konnten.

Zweiter Abschnitt.
Die Grundsätze der Rechtsbildung im Einzelnen.

Erstes Capitel.
Die geschichtliche Entwicklung *).

I. Die Hundertschaften und Gaue.

Eine zwiefache staatliche Organisation tritt uns, wenn wir den Geschlechterstaat aus der urkundlichen Geschichte wegweisen, in den ältesten deutschen Zuständen entgegen, die Hundertschaften und über ihnen die Gaue. Es läßt sich aber aus den Nachrichten, welche uns aus jenen Zeiten überliefert sind, für die Grundsätze, nach denen damals die Rechtsbildung vor sich gegangen ist, wenig entnehmen; denn wenn man auch allerdings annehmen kann, daß eine solche über den Bezirk eines Gaus hinaus nicht stattgefunden habe, so ist man doch über das Verhältniß, in welchem Gau und Hundertschaft zu einander gestanden haben, zu sehr im Dunkeln, um mit Sicherheit ermessen zu können, wo eigentlich der Schwerpunkt für die Rechtsbildung gelegen habe, ob in der Versammlung der Hundertschaft oder in der des Gaus. Und wenn man dann noch weiter gehen und fragen wollte, ob etwa neben diesen besonders hervortretenden politischen Formationen auch noch kleinere Kreise wie die Markgenossenschaften und Dörfer eine autonome Rechtsbildung besessen hätten, wenn man

*) Ich weiche dabei auf wesentlichen Punkten von den Darstellungen ab, wie sie sich in ähnlicher Weise bei Beseler im Volks- und Juristenrecht, und für die spätere Zeit bei Wächter, gemeines Recht Deutschlands 1844, und bei Gerber, das wissenschaftliche Princip des gemeinen deutschen Privatrechts 1846 finden; doch verdanke ich namentlich dem Buche von Wächter die Befestigung in manchen Ansichten, die ich dort in wahrhaft meisterhafter Weise durchgeführt fand. Man vergleiche aber außerdem für das Folgende besonders Waitz, deutsche Verfassungsgeschichte Bd. I.—III. Kiel 1844—1860; auch Stobbe, Geschichte der deutschen Rechtsquellen, Braunschweig 1860.

gar in diesem Zusammenhange die Gefolgschaft nennen wollte, so würden die Antworten, die auf diese Frage erfolgen könnten, noch viel weniger bestimmt genug sein, um sie für eine Theorie der ältesten deutschen Rechtsbildung verwerthen zu können. Ich möchte höchstens noch hervorheben, daß es nach Allem was wir wissen, eine autonome Selbstständigkeit in religiöser Hinsicht nicht gegeben zu haben scheint, denn wenn auch die völlige Identität, welche anfänglich in Bezug auf die Organe wie auf die Functionen des staatlichen und religiösen Lebens bestanden haben mochte, der Ausbildung des Cultus später gewichen ist, so war doch die Idee des einheitlichen Gemeinwesens noch immer viel zu mächtig, als daß eine eigene Sphäre mit selbstständiger Rechtsbildung hätte entstehen können.

Unsere Kenntniß von den damaligen Zuständen ist aber nicht blos hinsichtlich des Subjects der Rechtsbildung, sondern auch hinsichtlich der Form, in welcher sie sich manifestirte, im hohen Grade ungenügend. Denn wenn es häufig als eine ganz selbstverständliche Sache hingestellt wird, daß es damals an Gesetzen ganz und gar gefehlt habe, vielmehr alle Rechtsbildung auf dem Wege der Gewohnheit erfolgt sei, so scheint dabei die irrthümliche Vorstellung zu Grunde zu liegen, daß zu dem Begriffe des Gesetzes eine schriftliche Abfassung gehöre, und daß daher zum Gewohnheitsrechte auch diejenigen Festsetzungen zu rechnen seien, welche zwar auf einem ausdrücklichen Acte der rechtsbildenden Potenzen beruhen, aber doch nicht der Schrift überliefert sind. Denn soweit wird man doch nicht leicht gehen, behaupten zu wollen, daß die rechtsbildenden Gewalten, die doch offenbar da waren, wirklich keine derartigen Festsetzungen gemacht hätten, und daß also im eigentlichen Sinne des Worts die ganze damalige Rechtsbildung blos im Wege der Gewohnheit vor sich gegangen wäre; ich wenigstens kann mir manche jener Normen, die schon damals in Geltung waren, in ihrer Entstehung gar nicht anders klar denken, als daß eine ausdrückliche Formgebung dabei stattgefunden hätte. Wenn ich übrigens eben stillschweigend vorausgesetzt habe, daß von schriftlichen Gesetzen damals in der That nicht die Rede gewesen sei, so ist ja auch eine solche Annahme nichts weniger als erwiesen, und nur soviel ist streng genommen richtig, daß dergleichen Denkmale uns aus jenen Zeiten her nicht erhalten sind; ich will indeß zugeben, daß eine gewisse Wahrscheinlichkeit allerdings einer damals geschehenen schriftlichen Abfassung der Gesetze entgegensteht. Es möchte zuletzt noch ein Hinweis darauf nöthig sein, daß eine Herbeiziehung des nordischen Lagman für die Entscheidung der Frage, um die es sich hier handelt, in jeder Weise unzulässig ist, denn abgesehen davon, daß eine solche Einrichtung für Deutschland durchaus nicht urkundlich bezeugt wird, so dürfte daraus, daß der vorhandene Rechtsstoff in bestimmter Form vorgetragen wird, noch nicht mit Nothwendigkeit folgen, daß eine solche Formgebung durch den Träger der Rechtsbildung erfolgt ist, sie könnte vielmehr einfach das Werk jenes Beamten sein, und es wäre die Möglichkeit nicht ausgeschlossen, daß trotz dieser Einrichtung die ganze Rechtsbildung eine gewohnheitsmäßige sei, da doch der Lagman selbst keine gesetzgeberischen Befugnisse hat, sondern blos als Depositar des gegebenen Rechts erscheint.

II. Die Stammesverbindungen.

Es ist bekannt, wie von jenen kleinen Anfängen aus die politische Organisation bei den Deutschen bald größere Dimensionen annahm und auf einen weiteren Kreis sich erstreckte, indem mehrere der bisher selbstständigen Gaue zu größeren Territorien sich zusammenschlossen, die mit Rücksicht auf eine nationale Verwandtschaft, die dabei vorausgesetzt wird, meist Stammesverbindungen genannt werden. Es war damit nun auch die Möglichkeit gegeben, daß die Rechtsbildung auf einen solchen größeren Kreis sich erstrecke, und daß in diesem Umfange ein formell gemeines Recht entstehe, während doch alle Gemeinsamkeit, die etwa früher schon in dem Umfange eines solchen Gebiets sich gefunden hatte, nur eine materielle, wenn man will zufällige, historische gewesen war, allein hervorgerufen durch die gleichen Lebensverhältnisse, namentlich durch die gleiche nationale Beschaffenheit. Es mag nun aber im hohen Grade zweifelhaft erscheinen, ob jene Möglichkeit auch sofort zur Wirklichkeit wurde, ob wirklich von dem Augenblicke an, wo von Stämmen die Rede ist, auch eine Rechtsbildung von den Stammesgewalten als Trägern ausgegangen sei. Es hat im Gegentheil einige Wahrscheinlichkeit für sich, daß diese neue politische Formation anfangs nur einen mehr völkerrechtlichen Charakter gehabt habe, deren Bedeutung wesentlich eine nach Außen hin gerichtete gewesen sei, und daß, so lange die Stämme auf dieser unvollkommenen Stufe stehen blieben, es an einer eigentlichen Rechtsbildung entweder ganz gefehlt habe, oder daß eine solche doch höchstens in der unvollkommenen Weise einer blos völkerrechtlichen Rechtsbildung vor sich gegangen sei. Wir wissen eben von den damaligen Zuständen zu wenig, um geradezu behaupten zu können, daß die ganze Rechtsbildung im eigentlichen Deutschland, soweit dasselbe nicht dem Frankenreiche einverleibt war, bis auf die Zeiten Karl's des Großen nur in dieser Weise stattgefunden habe, indem auch die Organisation der Stämme bis dahin blos die bezeichnete gewesen sei, aber Manches namentlich in den Verhältnissen der Sachsen, soweit man dieselben übersehen kann, deutet doch darauf hin. Es ist nun aber kein Zweifel, daß, wenn auch anfangs die Stämme nur völkerrechtliche Vereinigungen gewesen waren, sie doch im Laufe der Zeit vielleicht unter dem Einflusse der äußeren Verhältnisse, welche eine stärkere Concentration der Kräfte verlangten, zu wirklichen Staaten sich entwickelten. Es hat in der That sehr viel Einleuchtendes, daß die Entstehung des Königthums bei den Deutschen mit dem Uebergange von einem bloßen Staatenbunde zu einem wirklichen Staate zusammenhängt, indem das erbliche Amt des Königs anfangs ein bloßer Ausdruck für eine Bundesverfassung sein mochte, bis dann diese Gewalt immer mehr eine souveraine Stellung im Mittelpunkte des staatlichen Organismus bekam. Wir finden demgemäß die Entwicklung der Stammesverfassung zu einem staatlichen Königthume besonders da, wo die Gefahren von Außen die größten sind, zunächst bei den Gothen, die schon früh in kriegerischen Unternehmungen „weite Gegenden durchzogen", außerdem bei den Stämmen, die auf römischem Boden sich niederließen, den Saliern, Burgundern, Langobarden und wiederum Gothen. Sobald nun aber auf diese Weise eine wirklich staatliche Organisation entstanden war, so finden wir auch sofort die deutlichsten Zeugnisse für das Vorhandensein einer wirklichen Rechtsbildung durch Vermittlung jener Organe. Es ist charakteristisch, daß von den Gothen, wo eben die staatlichen Zustände in einem starken Königthum zuerst zu einiger Festigkeit gelangt waren, dergleichen am frühesten behauptet wird; ich glaube es wenigstens nicht unterlassen zu dürfen, in diesem Zusammenhange auf die bekannten Nachrichten des Jordanes hinzuweisen, wonach bei ihnen schon vor Christi Geburt eine ausgebreitete Rechtsbildung bestanden hätte, die sich an den Namen des Diceneus knüpft und in der Gestalt der Bellagines vor sich gegangen sein soll, wenn auch freilich nicht zu leugnen sein möchte, daß sie etwas Sagenhaftes an sich tragen, indem sich bestimmtere Zeugnisse dafür nicht aufweisen lassen. Auch die übrigen Stämme mochten zu einer derartigen Rechtsbildung kommen, sobald sie Staaten wurden, es läßt sich aber etwas Näheres über den Anfang derselben nicht angeben, denn es ist doch nichts weniger als ausgemacht, daß die aufgeschriebenen Volksrechte, wie sie die ersten auf uns gekommenen Zeugnisse für jene Art von Rechtsbildung sind, so auch wirklich die ersten Ausflüsse derselben seien, und namentlich bei dem salfränkischen und langobardischen Volksrechte möchte Manches dafür sprechen, daß ebenso wie beim gothischen schon frühere Erzeugnisse jener stammesmäßigen Rechtsbildung vorhanden gewesen seien, wie namentlich mit Bezug auf die langobardischen Edicte in den Prologen solche Andeutungen sich finden, auch mag in diesem Zusammenhange nicht ganz unerwähnt bleiben, daß von Einigen bekanntlich die malbergische Glosse als früherer Urtext des salischen Gesetzes erklärt wird. Indeß wie es sich nun auch mit diesen Fragen verhalten möge, über welche die Untersuchung in sehr zarter Weise geführt werden muß, soviel ergiebt sich mit vollster Bestimmtheit, daß bei der Entstehung dieser Stammesrechte die oberste Staatsgewalt des Stammes das Königthum in hervorragendster Weise betheiligt war. Freilich nicht überall in ganz gleichmäßiger Weise, bei den Gothen, Burgundern und Langobarden viel unumschränkter als bei den salischen Franken; wenigstens wird uns allein hinsichtlich der lex Salica in glaubhafter Weise berichtet, daß dabei eine Mitwirkung auch des Volks in den Hundertschaften stattgefunden habe, während in den übrigen Staaten die Könige ganz selbstständig oder doch wenigstens nur unter Mitwirkung der Landtage, die aus den Großen gebildet waren und auf den ganzen Umfang des Territoriums sich bezogen, verfahren zu sein scheinen; und es möchte das dann wieder in dem Umstande seine genügende Erklärung finden, daß zu der Zeit, wo es zu der Emanation des salfränkischen Landrechts kam, die Königsgewalt bei den Saliern noch sehr in den Anfängen der Entwicklung begriffen war, und daß es erst der kriegerischen Unternehmungen der folgenden Zeit bedurfte, der Eroberung Galliens, um derselben ein wahrhaftes Uebergewicht, einen förmlichen Abschluß zu gewähren.

Wenn es nun aber auch feststeht, daß es nach Abschluß der Stammesorganisation zu einer wahrhaften Rechtsbildung für den Umfang des ganzen Stammes gekommen sei, so ist es doch eine ganz andere Frage, ob man annehmen dürfe, daß von jetzt an die höchste staatliche Stammesgewalt die ganze Rechtsbildung absorbirt habe, oder ob daneben noch von einer autonomen Rechtsbildung kleinerer Kreise die Rede sein dürfe. Zunächst steht in dieser Beziehung soviel fest, daß die Aufzeichnungen in den Stammesrechten längst nicht den ganzen damals geltenden Rechtsstoff umfaßt haben, sie beziehen sich vielmehr, vorzüglich die vier, mit denen wir es hier zu thun haben, wesentlich nur auf Strafrecht und auf einzelne Partien des Privatrechts und des Processes, und namentlich die Darstellung der öffentlichen Rechtsverhältnisse ist von einer Selbstständigkeit weit entfernt*). Indessen ist doch mit dieser Beobachtung nach keiner Seite hin etwas entschieden; denn wenn nun auch das aufgeschriebene Volksrecht nicht die Gesammtheit des Rechts in sich schloß, so konnte doch das Uebrige trotzdem auf einer Rechtsbildung der höchsten Stammesgewalt beruhen, sei es nun, daß sie in ausdrücklichen Aeußerungen zu Tage getreten war, die aufgeschrieben oder nicht neben dem Volksrechte bestanden, oder daß sie sich als ein für das ganze Land verbindliches Gewohnheitsrecht manifestirt hätte; und es ist damit also nicht das

*) Am auffallendsten ist das bekanntlich in der lex Salica, wo nirgends direkt und bestimmt von dem Könige, seinen Rechten und Befugnissen gehandelt wird; Waitz, das alte Recht der salischen Franken S. 203.

Geringste für die Nothwendigkeit des Vorhandenseins einer Rechtsbildung kleinerer Kreise ausgemacht. Und in der That scheint es eine solche Autonomie in diesen Staaten, die aus den heimathlichen Verhältnissen losgelöst auf römischem Boden begründet waren, nur in beschränkter Weise gegeben zu haben; am wenigsten da, wo die Zustände sich am entschiedensten von den ursprünglichen entfernt hatten. Am größten scheint demgemäß die Omnipotenz der obersten Staatsgewalt bei den Gothen gewesen zu sein, wo es nicht blos sehr bald zu einer Unterdrückung der Besonderheiten in den Rechtsverhältnissen der Römer und Germanen kam, für welche eine Verschmelzung herbeigeführt wurde, sondern wo zuletzt die Centralisation in der Rechtsbildung durch die Vorschrift sich vollendete, daß in allen Fällen, wo das geschriebene Landrecht Lücken hätte, der König angerufen werden sollte, der dann mit Rücksicht darauf sofort dafür sorgen würde, jene Lücke durch eine neue Rechtsbildung auszufüllen *). Es ist dagegen sehr unwahrscheinlich, daß eine ähnliche Beseitigung aller autonomen Berechtigung in gleicher Weise bei den anderen Stämmen namentlich bei den salischen Franken stattgefunden habe. Freilich die Gaue als selbstständige Organisationen und damit als selbstständige rechtsbildende Potenzen waren gerade durch die Bildung der Stammesgewalt weggefallen, der König hatte eben diejenige Gewalt in sich vereinigt, die bisher der Gesammtheit dieser Gaue zugekommen war, und wenn es in diesen Kreisen überhaupt eine Rechtsbildung gegeben hatte, woran man allerdings um so mehr zweifeln kann, als es durchaus nicht gewiß ist, ob diese Gauen ständige Obrigkeiten gehabt haben, oder ob sie völkerrechtliche Verbindungen ohne ein stehendes Organ waren, so konnte doch nun von jetzt an von dergleichen keines Falls mehr die Rede sein. Dagegen bestanden

*) Die bekannte Stelle lautet: Nullus iudex caussam audire praesumat, quae legibus non continetur; sed comes civitatis vel judex aut per se aut per exsequutorem suum, conspectui principis utrasque praesentare partes procuret: quo facilius et res finem accipiat, et potestatis regiae discretione tractetur, quatenus exortum negotium legibus inseratur. (Lex Wisigoth. Lib. II. Tit. I. c. 12). Interessant ist in dieser Beziehung schon der Eingang zum Commonitorium des Breviars.

die Hundertschaften namentlich bei den salischen Franken jedenfalls fort, und es scheint mir nun nicht unmöglich, was für das innere Deutschland sogar eine sehr große Wahrscheinlichkeit hat, daß in diesen Kreisen wenigstens eine selbstständige Rechtsbildung sich erhielt, und daß die Versammlungen der Hundertschaften nach wie vor nicht blos als Gericht das Recht zur Anwendung brachten, sondern auch als rechtsbildende Gewalten dasselbe entstehen ließen, und daß überhaupt in ihnen sich ein gut Stück selbstständigen politischen Lebens fortpflanzte. Es möchte sich dafür vor Allem die selbstständige Stellung anführen lassen, welche den Hundertschaften bei der Abfassung des allgemeinen Landrechts gewährt wurde, so daß dieses hier vielleicht nur als ein Durchschnitt des geltenden Rechts erscheint, woneben sich in diesen Kreisen viele Besonderheiten erhielten und fortbildeten. Es mag dergleichen wenigstens als Vermuthung hier geäußert werden dürfen. Von einer autonomen Rechtsbildung in andern Kreisen als den Hundertschaften findet sich dann aber allerdings keine Spur, und was namentlich die rechtlichen Festsetzungen betrifft, die eine Beziehung auf das religiöse Leben hatten, so dürfte hierin ohne Zweifel die frühere Einheit des Gemeinwesens fortbestanden haben, wonach solche Festsetzungen einfach von der höchsten Staatsgewalt ausgingen, während es eine besondere Sphäre in religiöser Beziehung nicht gab; so daß also dergleichen früher von den kleinern Obrigkeiten besorgt wurde, jetzt aber in der Hand der Stammesobrigkeit lag; wahrscheinlich ohne weitere Gliederung, denn indem sich die nationale Gemeinsamkeit in immer größeren Kreisen ausprägte, ging damit eine größere Gemeinsamkeit der religiösen Beziehungen Hand in Hand, die im Heidenthum durchaus auf nationaler Grundlage beruhten, und eine freie Schöpfung des Volksgeistes waren.

Ich muß nun, nachdem ich die Frage nach dem Subjecte der Rechtsbildung für diese Periode, soweit es irgend nach Lage der Quellen möglich ist, erörtert habe, noch mit ein Paar Worten auf die Frage nach der Form eingehen, in welcher sich diese Rechtsbildung äußerlich manifestirt. Wenn man nun in der frühern Zeit keine direkten Beweise dafür hatte, daß es auch damals schon wirkliche Gesetze gegeben habe, so sollte man doch denken, daß gegenüber der bloßen

Existenz der Volksrechte kein Zweifel in dieser Hinsicht mehr möglich sein sollte; und wenn man dennoch auch in den Volksrechten hin und wieder keine wirklichen Gesetze hat sehen wollen, indem man behauptete, daß es ihnen an jeder öffentlichen Autorität fehle, daß sie bloße private Aufzeichnungen des geltenden Gewohnheitsrechtes seien, so muß man doch dazu, wenn anders man eine solche Ansicht überhaupt ernstlich begründen will, den sämmtlichen Prologen und Epilogen alle und jede Bedeutung absprechen; damit aber würde man sich auf ein Gebiet völligster Willkür begeben, auf welches es sich nicht der Mühe verlohnen dürfte zu folgen. Die Volksrechte sind aber in der That mehr als bloße Gesetze, sie sind bei näherer Betrachtung Rechtssammlungen, wenn man will Codificationen; denn man ging doch bei der Emanation derselben nicht von einem unmittelbaren praktischen Bedürfnisse aus, welches durch eine Rechtsnorm seine Befriedigung erhalten sollte, sondern man war dabei bemüht, mit einer gewissen Vollständigkeit die wesentlichsten Normen zusammenzustellen. Es war aber der Inhalt der Volksrechte, wie das bei jeder Codification der Fall zu sein pflegt, ein doppelter, und wenn man neuerdings materielle und formelle Codification sich schroff gegenübergestellt hat, so sind das Abstractionen, die sich im Leben in dieser Schärfe nirgends finden. Es wird zunächst kein Zweifel darüber bestehen, daß sehr Vieles, was in den Volksrechten enthalten ist, schon früher gegolten hatte, wenn auch früher noch nicht für den Umfang des ganzen Gebiets, obgleich selbst das unserer Ansicht nach möglich wäre, sowohl als Gesetz wie als Gewohnheit, da ja, wie wir angenommen haben, eine Rechtsbildung durch die Stammesgewalten mit der Emanation der Volksrechte nicht erst begonnen zu haben braucht. Es wird dann aber ebensowenig geleugnet werden dürfen, daß sehr Vieles wirklich bei dieser Gelegenheit eine neue Normirung erfuhr, es liegt das schon im Wesen jeder Codification, indem mit einer Sammlung des Vorhandenen eine Reflexion über dasselbe unzertrennlich verbunden ist, es wird uns dann aber auch für die Volksrechte noch besonders zum Bewußtsein gebracht, denn um nur ein Moment hervorzuheben, so findet es sich gleich hier auf den ersten Stufen unserer Rechtsentwicklung ausdrücklich ausgesprochen, daß Vieles in den Volksrechten durch das Christenthum eine neue Gestaltung erfahren habe, in welcher Hinsicht auch die Prologe zum salischen Gesetze besonders interessant sind, welches ja in seiner ursprünglichen Gestalt noch der heidnischen Zeit angehört. Ich muß es nun aber dahingestellt sein lassen, wie, abgesehen von den Volksrechten, die sonstige Rechtsbildung der Form nach beschaffen gewesen sei, ob die übrigen Rechtsnormen, welche neben den Volksrechten als vorhanden angenommen werden müssen, zu Tage getreten sind als Gesetz oder als Gewohnheit. Man würde vielleicht am Richtigsten verfahren, wenn man davon ausginge, daß wo es überhaupt neben den Volksrechten noch formell gemeines Recht gegeben hat, das auch Gesetz war, und daß dies die Bedeutung der späteren Zusätze und Emandationen der Volksrechte ist; in den centralisirten Verhältnissen bei den Langobarden und Westgothen konnte gewiß ein Gewohnheitsrecht gar nicht zur Geltung kommen, bei den Westgothen bezieht sich das Verbot offenbar auch auf ein allgemeines Gewohnheitsrecht. Dagegen nun aber, wo eine Rechtsbildung in kleineren Kreisen vorkam, mag sie ebensowohl erfolgt sein in der Form des Gesetzes, wie auf dem Wege der Gewohnheit, die Versammlungen der Hundertschaften mochten ausdrückliche Beschlüsse fassen, oder aber in Gemäßheit von Rechtsnormen verfahren, die ohne daß eine Formulirung derselben nöthig gewesen wäre, von selbst in die Anwendung übergegangen waren. Jedenfalls war gewiß die Masse des Gewohnheitsrechts noch immer sehr groß, und es ist in dieser Hinsicht ganz bezeichnend, daß der Ausdruck consuetudo schon in den Volksrechten als ganz identisch mit Recht überhaupt gebraucht wird.

Eine interessante Bestätigung erhält die Theorie der Rechtsbildung, die wir hier als den Ausdruck der ältesten deutschen Verhältnisse hingestellt haben, durch einen Vergleich mit den Zuständen anderer germanischer Völker, namentlich der Skandinavier und Angelsachsen, ja es tritt hier aus bekannten Gründen Vieles auf die Urzustände Bezügliche klarer und deutlicher hervor. Es kann nun freilich nicht unsere Aufgabe sein, den hier herrschenden Parallelismus der Entwicklung in's Einzelne zu verfolgen, wir wären dazu auch aus eigner Kraft nicht im Stande, und es ist außerdem möglich, auf Darstellungen zu verweisen, von denen wenigstens die eine, die es mit den nordischen Verhältnissen zu thun hat, zu den Glanzpunkten der deutschen rechtswissenschaftlichen Literatur gehört *). So viel geht doch aber auch schon aus einer flüchtigen Betrachtung hervor, daß wenigstens die Grundgedanken, welche wir bei der Entstehung des Rechts in Deutschland vorausgesetzt haben, auch hier sich finden; und es möchte namentlich keinem Zweifel unterliegen, daß auch hier nicht die Rechtsbildung ohne jeden sichtbaren Träger stattgefunden hat, daß vielmehr auch hier die Rechtsbildung, statt von selbst gleichsam naturwüchsig vor sich zu gehen, eine staatliche Organisation voraussetzte, die auch hier von kleinern Kreisen auf immer größere sich erstreckte. Und auch, was wir hinsichtlich der Form behauptet haben, möchte in diesen Zuständen vielfache Belege finden.

III. Das Frankenreich.

Auf dem Wege der Eroberung kam es allmälig dahin, daß über den Stämmen sich ein einheitliches Reich erhob, welches sogar neben den deutschen Bestandtheilen auch noch fremde Nationalitäten in sich schloß.

In demselben Maaße, wie auf diese Weise die staatliche Organisation sich ausdehnte, nahm auch die Rechtsbildung größere Dimensionen an; es gab hinfort im Mittelpunkte des großen Reichs eine rechtsbildende Gewalt, welche von den Trägern der höchsten Staatsgewalt ausgeübt wurde, und welche sich erstreckte ebensowohl auf die Verhältnisse des Ganzen, wie auf die der einzelnen Theile des Reichs. Sie ging aus von den Königen und den Reichstagen, anfangs von den Königen allein, nachher unter Mitwirkung der Reichstage, wenigstens in wichtigen Angelegenheiten, indem den Königen nur eine von den Großen unabhängige Verordnungsgewalt

*) Es findet sich das Nähere einestheils bei Wilda im Strafrecht der Germanen, in dem Abschnitte von den skandinavischen Rechtsquellen S. 7—61, und anderentheils bei Reinhold Schmid, die Gesetze der Angelsachsen, 2. Aufl. 1858 in der Einleitung S. 26 ff.

blieb. Es wurden auf diese Weise namentlich die Verhältnisse des öffentlichen Rechts in weitem Umfange normirt, nicht blos das Staatsrecht im engeren Sinne, sondern auch das Strafrecht und der Proceß; und es ist bekannt genug, wie eingreifend namentlich Karl der Große diese rechtsbildende Gewalt vom Mittelpunkte aus geübt hat, wodurch der Entwicklung auf lange Zeit hin die Richtung vorgezeichnet wurde; so daß in der Folgezeit bis tief ins Mittelalter hinein alle bedeutenden Rechtssätze und Rechtsinstitute, sie mögen nun noch so wenig mit ihm zu thun haben, auf ihn zurückgeführt wurden. Es bedarf auch ferner nur eines einzigen Blickes in die Capitularien, um sich davon zu überzeugen, daß diese vom Mittelpunkte des Reichs ausgehende Rechtsbildung nicht blos Verhältnisse zum Gegenstande hatte, die sich auf den ganzen Umfang des Frankenreichs bezogen, sondern daß auch vielfach die besonderen Verhältnisse einzelner Gebiete auf diese Weise ihre Normgebung erhielten. Eigenthümlich war jedoch die Stellung der Langobarden; denn wenn auch das staatsrechtliche Verhältniß, in welches sie nach der Unterwerfung zum Frankenkönige kamen, nicht geradezu als das einer bloßen Personalunion gefaßt werden darf, so geschah doch die Incorporation mit der größten Schonung ihrer nationalen Selbstständigkeit, und es möchte sich doch für die Rechtsbildung als die Regel herausstellen, daß die Gesetze auf besonderen langobardischen Reichstagen zu Stande kamen, und daß nur ausnahmsweise die Beschlüsse der allgemeinen fränkischen Reichstage für die Langobarden bindend waren; jedenfalls hatten in solchen Fällen die langobardischen Großen an solchen Reichstagen theilgenommen; auch finden sich Spuren davon, daß dann wenigstens eine besondere Publication für das langobardische Reich erfolgte *).

Aber auch abgesehen von der ganz eigenthümlichen staatsrechtlichen Stellung des langobardischen Königreichs, so war doch das Frankenreich überhaupt sehr weit davon entfernt, ein Staatswesen

*) Vergl. neuerdings Waitz Bd. III. S. 184 u. 303 ff., wo diese Verhältnisse so ausführlich wie möglich behandelt sind; Waitz neigt sich jedoch im Gegensatze besonders zu Savigny der Ansicht zu, daß die Rechtsbildung hier nicht wesentlich anders erfolgt sei, als in den anderen größeren Stammesgebieten bei Sachsen und Bayern.

zu sein, in welchem die höchste Centralgewalt alle selbstständige staatliche Thätigkeit absorbirt hätte; es hat im Gegentheil eine Zeit gegeben, wo die Mächte der Peripherie nahe daran waren, die nothdürftig noch zusammengehaltene Einheit zu sprengen, was ihnen auch aller Wahrscheinlichkeit nach schon zwei Jahrhunderte früher, als es dann nachher wirklich geschah, gelungen sein würde, wenn nicht im entscheidenden Augenblicke der mächtigste unter den selbstständig gewordenen Herzogen sich der königlichen Gewalt bemächtigt und das Reich gleichsam wiederhergestellt hätte.

Es sind besonders folgende Kreise, welche in dieser Beziehung in Betracht kommen.

Es gehören zunächst nicht dahin die völlig selbstständigen Reiche, die bei den Theilungen entstanden, denn für diese konnte von einer Autonomie deshalb keine Rede sein, weil es keine förmliche Obergewalt für dieselben gab, keine wenigstens, welche sich auf diese Verhältnisse erstreckt hätte.

Es waren vor Allem die früher selbstständig gewesenen Stämme, welche, nachdem sie einst kräftige Staaten gebildet hatten, als historisch-politische Individualitäten ein möglichst selbstständiges Leben beanspruchten. Es kommt ihnen demgemäß in wechselnder Ausdehnung das Recht der Autonomie in ziemlich großem Umfange zu, und wenn sie auch in den allgemein staatsrechtlichen Verhältnissen der rechtsbildenden Gewalt des Centrums unterworfen sind, an der sie auch durch ihre Großen Theil haben, so gelten in privatrechtlicher und strafrechtlicher Beziehung bei ihnen Normen, die von ihnen selbst blos unter Aufsicht der höchsten Staatsgewalt ausgegangen sind. Denn das ist in der That die Bedeutung der meisten deutschen Volksrechte, namentlich derjenigen, welche auf das innere Deutschland Bezug haben, sei es nun, daß sie schon der Merowingischen Zeit angehören, wie das austrasische, alamannische, bajuwarische Recht, indem diese Stämme schon damals unterworfen wurden, oder sei es, daß sie erst in die letzten Zeiten des Reichs fallen, wie die Rechte der Sachsen und Friesen, da diese Stämme erst durch Karl den Großen unterworfen wurden, und wie vielleicht auch das thoringische und chamavische Stammesrecht. Soviel nämlich auch hinsichtlich der

Emanation dieser Landesstatuten dunkel ist*) und wie es sich auch im Einzelnen damit verhalten haben mag, soviel steht doch jedenfalls fest, daß zu der Abfassung derselben ebensowohl die höchste rechtsbildende Gewalt des Staats, als die politischen Potenzen in den Stammesganzen mitgewirkt haben. Es kommen demgemäß für den Erlaß dieser Volksrechte, sowohl für die ursprünglichen Redactionen, als für die Zusätze, die später gemacht werden, auf der einen Seite in Betracht die fränkischen Könige, oder doch wenigstens die Könige eines Theils des fränkischen Reichs, wie bei den ersten Redactionen der süddeutschen Stammesrechte die austrasischen Könige, und neben ihnen namentlich später der Reichstag; auf der andern Seite dann aber die localen Gewalten der Stämme, sei es nun, daß sich in einer herzoglichen Verfassung Organe für den ganzen Umfang eines Stammes finden, oder daß man auf die Gauversammlung, in deren Ermangelung auf die Versammlung der Hundertschaften zurückgehen mußte**).

Wie bedeutend nun aber auch die autonome Rechtsbildung der Stämme gewesen sein mag, und wie wenig dieselben in dieser Beziehung gegen die frühere Zeit an Machtvollkommenheit einbüßen mochten, so zeigte sich doch in der Anwendung des so entstandenen Rechts eine wesentliche Beschränkung. Es dürfte nämlich die größte Wahrscheinlichkeit für sich haben, daß so lange die Stämme als selbstständige Staaten von keiner höheren Gewalt zusammengehalten, einander gegenüberstanden, sie auch auf dem Boden ihres Territoriums ihr Recht ganz rücksichtslos zur Geltung brächten, unbekümmert darum, ob derjenige, dessen Verhältnisse dadurch regulirt werden sollten, seiner Geburt nach dem Stamme selbst angehörte oder nicht. Denn in der That scheint es mir nicht glaublich zu sein, daß in den blos völkerrechtlichen Beziehungen, in denen man sich damals zu einander befand, ein Princip zur Anwendung gebracht sein sollte, welches auf dem Boden des Völkerrechts selbst heutzutage noch sehr

*) Ich habe in dieser Beziehung vielfach bedauert, daß die Herausgabe der Volksrechte in den Monumenten noch nicht weiter gediehen, daß namentlich Merkel's Ausgabe der lex Bajuvariorum noch nicht zum Abschluß gelangt ist.

**) Waitz Bd. III. S. 294. 507 ff.

weit von seiner vollen Verwirklichung entfernt ist. Dagegen war es nun im höchsten Grade natürlich, daß sobald eine staatsrechtliche Gewalt über den einzelnen Stämmen aufgerichtet war, die autonome Selbstständigkeit jener Territorien in der Weise eingeschränkt wurde, daß die auf dem Boden derselben entstandene Rechtsbildung nur dann maaßgebend wurde, wenn derjenige, um dessen Rechtszustand es sich handelte, auch wirklich seiner Geburt nach dem herrschenden Stamme jenes Territoriums angehörte, daß dagegen für die Andern, Römer oder Germanen anderer Stämme ihr eigenthümliches Recht Platz greifen sollte. Es scheint mir also demgemäß richtiger zu sein, das Personalitätsprincip, wie das hier geschehen ist, als eine Einschränkung des Territorialitätsprincips hinzustellen, statt daß man gewöhnlich darin eine Vollendung desselben sieht*).

Es scheint mir aber, daß man in der Annahme autonomer Rechtsbildung auf dem Boden des Frankenreichs noch weiter gehen, und eine solche auch kleineren Kreisen zuschreiben müsse, denn wenn dergleichen auch nicht so ausdrücklich bezeugt wird, wie das hinsichtlich der Stämme der Fall ist, so spricht doch allerdings eine große innere Wahrscheinlichkeit dafür, und namentlich mit Rücksicht auf die Thatsachen der Folgezeit möchte eine solche Annahme kaum zu umgehen sein. Es kommen in dieser Beziehung als die Unterabtheilungen der Stammesganzen zunächst die Grafschaften in Betracht, in denen wir die frühern Gaue wiederfinden; dieselben haben nun zwar zunächst eine andere Bedeutung, indem sie als die regelmäßigen Verwaltungssprengel erscheinen; es fragt sich aber doch, ob es nicht für den ganzen Umfang derselben eine gemeinsame Rechtsbildung gegeben habe, namentlich in den letzten Zeiten des Frankenreichs, wo die periodisch wiederkehrenden allgemeinen Versammlungen eingerichtet waren. Mit größerer Sicherheit möchte sich sodann für

*) Schwankend über die Entstehung des Systems der persönlichen Rechte ist v. Savigny, Geschichte des römischen Rechts im Mittelalter. 2. Aufl. Heidelberg, 1834. Th. I. S. 115 ff. (Erste Auflage, Heidelberg, 1815. Th. I. S. 92 ff.) Man vergleiche übrigens Waitz Bd. II. S. 78, Bd. III. S. 205; auch Gaupp's Aufsatz in der Zeitschrift für deutsches Recht Bd. 19. S. 161 ff. Tübingen 1859.

die Hundertschaften, diese Grundordnung germanischen Staatslebens, die sich unerschüttert durch alle politischen Stürme erhalten hatte, behaupten lassen, daß in ihnen neben der gerichtlichen Gewalt eine rechtsbildende bestehen geblieben sei, deren Träger anfangs die Gesammtheit der Freien, später ein Ausschuß derselben war, doch so, daß auch damals noch neben den Schöffen dem Umstande sowohl in der Anwendung als in der Erzeugung des Rechts eine Bedeutung zukam. Endlich dürfte es nicht unwahrscheinlich sein, daß auch den Dörfern und Markgenossenschaften für die Besorgung ihrer Angelegenheiten neben der Selbstverwaltung auch eine Autonomie zugestanden habe. —

Die Kreise, deren verfassungsmäßige Gewalten bisher als Träger einer autonomen Rechtsbildung aufgeführt sind, sind sämmtlich ihrem Wesen nach dem Staate gleichartig, Unterabtheilungen desselben, die in ihrer Gesammtheit das ganze Territorium desselben ausfüllen. Es fragt sich nun, ob auch noch andern Kreisen, die eine wesentlich andere Aufgabe verfolgen als der Staat, ob etwaigen genossenschaftlichen Verbindungen gleichfalls eine eigene Rechtsbildung zugestanden habe. Das ist nun aber in der That sehr schwer zu entscheiden. Im Ganzen möchte man es verneinen, es wenigstens als die Regel hinstellen, daß dergleichen Bildungen, die später eine so große Bedeutung erlangt haben, in dieser Periode noch nicht vorkamen; jedenfalls nur in den Anfängen. Es bezieht sich das namentlich auf die Stände, indem ich annehme, daß sie im Wesentlichen während des größten Theils dieser Zeit noch dem Landrechte unterworfen waren, und erst eben begannen sich davon zu emancipiren, und für ihre eigenthümlichen Verhältnisse eigenthümliche Rechtssätze aus sich selbst hervorgehen zu lassen. Namentlich war wohl der Adel, hoher wie niederer, noch zu sehr in der Bildung begriffen, um eine eigentliche Autonomie auszuüben; eher mochten schon die Hof- und Dienstverhältnisse der Unfreien dazu Anlaß geben.

Es ist dann aber in diesem Zusammenhange namentlich einzugehen auf die Stellung der christlichen Kirche, auf ihr Verhältniß zum Staat, und es ist die Frage zu entscheiden, ob das auf dem Boden des Frankenreichs geltende Kirchenrecht ein Product autonomer Rechtsbildung sei, oder ob dasselbe seine Entstehung der höchsten Staatsgewalt verdanke, also blos seinem Inhalte, nicht aber seiner Entstehung nach als Kirchenrecht betrachtet werden müsse.

In der That muß man sich für die letztere Alternative erklären, und eine autonomische Rechtsbildung der Kirche auf dem Boden des Frankenreichs leugnen.

Es ist ja allerdings richtig, daß die christliche Kirche, seitdem sie sich in bewußter Weise von der Synagoge getrennt hatte, völlig selbstständig von der Einwirkung irgend welcher Staatsgewalt ihre äußere Organisation, wie sie in den wesentlichen Punkten heute noch besteht, aus sich heraus hatte hervorgehen lassen. Es kann aber dabei doch von einer eigentlichen Rechtsbildung streng genommen nicht die Rede sein, denn alle die Normen, welche auf diese Weise festgestellt wurden, hatten in keiner Beziehung eine äußerlich verpflichtende Kraft; es fehlte denselben an jedem erzwingbaren Charakter; ja noch mehr, die Kirche selbst existirte nur verbotener Weise, sie hatte lediglich die Stellung eines collegium illicitum. Als sie dann nach drei Jahrhunderten anfing zu einer anerkannten Existenz zu gelangen, in der Art, daß die äußere Rechtsbildung mit äußerer Erzwingbarkeit ausgestattet wurde, da hörte auch der frühere Zustand höchster Selbstständigkeit sofort auf. Und wenn es nun auch hier nicht gestattet ist, in die Einzelnheiten der byzantinischen Verhältnisse einzugehen, und wenn es ferner auch anerkannt werden muß, daß die Stellung von Staat und Kirche hier mannigfachen Schwankungen unterworfen gewesen ist, so läßt sich doch im Ganzen behaupten, daß die Kaiser bemüht waren, diejenige Machtvollkommenheit auch gegenüber der christlichen Kirche festzuhalten, die ihnen in den religiösen Zuständen des Heidenthums zugekommen war. In der That gingen doch die Berechtigungen, welche von ihnen hinsichtlich der Kirchenregierung in Anspruch genommen und ausgeübt wurden, weit hinaus über eine blos aufsichtübende Gewalt, sie erscheinen vielmehr zum großen Theil als Ausflüsse einer wahren kirchlichen Regierungsgewalt; und was namentlich die Rechtsbildung betrifft, so genügt ein Blick in die Justinianische Compilation, um darzuthun, daß eine solche doch in sehr weitem Umfange für innere kirchliche Verhältnisse von der höchsten

Staatsgewalt unmittelbar ausgegangen sei, und es ist gewiß im Geiste dieser Auffassung gedacht, wenn man die Beibehaltung der Kirchenverfassung zur Zeit als die Kirche Staatsinstitution wurde, als ein Werk der kaiserlichen Machtvollkommenheit ansieht. So wenigstens stellt sich die Sachlage dar, wenn man auf die concreten Zustände den Blick richtet und absieht von den Tendenzen, wie sie in zahlreichen Aussprüchen von kirchlicher Seite her zu Tage treten.

Diese Verhältnisse waren nun auch für die Provinz Gallien als integrirenden Theil des römischen Reichs maaßgebend gewesen, und sie erlitten nach der germanischen Eroberung nicht im Geringsten eine Umwandlung zu Gunsten einer kirchlichen Selbstständigkeit. Es kamen im Gegentheil zwei Umstände in Betracht, welche es der Kirche nicht entfernt gestatteten, als ein Reich eigenen Lebens, als eine Sphäre neben dem Staate zu erscheinen, welche vielmehr bewirkten, daß die höchste Staatsgewalt in sehr kräftiger Weise auch die Regierung der Kirche in die Hand nahm, so daß die fränkischen Herrscher nicht blos mit einer Advocatie, einem Majestätsrecht gegenüber der Kirche, sondern mit einer eigentlichen Kirchengewalt ausgerüstet erscheinen, daß sie die Regierer der Landeskirche sind, die Bischöfe der Bischöfe. Es wird jene Stellung nämlich ebensowohl herbeigeführt durch die innern Verhältnisse des fränkischen Staats, als durch die der katholischen Kirche. Denn was zuerst die Verhältnisse des fränkischen Staats betrifft, so kommt dafür wieder zweierlei in Betracht. Man muß sich auf der einen Seite erinnern an die Einheit des staatlichen und religiösen Lebens, welche im germanischen Heidenthum geherrscht hatte, so daß die Könige ganz natürlich dazu kamen, ihr Verhältniß zu der neuen Religion ganz ebenso aufzufassen, wie früher zur alten. Es kam dann aber auf der andern Seite hinzu, daß das neugegründete Frankenreich einer Concentration aller Kräfte in einem einheitlichen Mittelpunkte dringend bedurfte, und daß die Herrscher, wenn auch nur unbewußt, davon ausgingen, solche Angelegenheiten, die für das Ganze eine gleichmäßige Bedeutung hatten, nicht in andere Hände übergehen zu lassen, sondern dieselben unter ihrer nächsten Einwirkung zu behalten. Die innern Verhältnisse der Kirche aber, die für die Bestimmung des Verhältnisses von Kirche und Staat überall den zweiten Factor bilden, kamen auch ihrerseits einer solchen Gestaltung der Dinge entgegen. Denn wie man nun auch übrigens über die Entstehung des Primats denken möge, so steht doch soviel heutzutage bei einer geschichtlichen Auffassung fest, daß derselbe auf die kirchlichen Zustände des Frankenreichs nur in sehr unbedeutender Weise eingewirkt habe. Während also jener Staat alle seine Kräfte in einem festen Mittelpunkte concentrirte, so war das der Kirche damals noch nicht gelungen, es fehlte ihr noch jene Einheit, die ihr später zu so großen Erfolgen verholfen hat.

Um von dem Allem auf die Rechtsbildung die Anwendung zu machen, so ging diese auch für die Kirche von der höchsten Staatsgewalt aus, auf dem Boden des Frankenreichs in noch viel entschiedenerer Weise als in den byzantinischen Zuständen. Es wurden also die kirchlichen Rechtsnormen sogut wie die staatlichen entweder vom Könige allein, oder vom Könige unter Concurrenz der Reichsversammlung erlassen, sie erfolgten nicht in der Form der Canones, sondern der Capitularien. Es alterirt diese Sachlage nicht im Geringsten, daß die Bischöfe als Mitglieder der Reichsversammlung an dieser Legislation theilnehmen; und wenn sie hin und wieder auf besonderen geistlichen Conventen eine Vorberathung über dergleichen hielten, wenn außerdem später der Reichstag in zwei Curien zerfiel, so wird auch durch dergleichen das Princip, um das es sich hier handelt, in keiner Weise umgestoßen, es giebt auf der andern Seite bekanntlich Capitularien rein kirchenrechtlichen Inhalts, an denen Bischöfe überhaupt nicht theilgenommen zu haben scheinen. Es möchte indeß bei einer ganz unparteiischen Würdigung der Sachlage allerdings anzuerkennen sein, daß während für das Ganze der fränkischen Landeskirche die Rechtsbildung auf diese Weise vor sich ging, doch zu gewissen Zeiten namentlich zu Anfang und Schluß der fränkischen Periode in kleineren kirchlichen Kreisen, namentlich auf Provinzialsynoden eine mehr autonome Rechtsbildung zu Tage trat*).

*) Rettberg, Kirchengeschichte Deutschlands Bd. I. S. 292 ff. S. 352. Bd. II. S. 623 ff. Waitz Bd. II. S. 465. Bd. III. S. 476 ff.

Die Frage nach dem Subjecte der Rechtsbildung ist damit auch für diese Periode erledigt, und es bleibt mir nur noch übrig, einen Blick auf die Form zu werfen, in welcher die Entstehung des Rechts auf dem Boden des fränkischen Reichs vor sich geht. Was nun zunächst die Rechtsbildung betrifft, die von der höchsten rechtsbildenden Gewalt ausgeht, so ist es klar, daß dieselbe ihrem weit größten Theile nach in der Form des Gesetzes zu Tage tritt, indem wiederum die meisten der vom Könige einseitig oder von ihm unter Zustimmung des Reichstags erlassenen Gesetze geradezu eine schriftliche Aufzeichnung erhielten, in der die Festsetzungen auf das Klarste formulirt und im Lande umher den Beamten zur Nachachtung übersandt wurden, und dieser hohen Ausbildung allein, welche die Form der Rechtsbildung damals schon erreicht hatte, haben wir es zu verdanken, wenn wir die Genesis unseres heutigen Rechtszustandes bis zu jenen Keimen zurückverfolgen können, die gerade damals schon gelegt wurden. Man kann sogar billig zweifeln, ob es für den ganzen Umfang des ungeheuren Reichs eine Rechtsbildung auf dem Wege der Gewohnheit überhaupt gegeben habe, denn es möchte dazu doch an derjenigen Uebereinstimmung der Lebensverhältnisse und des nationalen Bewußtseins gefehlt haben, die stark genug ist, um ohne daß es einer besonderen Formulirung noch bedürfte, eine gleichmäßige rechtliche Behandlung herbeizuführen. Indem ich mich dann zu der autonomen Rechtsbildung kleinerer Kreise wende, und zunächst die Stammesrechte in Betracht ziehe, so ist es zwar nicht wahrscheinlich, daß dieselben bis zur fränkischen Herrschaft blos als Gewohnheitsrechte existirt hätten, dagegen ist es aber sehr möglich, daß es zu einer schriftlichen Abfassung derselben allerdings erst damals gekommen sei, und daß namentlich eine schriftliche Zusammenstellung derselben in der Gestalt einer Codification, wie sie hier vorliegt, früher nicht stattgefunden habe, indem eine solche vorzugsweise aus dem Bestreben der höchsten rechtsbildenden Gewalt hervorgegangen sein mag, eine Uebersicht über die autonome Rechtsbildung der wichtigsten unter den autonomen Kreisen sich zu verschaffen, und aus dem Wunsche der Stammesgewalten, das alte Recht auf diese Weise gegen Uebergriffe der höchsten Gewalt besser zu sichern, während dagegen das Bedürfniß an den einzelnen Malbergen kaum darauf geführt haben würde, und es ungewiß ist, wie weit dort eine Benutzung des Volksrechts wirklich stattgefunden habe. Es ist indeß dabei nicht zu verschweigen, daß manche Umstände schon auf frühere Versuche einer Aufzeichnung hinweisen, namentlich existirt eine derartige Nachricht hinsichtlich des Alamannischen Gesetzes, ohne daß sich jedoch etwas Gewisses darüber feststellen ließe*). Ob daneben noch ein Gewohnheitsrecht für den Umfang des ganzen Stammes in Geltung gewesen sei, ist ungewiß; die Rechtsbildung war allerdings mit der Aufzeichnung der Stammesrechte nicht abgeschlossen, nur war man fortwährend bemüht, das neu entstandene Recht gleichfalls in die feste Form des Gesetzes zu bringen. Wenn wir dann noch weiter heruntergehen, so ist namentlich in den Kreisen der Hundertschaften von keiner Aufzeichnung für diese Zeit die Rede; wenn man aber einmal hier überhaupt eine Rechtsbildung voraussetzt, so wird man kaum umhin können, neben der Gewohnheit, die sich allerdings in weiter Ausdehnung gefunden haben mag, doch auch das Vorhandensein von wirklichen Gesetzen anzunehmen; man kommt sonst dahin, den Versammlungen der Hundertschaften zwar die Potenz zur Rechtsbildung zuzugestehen, dagegen jede ausdrückliche Bethätigung derselben zu leugnen. Und wenn man nun die Existenz von solchen ausdrücklichen Beschlüssen für die Rechtsbildung zugiebt, so könnte man diese als Weisthümer bezeichnen, die es schon damals gegeben haben muß, und die nicht erst plötzlich im Mittelalter entstanden sein können. Es wird sich nämlich bei näherer Betrachtung der Natur der Weisthümer allerdings herausstellen, daß sie als Gesetze zu betrachten sind, denn sie gehen auf der einen Seite aus von einem zur Rechtsbildung berechtigten Subjecte, und es mag in dieser Beziehung hervorgehoben werden, daß es dergleichen Weisthümer nicht blos für die kleinen Kreise der Hundertschaften giebt, sondern daß sie ebenso gut vorkommen in den Gauen, den herzoglichen und den kaiserlichen Gerichten, ja daß sie ebenso gut wie auf das Landrecht

*) Stobbe, Gesch. d. deutschen Rechtsquellen, Bd. 1. S. 144, und Merkel, de republ. Alam. p. 33.

sich auch beziehen auf die Kreise des Lehnrechts sowie des Hof- und Dienstrechts. Auf der andern Seite gelangen aber in den Weisthümern die Rechtssätze zu einer bestimmten Form, und sie haben nur darin etwas Besonderes, daß auch früher derselbe Rechtssatz schon da gewesen ist in der unvollkommenen Gestalt der Gewohnheit und daß er also nicht mit der Formgebung überhaupt erst entsteht, es tritt eben dadurch die Natur des Weisthums als Gesetz besonders klar hervor. Allerdings sind die meisten blos in mündlicher Fassung zu Stande gekommen, ich verliere aber kein Wort darüber, daß der Mangel der Schriftlichkeit den Charakter des Gesetzes gar nicht berührt.

Ich muß zuletzt noch kurz auf die hauptsächlichsten Aussprüche der Quellen eingehen, die sich direct mit dem Verhältnisse von Gesetz und Gewohnheit beschäftigen; denn wenn es auch unzulässig ist, aus ihnen allein eine solche Theorie aufzustellen, so dürfen dieselben sich doch nicht in einem Widerspruche damit befinden. Es ist nun aber in der That die Behandlung derjenigen Stellen, die für diese Periode in Betracht kommen, überaus schwierig, weil sie nur sehr vereinzelt und beiläufig sich finden, weil der Sprachgebrauch in ihnen nicht ganz sicher ist, und weil es hin und wieder scheint, als ob sie, ohne für die eigenen Verhältnisse ein ganz entsprechender Ausdruck zu sein, sich an bekannte Aeußerungen des römischen Rechts zu sehr anlehnen. Ich will mich deshalb hier blos auf die wichtigsten derselben beschränken, obgleich ich mir für meine Auffassung über die Bedeutung des Gesetzes gegenüber der Gewohnheit keine bessern Belege wünschen könnte. Aber es scheint mir eben als ob die Gewohnheit dabei allzusehr in den Hintergrund gestellt würde. Man wird sich zwar ganz einverstanden erklären können mit der Stellung, die Karl der Große der Gewohnheit anweist, wenn er sagt: Ut longa consuetudo, quae ad utilitatem publicam non impendit, pro lege servetur, et quae diu servatae sint permaneant *), denn es scheint dabei an sich der Gewohnheit eine ganz gleiche Bedeutung wie dem Gesetze beigelegt zu sein, und doch auf der andern Seite eine Andeutung nicht zu fehlen,

*) Capit. a. 823. c. 17 (Pertz I. 193).

daß das Gesetz das Normale sei und die Gewohnheit nur das Subsidiäre *). Dagegen muß man schon eine eigenthümliche Bedeutung von consuetudo und von lex voraussetzen, um eine frühere Vorschrift von ihm in Einklang mit seinen sonstigen Aeußerungen und mit den Verhältnissen zu setzen, wenn er nämlich ganz allgemein sagt: Placuit inserere, ubi lex erit praecellere consuetudini, et nulla consuetudo superponatur legi **). Und was endlich eine spätere Stelle betrifft, so ist die gar nicht anders zu deuten, als wenn man in ihr wirklich den Versuch einer Unterdrückung alles Gewohnheitsrechts erblickt, wo es nämlich heißt: Sed tantum secundum scripturam iudicent, ut nullatenus audeant secundum arbitrium suum iudicare, sed discant pleniter legem scriptam. De quo autem non est scripta, hoc nostro consilio offeratur ***).

IV. Das deutsche Reich.

1) Das Mittelalter.

Indem die politische Vereinigung, welche nach dem Zerfalle des Frankenreichs für die deutsch redenden Bestandtheile desselben herbeigeführt wurde, nicht auf der Kraft einer höchsten Gewalt beruhete, welche die widerstrebenden Elemente allmälig von einem festen Mittelpunkte her mit sich verbunden hätte, sondern im Wege einer Verständigung unter den einzelnen selbstständigen Theilen erfolgte, und es somit nur sehr unvollkommen zur Bildung einer Centralgewalt kam, so wurde auch der Charakter der Rechtsbildung in Deutschland wesentlich dadurch bestimmt.

Die Entstehung des Rechts in Deutschland beruht demgemäß während des Mittelalters fast ausschließlich auf der Autonomie kleinerer Kreise.

Wir müssen in dieser Beziehung, wenn wir zunächst diejenigen

*) Andere Zeugnisse in dieser Richtung finden sich zusammengestellt bei Waitz Bd. III. S. 513 Note 4; ein Verbot der Gewohnheit ist in denselben nicht enthalten.

**) Capit. a. 783. c. 10 (Pertz I. 47).

***) Capit. a. 875. c. 1 (Pertz I. 529).

dieser Kreise hervorheben wollen, die eine mehr locale Bedeutung haben, nochmals auf die Gerichtsversammlung der Hundertschaften und die ihnen innewohnende rechtsbildende Gewalt hinweisen, wenigstens das Privatrecht, soweit dasselbe als zum Landrechte gehörig auf die große Masse der Nation, auf die Freien sich bezog, möchte wesentlich in diesen Kreisen weiter gebildet sein. Schon erhielten aber auch die emporstrebenden territorialen Gewalten für die Rechtsbildung eine Bedeutung, sowohl die Landesherrschaften als die Städte, namentlich die letztern, in denen die Eigenthümlichkeit vieler Verhältnisse neue Festsetzungen durchaus nothwendig machte, innerhalb deren es dann sogar wiederum kleinere autonome Kreise gab, die wie die Zünfte in gewissem Sinn eine eigne Rechtsbildung hervorbrachten. Aber auch in noch größern Kreisen von localer Beschaffenheit tritt eine solche Autonomie hervor, und wenn wir namentlich in dieser Beziehung auf die nationalen Stammesherzogthümer einen Blick werfen, so war deren Stellung nicht blos rein politisch betrachtet, während des ersten Theils dieser Periode sehr bedeutend, sondern es tritt auch eine ziemlich umfassende Rechtsbildung auf dem Boden derselben hervor, die von den Herzögen in Gemeinschaft mit den Landtagen ausgeht, und sich in einem gewissen Anschlusse an das alte Volksrecht auf alle möglichen Gegenstände, namentlich solche, die mit dem öffentlichen Recht in Verbindung stehen, wie z. B. Zollwesen und dergleichen erstreckt. Eine Zeitlang standen sogar die Stammesherzogthümer ganz selbstständig als höchste Gewalten da. Man würde dann vielleicht noch weiter gehen und behaupten dürfen, daß auch durch das Zusammenwirken mehrerer solcher territorialen Gewalten, in den spätern Zeiten des Mittelalters auf mehr völkerrechtlichem Wege eine Rechtsbildung herbeigeführt sei, indem als eine Ergänzung des Rechts der Autonomie das Recht der Einungen hervortrat, und manche der späteren Landfrieden nur auf diese Weise zu erklären sind. Es möchte zuletzt zweifelhaft sein, ob nicht in diesem Zusammenhange auf das Verhältniß mehrerer Städte zu einander hingewiesen werden könnte, die hinsichtlich der Rechtsbildung sich in einem ganz bestimmten Abhängigkeitsverhältnisse von einander befanden, indem das Recht, welches von einer Stadt ausging, unter gewissen Bedingungen maaßgebend war für den Rechtszustand einer andern.

Neben den localen giebt es dann noch genossenschaftliche Kreise der verschiedensten Art. Es gehören dahin zunächst die Stände; es ist der Begriff des Standes im Mittelalter, daß die Genossen desselben für ihre eigenthümlichen Lebensverhältnisse ein besonderes Recht haben, und ein solches besonderes Recht aus dem Stande selbst hervorgeht. Als ein Standesrecht, welches in jener Weise auf autonomer Bildung beruht, tritt besonders hervor das Lehnrecht, an Umfang und Bedeutung dem gemeinen Landrechte immer mehr als ebenbürtiger Theil an die Seite tretend. Neben dem Lehnrechte kommen dann vorzugsweise in Betracht das Dienstrecht und das Hofrecht als die Standesrechte gewisser Klassen von Unfreien. Indem ich nun aber eine derartige Entstehung des Lehnrechts und jener andern Standesrechte behaupte, bin ich mir indeß sehr wohl bewußt, daß die ersten Anfänge eine ganz andere Natur haben, indem es sich dabei überhaupt nicht sowohl um objectives Recht handelt, als um vertragsmäßige oder auch bei Hofrecht und Dienstrecht ursprünglich einseitige Festsetzungen, die wenigstens beim Lehnrecht zuerst nur vorübergehender Natur waren. Für die spätere Zeit ist jedoch die Bedeutung dieser Festsetzungen als objectives Recht nicht zu leugnen, indem auch die Verhältnisse Dritter danach beurtheilt wurden. Es bezog sich aber die Autonomie, von der die Rede gewesen ist, zunächst nicht auf den ganzen Stand, sondern wieder nur auf kleinere Kreise, auf die Genossen desselben Lehnsverhältnisses, auf denselben Kreis von Dienstleuten und Hofhörigen, und die Gesammtheit der hier überhaupt Berechtigten oder später ein Ausschuß aus denselben wurde nicht blos bei der Anwendung, sondern auch bei der Bildung der Rechtsnormen thätig. Es war dann möglich, daß größere Kreise mehrere solcher Lehnsgenossenschaften u. s. w. umfaßten, und es konnte auf diese Weise eine für einen größern Umfang gültige Rechtsbildung vor sich gehen, und es gab zuletzt wenigstens für das Lehnrecht Normen, die ihrer Entstehung nach eine formelle Bedeutung für ganz Deutschland hatten, wenn freilich auch das weit meiste Lehnrecht zunächst nur kleinern Kreisen angehörte.

Eine wichtige Klasse von mittelalterlichen Genossenschaften bilden dann aber noch die Gilden aller Art, denen auch eine Autonomie zukam, sowohl die Erwerbsgilden als die anderen, oft freilich nur in Unterordnung unter andere rechtsbildende Kreise, wie in dieser Hinsicht schon auf das Verhältniß der Zünfte zu den Städten aufmerksam gemacht ist. Auch hier ist das Einigungswesen von großer Bedeutung für die Entstehung des Rechts gewesen, wie namentlich das Beispiel der Hansa lehrt, und wenn irgendwo auf genossenschaftlicher Grundlage eine mehr völkerrechtliche Rechtsbildung vorliegt, so ist das in den Recessen der Hansa und den sonstigen Rechtsnormen, die von hier aus ausgegangen sind. Auf die rechtsbildende Gewalt, welche der Kirche im deutschen Mittelalter zukam, werde ich sogleich ausführlicher eingehen.

Gegenüber dieser weitreichenden Autonomie war die Rechtsbildung, welche von der höchsten deutschen Staatsgewalt, von dem Mittelpunkte des Reichs ausging, verhältnißmäßig unbedeutend. Sie hatte es wesentlich nur zu thun mit gewissen Verhältnissen des öffentlichen Rechts, namentlich soweit sie die eigentliche Staatsverfassung berührten, sie bekümmerte sich dagegen sogut wie gar nicht um das Privatrecht. Es gab also auch damals kein gemeines deutsches Privatrecht, dasselbe beruhte vielmehr ganz und gar auf der Autonomie kleinerer Kreise. Ein Umstand, der für die Ausbildung des deutschen Privatrechts verhängnißvoll geworden ist. Dasselbe hätte nämlich nur dann zu einer wahrhaften Vollendung gebracht werden können, wenn es gelungen wäre, die vereinten Kräfte einer großen Nation auf dessen Pflege zu concentriren, denn Alles in der Welt will von einem einheitlichen Gedanken geleitet sein, in bewußter Weise cultivirt werden. Indem nun die deutsche Centralgewalt von einer Beschaffenheit war, daß es ihr nicht gelang viel näher liegende Aufgaben zu erfüllen, so mag eben der Zustand mangelnder Vollendung, in welchem das deutsche Privatrecht am Ende dieses Zeitraums sich befand, ein ewiges Zeugniß dafür ablegen, was dabei herauskommt, wenn man die Rechtsbildung gleichsam sich selbst überläßt, und was eine naturwüchsige Entwicklung in dieser Beziehung heißt. Man läßt dann, als ob es gerade zu geistigen Schöpfungen dieser

Art gar keiner bewußten geistigen Cultur bedürfe, die Willkür so lange in zahllosen Bildungen auseinandergehen, bis man sich jeder Möglichkeit beraubt hat, diese disparaten Erscheinungen noch unter wenigen Grundgedanken zusammenzufassen, und ihnen eine Ausbildung zu geben, wie sie einem complicirten Zustande gegenüber nothwendig ist. Es half auch Nichts, daß gegen Ende des Mittelalters die deutsche Wissenschaft versuchte dasjenige einigermaaßen nachzuholen, was die rechtsbildende Staatsgewalt versäumt hatte; denn wie hoch man auch das Verdienst Eicke's von Repgov stellen mag, als er unter Zugrundelegung der damaligen Praxis die Normen, welche aus den meist ungeschriebenen Weisthümern sich ergaben, zum ersten Mal in eine wissenschaftliche Gestalt brachte, und wie sehr die Verbreitung dieses und ähnlicher Rechtsbücher ein unwiderlegliches Zeugniß bieten mag für das in jener Zeit lebendige Bedürfniß nach einem bewußten Zusammenfassen und geistigen Verarbeiten der deutschen Rechtsgedanken, nach einem formellen Beherrschen des ungeheuren Materials, so hätte es doch, um die Arbeit, die hier glänzend begonnen war, zu einem glücklichen Ende zu führen, einer formellen Autorität bedurft, welche immerfort mit höchster Aufmerksamkeit dem Gange der deutschen Rechtsentwicklung gefolgt wäre, um demjenigen, was sich als wirkliches Bedürfniß der Lebensverhältnisse ergeben hätte, einen bindenden für Alle gültigen Ausdruck zu geben, auf welcher Grundlage dann weitere Entwicklungen möglich gewesen wären. Statt dessen ist der Sachsenspiegel wie der erste so auch der weit bedeutendste Versuch in dieser Richtung geblieben. Keinesfalls dürften aber die Rechtsbücher einen Beleg bieten für das Vorhandensein eines Rechts der Wissenschaft in damaliger Zeit; denn wenn man auch in ihnen nicht in der Weise Spiegel des Rechts sehen kann, daß sie einfach widergestrahlt hätten, was schon an sich in Geltung gewesen wäre, wenn man vielmehr in ihnen allen, selbst im Sachsenspiegel trotz des beschränkten geographischen Gebiets mannigfache Generalisirungen annehmen muß, ohne welche dergleichen Bearbeitungen kaum denkbar sind, so beruhte doch die formelle Geltung derselben, wo überhaupt eine solche stattfand, überall auf einer ausdrücklichen oder stillschweigenden Anerkennung der zur Rechtsbildung berechtigten Gewalten, sei es nun, daß es sich um die Anwendung innerhalb der ursprünglichen Grenzen handelte, oder daß eine Ausdehnung in der Benutzung über das anfängliche Herrschaftsgebiet hinaus erfolgt war, wie z. B. beim Sachsenspiegel hinsichtlich der östlichen Gegenden. Diese letztere Thatsache zeigt uns dann aber wieder, wie wenig man doch in der That während des Mittelalters auf eine s. g. naturwüchsige Entstehung des Rechts bedacht war, wie man vielmehr in einem völligen Eklekticismus die Rechtsnormen überall her entnahm, wo sie sich immer fanden, unbekümmert um ihre Herkunft, wenn sie nur sonst praktisch brauchbar waren. Praktische Brauchbarkeit wurde aber allerdings vorausgesetzt, und wo daher ein solches Unternehmen lediglich aus theoretischen Gebilden zusammengesetzt war, da mochte dasselbe mit noch so großer Prätension auftreten, es fand dennoch keinen Eingang in das Leben, und wenn es noch irgend eines weitern Hinweises darauf bedürfte, daß die Wissenschaft an sich eine rechtsbildende Kraft nicht hat, so könnte in diesem Zusammenhange auf das Schicksal des Schwabenspiegels hingewiesen werden, der für ganz Deutschland eine unmittelbar praktische Bedeutung haben sollte, und kaum im engsten Kreise zu einer solchen gelangte. Es möchte daraus indeß nicht gefolgert werden können, daß damals also die Zeit für ein allgemeines deutsches Privatgesetzbuch noch nicht gekommen wäre, denn daraus, daß eine solche Aufgabe einem vielleicht ganz unberechtigten Verfasser nicht gelungen ist, geht noch längst nicht hervor, daß zur Lösung derselben auch die von einer starken Centralgewalt auf ein bestimmtes Ziel geleitete concentrirte Kraft der Nation sich als unfähig erwiesen haben würde. Und wenn dennoch die damalige Zeit auch in diesem Sinne zur Herstellung eines festen deutschen Privatrechts keinen Beruf gehabt haben sollte, so möchte das nur in dem Sinne wahr sein, daß der rechte Zeitpunkt dafür schon der Vergangenheit angehörte, und daß die Reception damals schon eine unabweisbare Nothwendigkeit gewesen sei.

Man kann aber hinsichtlich der Bedeutung der deutschen Centralgewalt für die Rechtsbildung es als zweifelhaft hinstellen, ob jene Gewalt während des ganzen Mittelalters ihren staatsrechtlichen Charakter bewahrt habe, ob sie nicht vielmehr zu gewissen Zeiten ihren staatlichen und selbst ihren bundesstaatlichen Charakter verloren habe, und auf das Niveau eines blos völkerrechtlichen Staatenbundes herabgekommen sei. Denn in der That hat es hin und wieder den Anschein, als ob die Rechtsbildung der deutschen Reichsgewalt, wie sie hinsichtlich einiger öffentlich rechtlicher Verhältnisse sich findet, nicht überall von einer selbstständigen Macht im Mittelpunkte ausgegangen wäre, sei es nun vom Kaiser allein oder von Kaiser und Reich, sondern als ob dieselbe in einzelnen Fällen nur auf der Uebereinstimmung der einzelnen territorialen Gewalten beruht habe, die sich ohne Rücksicht auf die Formen der Reichsverfassung darüber vereinigt hätten. Es würde sich demgemäß ein Unterschied ergeben zwischen Reichsgesetzen und Reichsverträgen, und zu den letztern namentlich die meisten Landfrieden, besonders aus der sinkenden Hohenstaufenzeit und der Zeit des Interregnums gezählt werden müssen. Es würde eine solche Erscheinung dann im Zusammenhange stehen mit jener andern, wonach es damals eine Zeitlang auch keine oberste richterliche Gewalt über den einzelnen selbstständigen Potenzen im s. g. deutschen Reiche gegeben hat, und also nicht blos die Entstehung, sondern auch die Anwendung des Rechts auf vertragsmäßigem, wenn man will völkerrechtlichem Wege vor sich gehen mußte. Den vertragsmäßig constituirten Landfrieden würden also an die Seite zu stellen sein die für die Aufrechthaltung des Landfriedens eingerichteten Austräge *). Es ist allerdings richtig, daß auch die wirklichen Reichsgesetze in gewissem Sinne auf vertragsmäßigem Wege zu Stande gekommen seien, wie man dergleichen überhaupt überall da behaupten kann, wo eine Theilung der gesetzgebenden Gewalt in zwei Factoren besteht; es ist aber etwas wesentlich Verschiedenes, wenn eine solche Mitwirkung nicht blos für das Zustandekommen eines Gesetzes, sondern auch darüber hinaus, namentlich hinsichtlich der Form der Publication sich findet.

Aber nicht blos die unmittelbare Rechtsbildung, die von der höchsten rechtsbildenden Gewalt ausging, fand damals nur in einem sehr geringen Umfange statt, sondern es wurde auch die Aufsicht

*) Aegidi, Austräge (Deutsches Staats-Wörterbuch Bd. I. S. 533 ff.).

über die Rechtsbildung der autonomen Kreise nur sehr unvollkommen geübt. Denn wenn auch die Berechtigung dazu theoretisch im Allgemeinen anerkannt war, so kam doch thatsächlich die der höchsten Staatsgewalt zustehende Rechtsbildungshoheit, namentlich gegenüber den größern autonomen Gewalten, Territorien und Städten, nur in wenigen Fällen zur Anwendung. Es ist übrigens von competenter Seite anerkannt worden, daß diese Verhältnisse zu den schwierigsten und dunkelsten gehören, und daß wir zur wahrhaften Aufhellung derselben „mehr Rechtsmonumente aus dem zwölften und dreizehnten Jahrhundert haben müßten, als jetzt bekannt geworden sind" *), eine Bemerkung, die nicht blos in Bezug auf das Verhältniß der rechtsbildenden Gewalten innerhalb der einzelnen Kreise, worauf sie zunächst gerichtet ist, sondern auch in Bezug auf das Verhältniß dieser Kreise selbst zur Reichsregierung ihre volle Wahrheit hat. Und selbst wenn solche Rechtsdenkmale in weit größerer Zahl vorhanden wären, als das in der That der Fall ist, so würde doch die volle Einsicht in die Bildungsgesetze, die dabei zu Grunde liegen, dadurch gehindert werden, daß die Verhältnisse selbst einem fortwährenden Wechsel unterworfen sind, bedingt durch die Kämpfe, in welchen die localen Gewalten dahin strebten, zur Selbstständigkeit gegenüber dem Reiche zu gelangen.

Eine besondere Betrachtung verdient auch hier wieder das Verhältniß von Staat und Kirche während dieser Zeit.

Vergebens hatte die Kirche im neunten Jahrhundert danach gestrebt, aus der Verwirrung, welche mit dem Zerfall des fränkischen Staatswesens verbunden war, sich zu größerer Selbstständigkeit zu erheben, denn wenn auch die pseudo-isidorischen Decretalen, die in jenen Zeiten entstanden, immerhin dazu beigetragen haben, die innere Verfassung der Kirche zu einem festen Abschlusse zu bringen, so blieben doch die Forderungen hinsichtlich des Verhältnisses von Staat und Kirche gegenüber dem kräftigen Auftreten der neuen deutschen Staatsgewalten vorläufig ohne weitere Folge, und die Stellung der Kirche wurde in Deutschland unter den sächsischen und den ersten

*) Eichhorn, deutsche Staats- und Rechtsgesch. Bd. II. S. 264.

salischen Herrschern keine wesentlich andere, als sie es im Frankenreiche gewesen war, so daß es ihr an jeder wirklich selbstständigen Rechtsbildung zunächst durchaus fehlte.

Während nun aber die deutsche Staatsverfassung in centrifugaler Weise sich entwickelte, und der Schwerpunkt der politischen Macht vom Mittelpunkt immer mehr in die Theile verlegt wurde, so gelang es dagegen der Kirche, im Papalsystem eine Concentration aller ihrer reichen Kräfte zu bewirken, und dieselben von einem einheitlichen Willen beherrscht auf ein ganz bestimmtes Ziel zu richten. In demselben Augenblicke, wo die deutsche Centralgewalt gesprengt wurde und die staatlichen Zustände Deutschlands für Jahrhunderte sich entschieden, gelang es neben so vielen andern damals zur Selbstständigkeit gelangten Kreisen auch der Kirche, sich von der Staatsgewalt, die sie bisher in engen Schranken gehalten hatte, zu emancipiren, und sich in gleichberechtigter Stellung dem Staate an die Seite zu stellen. Es bildete von nun an, was bisher nicht der Fall gewesen war, die Kirche ein Reich eigenen Lebens, und ganz entsprechend dieser neuen Verhältnißstellung gab der Staat derselben keine Gesetze mehr, sondern schloß mit ihr Verträge. In der That bezeichnet das erste Concordat diesen Umschwung der Dinge ganz und gar. Die Rechtsbildung der Kirche war nun auch eine ganz selbstständige geworden, und zwar für einen sehr weiten Umfang. Wie nämlich die Trennung der Kirche vom Staate durchaus nicht ganz rein vor sich gegangen war, indem vielmehr viele Angelegenheiten von wesentlich staatlichem Charakter, welche der Kirche nur als staatlicher Anstalt übertragen worden waren, auch nach der Trennung ihr verblieben, so ging nun auch die kirchliche Rechtsbildung weit über die Sphäre des Kirchenrechts im engern Sinne hinaus. Dieselbe erstreckte sich demgemäß nicht mehr blos auf den Organismus der Kirche selbst, sondern es bildete sich jetzt neben dem eigentlichen Kirchenrecht das canonische Recht, welches blos seiner Entstehung, nicht aber seinem Inhalte nach Kirchenrecht war. Indem das zersplitterte Staatswesen nicht mehr die Kraft besaß, eine Fortbildung des Rechts zu unternehmen, so trat die Kirche in die verlassenen Aufgaben des Staats ein, und erfüllte mit ihren Anordnungen das gesammte Rechtsleben nach allen Richtungen hin. So wurde das canonische Recht das Weltrecht des Mittelalters und hat schon längst vor der Reception auf Deutschland Einfluß geübt.

Indem nun endlich im weitern Verlaufe der Entwicklung dieser Verhältnisse die Kirche an innerer und äußerer Macht immer mehr zunahm, der deutsche Staat dagegen immer mehr in seine Atome sich auflöste, so kam es sehr natürlich dahin, daß die Kirche den Versuch machte, zu ihren Gunsten an Stelle der bisherigen Coordination eine Subordination herbeizuführen. Aber wie bedeutend auch im Einzelnen die Erfolge sein mögen, welche die Kirche unter günstigen Conjuncturen während des großen Kampfs davontrug, der auf der Höhe des Mittelalters über diese Fragen entbrannte, so fehlte doch viel, daß es zu einer anerkannten rechtlichen Stellung in dieser Hinsicht gekommen wäre. Und so gelang es auch hinsichtlich der Rechtsbildung auf die Dauer nicht, das natürliche Verhältniß der Dinge umzukehren, und den Staat in die Stellung eines bloßen autonomen Rechtskreises gegenüber der Kirche zu bringen. Und wenn auch die Päpste sich herausnahmen, Rechtssätze und Rechtsinstitute, welche tief mit dem deutschen Nationalbewußtsein verwachsen waren, für ketzerisch zu erklären und in eigenen Bullen förmlich zu cassiren, so hatte das doch keine directen Folgen, und wenn späterhin allerdings eine Entwicklung eintrat, die materiell auf den meisten Punkten den päpstlichen Forderungen ein Genüge leistete, so beruhete dieselbe doch einzig und allein auf der Autorität der deutschen rechtsbildenden Gewalten, die allmälig jene von der Kirche schon früher vertretenen Ideen des Fortschritts zur Anerkennung brachten *).

Um zuletzt noch einen Blick auf die Form zu werfen, in welcher die Rechtsbildung vor sich ging, so ist allerdings während dieses Zeitraums, entsprechend der Entstehung des Rechts in kleinern Kreisen, die Gewohnheit die regelmäßige Form, in der die Manifestation der Rechtsbildung vor sich geht. Es läßt sich dafür auch in sehr entschiedener Weise auf den Sprachgebrauch der damaligen

*) Vergl. übrigens Homeyer, Johannes Klenkok wider den Sachsenspiegel. (Aus den Abhandlungen der königl. Akademie der Wissenschaften zu Berlin 1855.)

Zeit verweisen, und zwar in doppelter Beziehung. Es wird nämlich zunächst der Ausdruck Gewohnheit für Recht überhaupt gebraucht, ganz ohne Rücksicht darauf, ob es sich im concreten Fall um ein Gesetz oder um ein Gewohnheitsrecht im engern Sinne handelt *). Und es dient dann außerdem der Ausdruck Gewohnheit zur Bezeichnung des particulären Rechts als solchen, wieder ohne daß es auf den specifischen Sinn von Gewohnheit ankommt **). Trotzdem muß man nun auch für diese Zeit darauf aufmerksam machen, daß es neben den Gewohnheiten Gesetze in größerer Anzahl gab, als man gewöhnlich glaubt, mochten sie nun aufgeschrieben sein oder nicht, und wenn wir schon die Weisthümer als wahre Gesetze in Anspruch genommen haben, so kommen dergleichen z. B. hinsichtlich der Bursprachen in noch kleinern Kreisen vor. Ob es eine Gewohnheit in irgend welcher Beziehung für den Umfang des ganzen deutschen Reichs gegeben habe, ist eine Thatfrage, die aber wahrscheinlich wird verneint werden müssen ***).

2) Die neue Zeit.

Wenn wir zunächst die Stellung ins Auge fassen, welche die Reichsstaatsgewalt zur Rechtsbildung einnahm, so sind dafür während dieses Zeitraums wieder zwei verschiedene Perioden zu unterscheiden.

Indem nämlich gegen Ende des Mittelalters, nachdem die Entwicklung der Landeshoheit zu einem vorläufigen Abschlusse gediehen war, in Folge von langen vergeblichen Versuchen endlich doch eine Reform der deutschen Reichsverfassung auf Grundlage und nach Maaßgabe der veränderten Verhältnisse erreicht wurde, so zeigte sich die Kräftigung, welche der deutschen Centralgewalt auf diese Weise

*) So ist namentlich der Sprachgebrauch des Sachsenspiegels, I. 63. §. 4. II. 48. § 10. III. 42. § 6; ganz besonders aber der Glosse in der Ausführung zum textus prologi, wo in großer Uebereinstimmung mit dem Decrete Gratians eine umfassende Theorie über Entstehung des Rechts gegeben wird.

**) Es wäre ganz überflüssig, dafür Belege citiren zu wollen, sie finden sich allerwärts; z. B. Sachsensp. III. 72. § 3.

***) Auf die bekannte Stelle im Schwabenspiegel, Landrecht Art. 44, einzugehen, die ex professo von der Gewohnheit handelt, hatte ich keine Veranlassung.

zu Theil geworden war, sofort auf das Unverkennbarste in den Verhältnissen der deutschen Rechtsbildung.

Nach einer doppelten Seite hin.

Zunächst war damals die eigene unmittelbare Rechtsbildung, die von der deutschen Reichsstaatsgewalt ausging, umfassender und eingreifender als zu irgend einer andern Zeit unserer Geschichte. Wieder in einer zwiefachen Beziehung. Es handelte sich einerseits darum, die öffentlichen Rechtsverhältnisse von Deutschland auf allen Punkten mit den veränderten Anforderungen der neuen Zeit in Einklang zu setzen, und es kam demgemäß damals auf den Reichstagen zu einer Masse von neuen gesetzlichen Bestimmungen, die hinsichtlich des Gerichts-, Kriegs-, Finanzwesens und der Polizei die Reform des deutschen Reichsrechts im Detail weiter ausführen sollten; es herrschte damals in diesen Dingen eine legislatorische Rührigkeit, die an eine weit zurückliegende Zeit erinnern würde, wenn nicht die Erfolge den darauf verwandten Anstrengungen so sehr wenig entsprechend gewesen wären. Aber abgesehen von dieser Rechtsbildung, die sich auf das Reichsstaatsrecht nach Verfassung und Verwaltung bezog, so wurde andererseits durch die rechtsbildende Thätigkeit der deutschen Reichsgewalten vermöge der Reception des römischen Rechts ein gemeines deutsches Recht in einem bisher noch nicht gekannten Umfange gewonnen. Denn in der That ist doch die Reception des römischen Rechts als ein Act der deutschen Centralgewalt anzusehen, indem diese dabei als Träger der Rechtsbildung erscheint, mag man nun ein größeres Gewicht legen auf eine stillschweigende Anerkennung derselben, so daß man die Reception als durch ein allgemeines deutsches Gewohnheitsrecht vor sich gegangen betrachtet, oder mag man die Aussprüche der Gesetze in erster Reihe berücksichtigen, und darauf hinweisen, wie sich die Staatsgewalt des heiligen römischen Reichs ausdrücklich als an diese Normen gebunden erachtete, weil sie ausgegangen sein sollten von frühern rechtsbildenden Gewalten desselben Staatswesens, von den Vorfahren am Reich. Und ferner ging die Reception des römischen Rechts von Seiten der deutschen Reichsstaatsgewalt vor sich im weitesten Umfange, sie geschah in complexu, in der Weise, daß an sich alle Theile gleichmäßig aufgenommen wurden, und daß von vornherein kein einziger Theil als ausgeschlossen angesehen werden konnte. Die rechtsbildende Thätigkeit der deutschen Reichsgewalt tritt dann aber näher betrachtet bei der Reception in einer doppelten Weise hervor. Hinsichtlich des Strafrechts ist man auf romanistischer Grundlage zu einer neuen positiven Schöpfung vorgegangen, und es bietet uns die Carolina zum ersten Male ein für ganz Deutschland gemeinsames Strafrecht in größerer Ausdehnung dar, während doch zu allen frühern Zeiten strafrechtliche Festsetzungen nur ganz vereinzelt vom Mittelpunkte des deutschen Staats ausgegangen waren, und ihrer großen Mehrzahl nach stets auf der Autonomie kleinerer Kreise beruht hatten. Den übrigen Theilen des römischen Rechts stand dagegen die Reichsstaatsgewalt mehr passiv gegenüber, indem es dabei nur zu einer Reception im Allgemeinen kam, ohne daß die Art und Weise derselben durch eine förmliche Reichsgesetzgebung ihre nähere Bestimmung erhalten hätte. So verhielt es sich namentlich auch mit dem Privatrechte, hinsichtlich dessen es während unserer ganzen bisherigen Rechtsentwicklung noch niemals zu einer staatlichen formellen Gemeinsamkeit gekommen war, wie eine solche jetzt, wenn auch auf fremder Grundlage, erreicht wurde. Dagegen findet sich von einer damals gleichzeitig und ganz auf dieselbe Weise geschehenen Reception des canonischen Rechts keine Spur; dasselbe hat sich vielmehr schon sehr viel früher in Deutschland in Geltung befunden, schon vor der Herstellung der großen Decretalensammlungen, wenn auch allerdings nicht geleugnet werden soll, daß diese Codification, daß die enge Verbindung, welche zwischen beiden Rechten in Bologna bestand, neben den allgemeinen Verhältnissen von Staat und Kirche dasselbe immer entschiedener zur Anerkennung gebracht haben. Es ist das ein Punkt, der an einem andern Orte ausführlicher zu behandeln ist *).

Aber auch wo eine solche unmittelbare Rechtsbildung der Reichsgewalt in der einen oder andern Weise nicht stattfand, da wurde wenigstens die Rechtsbildungshoheit über die Autonomie der kleinern

---

*) Interessante Andeutungen darüber finden sich bei Stintzing, Ulrich Zasius; Beilage II. S. 323 ff.

Kreise zu Anfang der neuen Zeit so kräftig wie möglich geltend gemacht, und selten finden wir das Bewußtsein einer höhern rechtsbildenden Gewalt bei Fürsten und Städten so lebendig vorhanden und so klar ausgesprochen, wie gerade damals; beugen sich doch selbst die protestantischen Territorien bei der Emanation der Kirchenordnungen unter die höhere Gewalt von Kaiser und Reich. Im weitesten Umfange gab es nämlich eine solche Rechtsbildung durch die Territorien. Eine solche tritt namentlich auch hervor hinsichtlich der einzelnen Modalitäten bei der Reception des römischen Rechts; denn wenn auch die Reception im Großen und Ganzen von der Centralgewalt des Reichs ausgegangen war, so blieb doch die nähere Bestimmung derselben Sache der einzelnen Länder, und erst hier auf dem Boden des deutschen Einzelstaats wurde in jedem einzelnen Falle das Schicksal des römischen und des deutschen Rechts entschieden, indem vom Staatsrecht so gut wie gar Nichts zur Anerkennung gelangte, dagegen durch besondere Landesgesetze oder Stadtrechte für Privatrecht sowohl wie für Proceß die neue rechtliche Ordnung festgesetzt wurde. Selbst gegenüber der Carolina blieb eine derartige Autonomie in Kraft, wie die salvatorische Clausel im Allgemeinen zugesteht, wie dann zahlreiche Stellen des Gesetzes darauf hindeuten, und wie endlich die Criminalordnungen in den einzelnen Ländern des Weitern darthun. Theoretisch stand aber doch der Reichsgewalt eine Aufsicht über dergleichen zu, wenn auch allerdings oft so wenig davon zu Tage tritt, daß es hin und wieder sogar scheinen kann, als ob die Reception des römischen Rechts, als ob selbst die Einführung der Carolina ganz und gar Sache der Territorien gewesen wäre.

Ganz anders wird das nun aber in den letzten Zeiten dieser Periode; denn wie jener Aufschwung in den Verhältnissen der deutschen Centralgewalt nur vorübergehend und von kurzer Dauer gewesen war, und die Landeshoheit trotz alledem zu immer größerer Ausbildung gelangte, so zeigen sich die Folgen davon auch in dieser Richtung der staatlichen Thätigkeit. Auf der einen Seite nämlich hörte die unmittelbare Rechtsbildung von Kaiser und Reich fast wie ganz auf, weit entfernt an ein gemeines deutsches Privatrecht fernerhin auch nur zu denken, so brachte man es selbst nicht dahin, das Strafrecht durch eine allmälige Weiterbildung in der Uebereinstimmung mit den Lebensverhältnissen zu erhalten, und alle neuen Bedürfnisse warteten vergebens darauf, von der Reichsgewalt ihre für ganz Deutschland verbindliche Regulirung zu erhalten; die unmittelbare Rechtsbildung von Seiten des Reichs erstreckte sich zuletzt nur noch auf diejenigen Angelegenheiten, die in engster Beziehung zur Reichsregierung standen, soweit es deren überhaupt noch gab, und soweit eine Reform dabei nicht zu umgehen war. Aber auch die Aufsicht über die Rechtsbildung der autonomen Kreise hatte sogut wie ganz aufgehört; in weitester Ausdehnung und völlig schrankenlos wurde die Autonomie von den einzelnen Staaten geübt und alle Fortentwicklung, welche damals mit dem deutschen Rechtsleben vor sich gegangen ist, ist auf dem Boden der Territorien vor sich gegangen. Es kam auf diese Weise zuletzt sogar dahin, daß noch während des Bestehens des deutschen Staats von mehreren Territorialgewalten, unter denen die drei mächtigsten weltlichen Reichsstände, die Autorität des römischen Rechts und der Carolina, welche noch nicht aufgehört hatten, ein formell gemeines deutsches Recht zu sein, auf deren zu respectirender Grundlage alle etwaige weitere Rechtsbildung vor sich gehen sollte, geradezu aufgehoben wurde. Und wenn man doch wenigstens in Bayern es seiner Zeit noch für nothwendig hielt, darüber Reflexionen anzustellen, indem man auf der einen Seite zugiebt, man würde früher aus dergleichen ein großes Sacrileg gemacht haben, sich aber doch dabei beruhigt, praxis hodierna sei nicht mehr so abergläubisch, sondern setze außer Zweifel, daß jeder Stand des Reichs sowohl die römischen als die andern gemeinen Reichsgesetze, sofern die letztern von keinen die Staatsverfassung des Reichs angehenden Sachen handelten, abschaffen könne *), so scheint man dagegen bei den ähnlichen Vorgängen in Oesterreich und Preußen, durch welche man dort im Laufe des 18ten Jahrhunderts einen neuen Rechtszustand zu begründen suchte, kaum noch ein Bewußtsein davon gehabt zu haben, daß man durch solche

*) Vergl. Kreittmayr in den Anmerkungen zum Codex jur. Bavar. crim. 1751.

Gesetzgebungswerke, in denen das römische Recht und die Carolina geradezu aufgehoben wurden, weit über die Befugnisse hinausginge, die den Gliedern eines noch bestehenden Staats vermöge der blos ihnen zustehenden Autonomie zukommen könnten.

Es handelt sich sodann um die Grundsätze, nach denen während dieser Zeit die eigentliche deutsche Rechtsbildung, die in den Territorien, vor sich ging. Man könnte auch dabei wieder zwei Perioden unterscheiden, wenigstens treten gewisse Momente, die schon immer für die Rechtsbildung in Betracht gekommen waren, während der letzten Zeiten entschiedener und wirkungsvoller hervor.

Man muß im Allgemeinen davon ausgehen, daß es während dieser ganzen Periode das stetige Bestreben der fortschreitenden Entwicklung ist, die Kräfte eines jeden Landes in einer starken Centralgewalt zusammenzufassen und den Staat aus seiner mittelalterlichen Stellung, wo die einzelnen Fragmente des deutschen Reichs Kreise neben andern Kreisen gewesen waren, wieder zu einer obersten Macht über alle andern selbstständigen Gewalten zu erheben, um so für die verschiedensten Bestrebungen eine Einheit zu gewinnen. Auf diese Weise dehnte sich denn auch die Rechtsbildung der höchsten Staatsgewalt auf Gebiete aus, die früher nicht in so entschiedener Weise von den staatlichen Mittelpunkten her ihre Normirung erhalten hatten, namentlich wurde jetzt eben, wie schon bemerkt, das Privatrecht und Strafrecht ein gemeinsames für einen ganzen Staat. Auf der andern Seite hatte doch aber auch die autonome Rechtsbildung innerhalb eines solchen Landes während der längsten Dauer dieses Zeitraums keineswegs aufgehört, und manche Staaten waren so weit davon entfernt, das Bild einer im Mittelpunkte centralisirten Rechtsbildung zu gewähren, daß sie vielmehr nur eben dahin gelangt waren, über verschiedenartige, allmälig zusammengekommene Bestandtheile eine oberste Gewalt aufzurichten, während eine Selbstverwaltung und eine Autonomie im weiten Umfange den besondern Fürstenthümern, Provinzen und auch Städten noch immer zukam. Auch von jenen andern genossenschaftlichen Kreisen blieben manche noch bestehen. Und endlich weist das Privatrecht eine von der Staatsgewalt zunächst unabhängige Rechtsbildung in einem ganz besondern Sinne auf. Sie geht nämlich, nachdem die eigenthümlichen Kreise dafür mit dem Untergange der alten Gerichtsverfassung verschwunden waren, ohne eine sichtbar hervortretende Organisation vor sich, blos auf Grund von gemeinsamen, durch locale und andere Ursachen hervorgerufenen Bedürfnissen, wie ja die Bildung des Privatrechts am meisten in Unabhängigkeit von besondern staatlichen Einflüssen erfolgt.

Erst in den letzten Zeiten dieser Periode ist es denn vielfach dahin gekommen, daß die höchste Staatsgewalt eine omnipotente Wirksamkeit entfaltete, und eine absolute Stellung gegenüber den übrigen Gewalten einnahm, die zum großen Theil in der frühern Weise verschwanden. Je größer demgemäß die Decentralisation in den Verhältnissen der Rechtsbildung gegenüber dem Reiche war, um so größer war die Centralisation in den einzelnen Territorien, so daß es zuletzt dahin kam, daß in den Mittelpunkten der meist kleinen Staatswesen die gesammte Rechtsbildung unter Ausschluß aller autonomen Berechtigung so gut wie ganz absorbirt wurde.

Es ist endlich noch ein Blick zu werfen auf das Verhältniß von Staat und Kirche während dieser Zeit.

Was nun zunächst das Verhältniß der deutschen Staaten zur protestantischen Kirche betrifft, so muß schon hier auf das Entschiedenste die Behauptung aufgestellt werden, die später bei der Lehre der protestantischen Rechtsbildung ausführlich bewiesen werden soll, daß die protestantische Kirche während dieser ganzen Zeit in keiner Weise einen selbstständigen Kreis mit eigner Lebensordnung im Unterschiede vom Staate gebildet habe, daß vielmehr eine völlige Identität von Staat und Kirche bestand, indem die deutschen Territorien einheitliche Gemeinwesen waren, in denen die staatlichen und religiösen Beziehungen sich deckten und von denselben Organen verwaltet wurden. Es bestand demgemäß in keiner Weise ein Unterschied von Kirchenhoheit und Kirchengewalt, und es gab keine eigenthümliche Rechtsbildung der Kirche, sondern es gab eine einzige Rechtsbildung auf dem Boden eines und desselben Territoriums, die ganz in derselben Weise vor sich ging, mochte sie nun auf staatliche oder auf religiöse Verhältnisse sich beziehen. Die protestantische Kirche ist während dieser Periode im Großen und Ganzen stets nach den Grundsätzen des

Territorialsystems regiert, wonach die Kirchengewalt als Bestandtheil der Landeshoheit angesehen wurde, und Alles was sonst in dieser Beziehung behauptet wird, ist einfach Phantasie, und beruht höchstens auf der Generalisirung einiger unmaaßgebender Aeußerungen aus den ersten Zeiten der Reformation, die uns nur bezeugen, daß man in kirchlichen Kreisen anfangs bemüht war, eine andere Ordnung des Verhältnisses herbeizuführen, als eine solche wie sie nachher auf dem Boden des positiven Rechts thatsächlich erfolgt ist. Jedenfalls geht aber aus den maaßgebendsten Aeußerungen, die von kirchlicher Seite her zu Tage getreten sind, nämlich aus den protestantischen Bekenntnißschriften soviel hervor, daß, wie nun auch die Frage nach dem Subjecte der kirchlichen Rechtsbildung beschaffen sein möge, die kirchliche Rechtsbildung überhaupt in sehr enge Grenzen eingeschränkt wurde, und es kann gegenüber den hierarchischen Bestrebungen aller folgenden Zeiten nicht oft und eindringlich genug auf den berühmten achtundzwanzigsten Artikel der Augsburgischen Confession „von der Bischofe Gewalt" hingewiesen werden, wo es sich um „den Unterscheid des geistlichen und weltlichen Gewalts" handelt, und wo namentlich die Ehesachen als principiell zum Ressort des Staates gehörig, und nur auf Grund einer widerruflichen Concession des Staats als der Kirche überlassen hingestellt werden, denn es wird dort ausdrücklich gesagt: „daß aber die Bischofe sonst Gewalt und Gerichtszwang haben in etlichen Sachen, als nämlich Ehesachen oder Zehnten, dieselben haben sie aus Kraft menschlicher Rechte. Wo aber die Ordinarien nachlässig in solchem Amt, so sind die Fürsten schuldig, sie thuns auch gern oder ungern, hierin ihren Unterthanen um Friedes willen Recht zu sprechen, zu Verhütung Unfrieden und großer Unruhe in Ländern" *).

Nicht viel anders war aber wenigstens in den letzten Zeiten dieser Periode die Stellung der katholischen Kirche in den einzelnen deutschen Staaten. Es trafen dafür zwei Momente in eigenthümlicher Weise zusammen. Auf der einen Seite kam dafür in Betracht

*) Conf. Aug. Art. 28 (Müller, d. symbolischen Bücher der evangel. luth. Kirche S. 62 ff.

jenes Bestreben auf dem staatlichen Gebiete, welches nun einmal und zwar mit innerer Nothwendigkeit und zur Erreichung großer Zwecke ganz allgemein dahin ging, die selbstständigen autonomen Gewalten auf dem Boden jedes Territoriums zu brechen, oder doch wenigstens so weit einzuschränken, daß die Majestät der staatlichen Ordnung über denselben, und ihnen ihre Grenzen vorzeichnend, sich geltend machen könnte. Daß aber den einzelnen deutschen Staaten ein solches Bestreben gegenüber einer so concentrirten Macht, wie die katholische Kirche eine ist, verhältnißmäßig leicht gelang, das lag nun zu einem guten Theile in den innern Zuständen der Kirche selbst. Zwei Mächte sind es, welche das Leben der katholischen Kirche für immer bestimmen, eine Macht des Centrums und der gegenüber die Mächte der Peripherie; sie haben aber in ihrer gegenseitigen Verhältnißstellung vielfach gewechselt; und während nun Jahrhunderte hindurch die Centripetalkraft für die Entwicklung der katholischen Kirchenverfassung das bestimmende Moment gewesen war, und nach vergeblichen Versuchen zur Umgestaltung dieser Verfassung im 15ten Jahrhundert, das Papalsystem im 16ten gegenüber der Reformation in voller Stärke wieder hergestellt war, so machte doch seit dem 17ten Jahrhundert der Episcopalismus in Frankreich wie in Deutschland einen neuen Versuch, den Organismus der Kirche nach seinen Doctrinen zu gestalten. Und in der That gelang das damals in viel großartigerer Weise als früher zu Ende des Mittelalters, wo schon Aehnliches versucht war. Man hat gewiß protestantischer Seits alle Ursache, dem Kampfe, der auf dem Boden der katholischen Kirche zwischen Papalismus und Episcopalismus immer von Neuem in gewissen Zeiträumen sich erheben wird, mit dem Interesse eines völlig unbetheiligten Zuschauers zuzusehen, es ist das lediglich eine häusliche Angelegenheit der Katholiken selbst, und es ist nichts, wie eine gefährliche Unklarheit über die Grundprincipien des Protestantismus, wenn man hie und da glaubt, in dem Episcopalsystem eine Annäherung zu entdecken, wenn man gar die schwächlichen Vertreter dieser Richtung protestantischerseits feiert. Nur soviel ist allerdings richtig, und wird, wie es an sich einleuchtend ist, durch alle Geschichte bestätigt, daß gegenüber einer episcopalistisch gestalteten Kirche, der es an einem festen Zusammenfassen ihrer ganzen Kraft fehlt, die Einordnung der kirchlichen Interessen in die allgemein staatlichen um vieles leichter ist, als sonst. Auf diese Weise ist es denn auch gegenüber dem Episcopalismus des 18ten Jahrhunderts dahin gekommen, daß die katholische Kirche zumal in den größern deutschen Staaten aufgehört hat, ein Reich eignen Lebens zu sein, und daß eine selbstständige Ordnung der kirchlichen Verhältnisse nicht mehr stattfand, weder in der Verwaltung noch in der Rechtsbildung. Es gab namentlich keine selbstständige katholische Rechtsbildung mehr, und man braucht nur einen Blick in die österreichischen Gesetzsammlungen der damaligen Zeit zu werfen, um zu sehen, wie Alles hier bis auf das Kleinste herab durch den Staat regulirt wurde, wie selbst das Leben in den Klöstern durch Hofdecrete und dergleichen seine Normen empfing*). Und wenn nun auch im Ganzen diese Rechtsbildung im Geiste der Kirche und ihrer bisherigen Rechtsentwicklung vor sich ging, so fehlte es doch auch nicht an unlösbaren Widersprüchen, und es sind damals auf diese Weise Rechtsinstitute entstanden, welche die katholische Kirche niemals als die ihrigen anerkannt hat und anerkennen wird.

Es bleibt mir zuletzt noch übrig, nachdem somit auch für diese Periode die Frage nach dem Subjecte der Rechtsbildung allseitig erörtert ist, noch kurz einen Blick zu werfen auf die Form, in welcher dieselbe sich manifestirte. Es kann in dieser Beziehung kein Zweifel sein, daß die Bedeutung des Gewohnheitsrechts gegenüber den mittelalterlichen Zuständen eine geringere geworden ist; und daß in Folge der größern Pflege, welche der Rechtsbildung von den geordneten staatlichen Gewalten zu Theil wurde, das Gesetz wieder mehr in sein natürliches Recht eintrat. Es ist aber doch auf der andern Seite ebenso gewiß, daß in allen Kreisen neben dem Gesetze die Gewohnheit aushülfsweise bestehen blieb. So kommt zunächst für die Rechtsbildung, die vom Reiche ausgeht, ein Reichsherkommen im weiten Umfange zur Anwendung, wenn sich dasselbe auch freilich nur auf untergeordnete Angelegenheiten bezieht. Es fehlt aber auch nicht an einem

*) Barth-Barthenheim, Oesterreichs geistliche Angelegenheiten in ihren politisch-administrativen Beziehungen. Wien 1841.

Gewohnheitsrechte in den Territorien, und namentlich in den kleinern Kreisen, denen eine Autonomie geblieben ist, ist dasselbe von Bedeutung vorzüglich für die Bildung des Privatrechts.

Zweites Capitel.

Die deutsche Rechtsbildung in der Gegenwart.

I. Das gemeine deutsche Recht.

Da seit der Auflösung des deutschen Reichs Deutschland dauernd aufgehört hat, ein Staat zu sein, so giebt es seitdem eine für ganz Deutschland in Betracht kommende Rechtsbildung im staatsrechtlichen Sinne nicht mehr. Es ist demgemäß auf der einen Seite alles dasjenige Recht, welches noch zu Anfang des Jahres 1806 den Charakter eines formell gemeinen hatte, als solches untergegangen, denn das ist nur ein anderer Ausdruck für die Thatsache der Auflösung des deutschen Reichs, und das deutsche Reich juristisch würde als noch fortbestehend betrachtet werden müssen, wenn sich das anders verhielte. Es gilt also auch das römische Recht, wo es gegenwärtig noch in Kraft ist, nur als Recht des deutschen Einzelstaats. Auf der andern Seite hat es seitdem nicht zu einer neuen gemeinsamen Rechtsbildung kommen können, es fehlte dazu an jeder Möglichkeit, da es ein Organ, einen Träger dafür auf keine Weise gab. Es mag einer spätern Zeit dereinst völlig unbegreiflich erscheinen, wie eine so einfache Frage durch den Patriotismus in endlose Verwirrung hat gestürzt werden können; die einfache Hinweisung Robert von Mohl's auf das Bündel Pfeile, das selbst durch einen dünnen Faden zusammengehalten werden könne, nur nicht durch einen gemalten Strich, ist eine vernichtende Kritik für Dutzende von derartigen gutgemeinten aber durchaus confusen Ergüssen.

Eine ganz andere Frage wäre es übrigens, ob nicht bei einer statistischen Vergleichung der Rechtszustände in den einzelnen deutschen Staaten die Thatsache sich herausstellen würde, daß nicht blos aus den frühern Zeiten Manches materiell Gemeinsame sich erhalten hat, sondern daß auch bei der Gleichheit der zu Grunde liegenden

Lebensverhältnisse viele von den in dem gegenwärtigen Jahrhundert neu entstandenen Rechtsnormen in wesentlicher Uebereinstimmung hinsichtlich des Inhalts sich gebildet haben. Es ist doch aber für alle nur einigermaßen logisch construirten Köpfe einleuchtend, daß dergleichen Thatsachen nur eine Bedeutung etwa für die vergleichende Rechtswissenschaft in Anspruch nehmen können.

Am allerbedenklichsten würde es sein, wenn die deutsche Rechtswissenschaft diesen Zustand der Dinge ignoriren, und den Versuch machen wollte, den Rechtszustand in einer einheitlichern Weise zur Darstellung zu bringen, als derselbe im Leben sich findet. Denn es ist der Wissenschaft einzig und allein um Wahrheit zu thun, nicht aber um eine vollendete Form; und man gelangt durch solche Generalisirungen, wie sie in ganz unzulässiger Weise in den Systemen des gemeinen deutschen Privatrechts, Staatsrechts, Strafrechts, Proceßrechts vorliegen, zu einem Rechtszustande, wie derselbe in solcher Weise nirgends besteht; solche Darstellungen sind denn auch ganz einflußlos auf die Anwendung des Rechts, oder sie erscheinen im besten Falle als verkappte Particularrechte. Es soll damit indessen nicht behauptet werden, daß nicht bei der gegenwärtigen Lage der deutschen Verhältnisse übersichtliche Darstellungen des Rechtszustandes in den einzelnen Ländern sehr verdienstliche Unternehmungen sind, wenn nur der statistische Charakter dieser Bücher gewahrt bleibt, und nicht der Inhalt zu einem gemeinen deutschen Rechte in jenem falschen Sinne hinaufgeschroben wird.

Wenn es nun aber auch eine staatsrechtlich gemeinsame Rechtsbildung für ganz Deutschland nicht giebt, so findet sich dagegen eine solche in völkerrechtlichen Formen. Es existiren zwar keine für alle deutschen Staaten zu gleicher Zeit bindenden Gesetze, wohl aber Verträge dieser Art. Und zwar geht eine solche völkerrechtliche Rechtsbildung zunächst vor sich auf dem Boden und durch das Organ des deutschen Bundes. In den Bundesgesetzen, oder richtiger in den Bundesverträgen liegt eine Summe von Rechtsnormen vor, die eine formelle Bedeutung für jeden einzelnen deutschen Staat haben, ein völkerrechtlich gemeines deutsches Recht. Und zwar beziehen sich die Bundesbeschlüsse wie bekannt nicht blos auf Verhältnisse des öffentlichen Rechts, sondern es entstehen auf diese Weise, wie die Rechtsnormen über den Nachdruck beweisen, auch privatrechtliche Festsetzungen. Es kommt aber daneben auch noch ein völkerrechtliches gemeines Recht für Deutschland in Betracht, dessen Entstehung ohne irgendwelche Betheiligung des deutschen Bundes ganz in den gewöhnlichen völkerrechtlichen Formen vor sich geht, nicht durch Bundesverträge, sondern durch einfache völkerrechtliche Verträge. Und zwar ist eine derartige Rechtsbildung in dreifacher Weise möglich; sie kann nämlich zunächst geschehen durch sämmtliche zum Bunde gehörige deutsche Staaten, die sich entschließen, an die Stelle der Geschäftsordnung der Bundesversammlung eine freie Vereinbarung auf freien Conferenzen treten zu lassen; es ist bekannt, wie auf diese Weise Bundesgesetze, Bundesgrundgesetze vorbereitet sind, und wie solche wenigstens auf diese Weise vorzubereiten versucht sind. Es kann dann eine solche Rechtsbildung ferner vor sich gehen, wenn nicht durch sämmtliche deutsche Bundesstaaten, so doch durch deutsche Staaten, die sämmtlich zum Bunde gehören, es wird dieser Weg in den Fällen gewählt, wo gemeinnützige Angelegenheiten nach der deutschen Bundesverfassung an der Einstimmigkeit scheitern würden, es bilden sich dann besondere Vereinigungen innerhalb des Bundes und es ist auf diese Weise namentlich entstanden die deutsche Wechselordnung. Endlich kann es dann noch geschehen, daß zu solcher Rechtsbildung die deutschen Staaten oder ein einzelner deutscher Staat sich mit fremden vereinigt, wie auch dafür unzählige Beispiele in allen Gebieten des Rechtslebens sich finden, wie z. B. die Rechtsnormen über den Nachdruck auf diese Weise oft eine erweiterte, wenn auch modificirte Anwendung genommen haben.

Was nun die Form dieser völkerrechtlichen Rechtsbildung betrifft, so ist es kein Zweifel, daß neben den ausdrücklichen Verträgen, welche die regelmäßige Form der Rechtsbildung auf dem Boden des Völkerrechts sind, auch der Gewohnheit eine Bedeutung zukomme. Es ist an sich die Möglichkeit, daß auch hier auf diesem Wege sich die Entstehung des Rechts manifestiren könne, gewiß nicht zu leugnen, denn es kann auch hier der rechtsbildende Wille ohne ausdrücklich erklärt zu sein in den Handlungen sich unmittelbar darstellen, und man nennt demgemäß auch ganz allgemein unter den Quellen des Völkerrechts neben den Verträgen die Gewohnheit, wobei höchstens zu erinnern sein möchte, daß gerade auf dem völkerrechtlichen Gebiete, wo es an festen Rechtssätzen am meisten fehlt, man am sorgfältigsten sich hüten muß, nicht Gewohnheitsrechte in einer Ausdehnung anzunehmen, die weit über die Wirklichkeit der Verhältnisse hinausgeht. Es könnte indessen hinsichtlich der völkerrechtlichen Gewohnheiten ein Bedenken erhoben werden, aus dem Umstande, daß völkerrechtliche Normen allgemeinen Rechtsbegriffen gemäß erst dadurch eine weitere Anwendung in den Gerichten erhalten, daß sie von der höchsten staatlichen Gewalt als Landesrecht publicirt sind und daß dergleichen bei völkerrechtlichen Gewohnheiten einfach nicht möglich ist. Indessen scheint man doch in Deutschland an den maaßgebenden Stellen, und wohl mit Recht, allgemein der Ansicht zu sein, daß völkerrechtliche Gewohnheiten ohne alles Weitere nicht blos von der höchsten Staatsgewalt, sondern auch von den Gerichten in Anwendung zu bringen sind; es ließen sich Beispiele dafür auch aus der neuesten Zeit anführen.

II. Die Rechtsbildung in den einzelnen deutschen Staaten.

Erst auf dem Boden jedes einzelnen deutschen Staats findet sich eine wirkliche Rechtsbildung, eine Entstehung des Rechts im eigentlichen staatsrechtlichen Sinne.

Es ist aber im gegenwärtigen Jahrhundert wiederum eine Veränderung in den allgemeinen staatlichen Beziehungen eingetreten, die auch für die Rechtsbildung einflußreich geworden ist. Man hat auf eine neue vollkommenere Weise versucht, das Gleichgewicht zwischen einer starken Centralgewalt und der Selbstständigkeit einzelner Kreise, dies ewige Problem deutschen staatlichen Lebens, zur Lösung zu bringen. Man ist dabei auf der einen Seite mehr als je davon erfüllt gewesen, daß eine höchste Gewalt da sein soll, deren Zweck, wie Aristoteles den Staat definirt, in einem bewußten einheitlichen Zusammenfassen aller übrigen Zwecke besteht, und man ist doch zu gleicher Zeit auf der andern Seite mehr als je darauf aus gewesen, das selbstständige Leben autonomer Kreise zur möglichsten Geltung zu bringen; man hat sich also bemüht, die Einseitigkeiten des Mittelalters und der modernen Zeit zu einer Einheit in der Gegenwart zu verbinden.

Auf die Rechtsbildung angewandt, ergiebt sich daraus Folgendes.

Eine solche geht zunächst aus von der höchsten Staatsgewalt, und zwar in doppelter Weise, indem einmal in weitem Umfange für alle Gebiete des Rechtslebens unmittelbare Festsetzungen von hier aus erfolgen, und sodann eine Aufsicht über die autonome Rechtsbildung der kleineren Kreise von hier aus geübt wird. Die unmittelbare Rechtsbildung erstreckt sich nicht blos auf die verschiedenen Zweige des öffentlichen Rechts, sondern auch auf das Privatrecht, und nicht blos auf solche Verhältnisse, die auf das ganze Land Bezug haben, sondern auch vielfach auf solche, die zwar zunächst nur von localer Bedeutung sind, an deren richtigen Festsetzungen aber doch der ganze Staat ein Interesse hat. Die Aufsicht, welche von der höchsten Staatsgewalt geübt wird, zeigt sich dann aber wieder nach einer zwiefachen Richtung hin, es wird nämlich auf der einen Seite jedem einzelnen Kreise von vornherein die Begrenzung vorgeschrieben, innerhalb deren er sich mit seinen autonomen Festsetzungen zu bewegen hat; und es kann außerdem in jedem Augenblick ein actuelles Eingreifen der höchsten Staatsgewalt in die Rechtsbildung eines solchen kleineren Kreises erfolgen, wenn nach dortiger Ansicht jene Grenzen verletzt und Festsetzungen erfolgt sein sollten, die mit den Gesammtinteressen, die der Staat zu vertreten hat, nicht in Einklang gesetzt werden könnten.

Es sind auf diese Weise, indem die höchste Staatsgewalt von ihrer omnipotenten Stellung zurückgekommen ist, und es aufgegeben hat, die Totalität der menschlichen Interessen vom Mittelpunkte aus zu besorgen, viele von denjenigen Kreisen, denen schon früher eine Autonomie zugestanden hatte, wieder mit einer solchen versehen worden, während allerdings den veränderten Verhältnissen gemäß viele andere dauernd untergegangen und manche neu entstanden sind *).

Es haben zunächst die localen Kreise von wesentlich staatlicher Natur, die Provinzen, Bezirke, Kreise, Gemeinden mit der selbstständigen Verwaltung ihrer Angelegenheiten auch eine eigne Rechtsbildung, ohne die eine Selbstverwaltung gar nicht bestehen kann, in größerer oder geringerer Ausdehnung zurückerhalten; und es haben also demgemäß die Provinzialstände, die Kreistage, die Gemeindebehörden das Recht, statutarische Festsetzungen, die auf Grund der Provinzial-, Kreis-, Städteordnung zu ihrem Ressort gehören, ergehen zu lassen; und es ist kein Zweifel, daß in eben diesen Grenzen eine gewohnheitsmäßige Rechtsbildung statthaft ist.

Es giebt daneben dann auch Kreise von genossenschaftlicher Natur; hier aber sind große Veränderungen vor sich gegangen, und die meisten von den früheren bestehen gegenwärtig nicht mehr. Dahin gehören vor allem die Stände, die in ihrer früheren Bedeutung als Rechtsgenossenschaften untergegangen sind, indem jetzt alle Unterthanen dem Gesetze gegenüber gleich, und dem gemeinen Landrechte unterworfen sind. Nur eine einzige Ausnahme besteht in dieser Beziehung hinsichtlich des hohen Adels, der allein noch in der juristischen Bedeutung des Standes sich erhalten hat, der einzige Standesunterschied, der gegenwärtig in Deutschland noch besteht; es kommt aber in der That dem hohen Adel eine selbstständige Rechtsbildung wirklich noch immer zu, in Folge deren von den dazu berechtigten Organen, den Häuptern der einzelnen Familien, Hausgesetze ausgehen und daneben Observanzen sich bilden können, deren Inhalt auf die Bedeutung eines förmlichen objectiven Rechts Anspruch hat, ohne daß es möglich ist, die einzelnen Bestimmungen der imperativischen Form entkleidet in subjective Beliebigungen aufzulösen **). Dagegen haben

---

*) Manches hierauf Bezügliche findet sich weiter ausgeführt in mehreren Aufsätzen des deutschen Staatswörterbuchs, namentlich in dem Artikel über Autonomie von K. Maurer (Bd. I. S. 605 ff.) und in dem Artikel über die Gemeinde von Brater (Bd. IV. S. 109 ff.).

**) v. Gerber, Hausgesetz im Geschlechte der Grafen und Herren v. Giech, nebst Motiven. Tübingen, 1858; und Jolly, das Hausgesetz des Grafen Giech (Münch. Krit. Ueberschau Bd. 6. S. 330 ff.) nebst dem dort Citirten.

sich viele neue Genossenschaften gebildet, welche sich meist auf industrielle Unternehmungen aller Art beziehen oder doch damit im Zusammenhange stehen, Eisenbahngesellschaften, Vorschußvereine*). So einfach nun aber auch theoretisch die Unterscheidung von subjectivem und objectivem Rechte sein mag, indem das Kriterium dabei angewandt werden muß, ob Rechte Dritter berührt werden oder nicht, so schwierig kann doch die Entscheidung in concreten Fällen sein, und es mögen sehr berechtigte Zweifel darüber bestehen, ob man z. B. in rechtlichen Festsetzungen, die von Eisenbahngesellschaften hinsichtlich der Beförderung von Personen und Gütern ausgehen, wirklich objectives Recht sehen soll, oder ob sich dergleichen nicht vielmehr in Vertragspropositionen auflösen läßt, die, ein für allemal hingestellt, jedesmal von jedem Contrahenten stillschweigend acceptirt werden. Es wäre das einfach eine Thatfrage.

Auch hinsichtlich des auf alle Unterthanen sich beziehenden Privatrechts giebt es eine Rechtsbildung in kleinen Kreisen, und zwar hier in der Art, daß sie entweder förmlich organisirt sind oder nicht. Es findet sich zunächst, daß die Provinzen, daß namentlich früher selbstständige Territorien, in privatrechtlicher Beziehung wenigstens insofern einheitliche Ganze bilden, als das Recht aus früherer Zeit bestehen geblieben ist. Es kommt dann aber auch vor, daß ohne förmliche Träger eine gewohnheitsmäßige Rechtsbildung dieser Art blos durch locale Zusammengehörigkeit bedingt wird. So sehr auch in privatrechtlicher Beziehung in den einzelnen Staaten ein formell gemeines Recht besteht, so ist dies doch regelmäßig nur von subsidiärer Anwendung, eine Stellung, die selbst dem preußischen Landrechte zukommt, wenn freilich die förmliche Codification der Provinzialrechte und der Rechte noch kleinerer Kreise bekanntlich kaum in Angriff genommen ist**).

---

*) Es liegt hier kein Grund vor, in die große Controverse über die Gesellschaft einzugehen; bekannt ist die Theorie Robert's von Mohl, namentlich in der Literatur und Geschichte der Staatswissenschaften Bd. I. S. 69 ff., auch Encyclopädie der Staatswissenschaften S. 1 ff. Neuerdings die kleine Schrift von Treitschke.

**) Allgemeines Landrecht für die preußischen Staaten; Publicationspatent v. 5. Febr. 1794 bes. §. 1—4, u. außerdem die Einleitung §. 1–6 u. §. 59 ff.

Eine besondere Betrachtung verdient auch wieder das Verhältniß von Staat und Kirche; denn es hat in der That abgesehen von einigen kleineren deutschen Ländern, in denen der frühere Zustand der Dinge sich erhalten hat, eine völlige Neuordnung dieses Verhältnisses auf veränderten Grundlagen stattgefunden.

Und zwar in einer doppelten wesentlich verschiedenen Weise.

In den meisten deutschen Staaten hat ein Zusammentreffen von Umständen der verschiedensten Art dahin geführt, die Rechtsbildung der Kirche ganz denjenigen Grundsätzen zu unterwerfen, welche sonst hinsichtlich der Autonomie genossenschaftlicher Kreise geltend sind. Es sind besonders drei Umstände gewesen, denen das zuzuschreiben ist; einmal kommt dabei in Betracht das Streben nach autonomer Rechtsbildung überhaupt, welches sich auf allen Lebensgebieten zeigt; sodann der unverkennbare Aufschwung, den das kirchliche Leben in Deutschland genommen hat; und endlich nicht zum Geringsten der Umstand, daß an Stelle der religiösen und politischen Einheit, welche früher in den deutschen Staaten herrschte, im gegenwärtigen Jahrhundert ein Zustand confessioneller Mischung getreten ist. Es wird nun auf diesem Standpunkte eine eigne vom Staate unterschiedene Kirchengewalt anerkannt, welcher ganz wie sonst autonomen Gewalten eine selbstständige Verwaltung und eine eigene Rechtsbildung zukommt. Es macht aber der Staat hier so gut wie gegenüber anderen autonomen Kreisen die in seinen Hoheitsrechten liegende Befugniß zur Aufsicht über diese Rechtsbildung geltend, eine Kirchenhoheit, die er nicht blos ausübt hinsichtlich der Entstehung neuer Normen, sondern auch hinsichtlich der Anwendung schon bestehender. Und zwar tritt hier wie sonst diese Rechtsbildungshoheit des Staats nach einer doppelten Seite hin zu Tage. Es werden zunächst die Grenzen vorgezeichnet, innerhalb deren sich die kirchliche Rechtsbildung bewegen soll, die Gegenstände angegeben, auf die sich die Autonomie auch dieses Kreises beziehen soll. Es mag dann die Kirche mit ihren Festsetzungen über diesen Bereich hinausgehen, eine wahre Rechtsbildung ist das nicht mehr, denn es fehlt solchen Normen an dem rechtlichen Charakter, indem sie nicht erzwingbar sind, sondern blos die Gewissen verpflichten; mit anderen Worten, der Theil des Kirchenrechts, der blos im s. g. innern Forum zur Geltung kommt, kann nicht mehr im eigentlichen Sinne zum Kirchenrecht gezählt werden. Es steht dem Staate dann aber auch außerdem zu, über diese Rechtsbildung eine fortwährende Aufsicht zu üben und sie im steten Einklang zu erhalten mit den Gesammtinteressen des Landes. Es hat der Staat demgemäß das Recht wie die Pflicht, auch solche rechtliche Festsetzungen, die von den ordnungsmäßigen Organen der Kirche ausgegangen sind, sich auch im Allgemeinen innerhalb der vorgeschriebenen Grenzen halten, die aber doch dem Inhalte nach im Widerspruche mit den sonstigen Verhältnissen stehen, ohne Weiteres zurückzuweisen, und ihnen die Anerkennung als Rechtsvorschriften zu versagen. Ein solches Majestätsrecht hat die höchste Staatsgewalt eben sowohl der Kirche gegenüber auszuüben, als gegenüber allen andern autonomen Kreisen.

In dieser Weise ist zunächst überall, wo es zu einer solchen freiern Stellung überhaupt gekommen ist, das Verhältniß der protestantischen Kirche und deren Rechtsbildung in den einzelnen deutschen Staaten normirt. So namentlich in Preußen, wo im gegenwärtigen Jahrhundert eine ganz allmälige Emancipation der Kirche von der staatlichen Bevormundung vor sich gegangen ist, bis dann die Veränderung, welche hinsichtlich der Staatsverfassung im Jahre 1850 erfolgte, die Kirche wirklich als einen Kreis eigenen Lebens hinstellte, der seine Angelegenheiten selbstständig besorgt; es war fernerhin nicht mehr möglich, die frühere Identität festzuhalten, da eine confessionell indifferente Volksvertretung Antheil an der gesetzgebenden Gewalt bekommen hatte; es konnte da vernünftigerweise nur noch die Aufgabe solcher Factoren der Gesetzgebung sein, das frühere Verhältniß einfach zu lösen, nicht aber noch materiell nach irgend einer Seite auf die Gestaltung des protestantischen Kirchenrechts einzuwirken. Mehr ist denn auch in der That nicht geschehen, und wenn hin und wieder auf Grund von Art. 15 der preußischen Verfassung die Abschaffung des landesherrlichen Kirchenregiments und die Nothwendigkeit zur Einführung einer Presbyterial-Synodalverfassung behauptet worden ist, so ist dagegen nicht leicht zu streiten, da die Anhänger jener Ansicht, denen es übrigens in der Mehrheit sehr ernst um das Wohl der Kirche zu thun ist, von einer petitio principii ausgehen; auch verliert sie täglich mehr an Boden. Es ist aber die Aufgabe der wissenschaftlichen Forschung, unter allen Umständen und nach allen Seiten hin das Recht zur Anerkennung zu bringen, einerlei ob vorläufig die Interessen einer bessern Verfassungsgestaltung dadurch gefördert werden oder nicht. Auch ist das nur scheinbar, denn zu einer Verbesserung der protestantischen Kirchenverfassung auf Grundlage presbyterialer und synodaler Institutionen, ohne daß dabei die Existenz des landesherrlichen Kirchenregiments in Frage gestellt zu werden braucht, kommt es in jedem Falle; es ist aber im hohen Grade wünschenswerth, daß man dabei von einem ganz sichern Rechtsstandpunkte ausgehe, wo dann die Entwicklung langsam aber nachhaltig erfolgen wird.

In keiner Beziehung anders ist nun aber ferner die Stellung der katholischen Kirche in den meisten deutschen Staaten, und namentlich wieder in Preußen. Sie erfreuet sich also dort auf Grund der Verfassungsurkunde einer autonomen Rechtsbildung. Aber nur in denjenigen Grenzen, die die Verfassung darüber vorgeschrieben hat; und diese Grenzen sind in dem Augenblicke, wo die Kirche auf eigene Füße gestellt und von jeder direkten Leitung des Staats emancipirt wurde, wesentlich enger gezogen wie früher; denn indem sich der Staat seiner fortwährenden Einwirkung beraubte, und bei der Emanation der kirchenrechtlichen Normen nicht mehr unmittelbar betheiligt war, so wurde es für ihn zu einer Nothwendigkeit, die Festsetzungen über solche Angelegenheiten, welche eigentlich zum Ressort des Staats gehörten, aber bei dem frühern Verhältnisse recht gut der Kirche zur Besorgung im Namen des Staates hatten überlassen werden können, jetzt zur selbstständigen Behandlung des Staats zurückzunehmen; es hat demgemäß namentlich die Autorität des kanonischen Rechts und die Competenz der katholischen Kirche in Ehesachen aufhören müssen, indem die bischöfliche Gerichtsbarkeit in diesen Dingen keine staatliche Anerkennung mehr erfährt, und die etwaigen Normen, die doch für die Gläubigen in Anwendung gebracht werden, nur auf das Gewissensforum sich beziehen. Außerdem hat aber der preußische Staat, indem er der katholischen Kirche Autonomie gewährte, auf sein fortwährendes Aufsichtsrecht nicht verzichtet, hat es nicht aufgegeben, die Rechtsbildung der katholischen Kirche erforderlichen Falls Restrictionen zu unterwerfen; und es geht also aus einer der katholischen Kirche zugestandenen Autonomie noch längst nicht hervor, daß die Staatsgewalten nun mit gebundenen Händen dabei stehen müßten, wenn es den Gewalten der katholischen Kirche einfallen sollte, das kanonische Recht, soweit eine vigens ecclesiae disciplina darin gesehen wird, zur Anwendung zu bringen, es ist vielmehr mit der Gewährung der Autonomie sowenig der katholischen Kirche als irgend einer andern Genossenschaft ein Freibrief für alles Mögliche ertheilt, und es handelt der Staat, wenn er gewisse Anmaßungen niederwirft, nicht aus einem Nothrecht, sondern er hat dazu ein wahrhaftes Recht im vollsten Sinne des Worts. Wir dürfen auch hier nur die Hauptmomente aus der Entwicklung herausnehmen, und müssen es uns versagen, in eine genaue Geschichte des Verhältnisses von Staat und Kirche einzugehen*).

Ganz so ist dann endlich auch die Stellung der übrigen Religionsgesellschaften, denen in den einzelnen deutschen Staaten irgend welche Religionsübung zugestanden ist; in Preußen also hat jede Mehrheit von Personen, welche auf Grund des Vereinsrechts zu einer Religionsgesellschaft zusammentritt, in diesem Sinne das Recht der Autonomie.

Gegenüber diesem Zustande der Dinge, der insofern ein gemeinrechtlicher genannt werden könnte, als er in den meisten deutschen Staaten zu Recht besteht, hat man in einigen andern Ländern, unter denen Oesterreich obenan steht, hinsichtlich der katholischen Kirche ein wesentlich anderes Verfahren einschlagen zu müssen geglaubt. Statt nämlich auch gegenüber der katholischen Kirche die Grundsätze über die Autonomie festzuhalten, und also staatsseitig aus eigener Machtvollkommenheit heraus die Normen festzustellen, vermöge deren eine selbstständige Rechtsbildung der Kirche stattfinden sollte, hat man den Weg der Concordate betreten, und im Wege des Vertrags sich mit

*) Als Grundlage für alle späteren Darstellungen hat gedient Mejer, die Propaganda, ihre Provinzen und ihr Recht. Bd. II. S. 352 ff. Es ist daneben nur noch zu vergleichen Gervinus, Geschichte des neunzehnten Jahrhunderts. Bd. II. S. 9. 47.

der Kirche über die Grenzen ihrer Rechtsbildung und Selbstverwaltung verständigt. Autonomie und Concordate sind Gegensätze, und es ist eine Unklarheit und Gedankenlosigkeit ohne Gleichen, im Namen und als Consequenz der Autonomie Concordate zu fordern. Denn der Begriff der Autonomie ist nicht blos ein nach unten, sondern auch ein nach oben gekehrter, es liegt darin nicht blos die Befugniß zu eigener Rechtsbildung, sondern ebenso sehr die selbstständige Stellung der höhern rechtsbildenden Gewalt. Und es wäre dieser Betrachtung gegenüber gar nicht nöthig, noch auf den eigenthümlichen Umstand hinzuweisen, daß diese angebliche Autonomie der Kirche in einem Augenblicke zu Theil wurde, wo übrigens in einer Centralisation ohne Gleichen alles selbstständige Leben kleinerer Kreise, alle Autonomie aufhören sollte. Indem der Staat sich dazu versteht, mit der Kirche ein Concordat abzuschließen, so giebt er damit von vornherein denjenigen Standpunkt auf, von dem aus allein eine wahrhafte Autonomie denkbar ist. Denn es erscheint nun die Kirche nicht mehr als ein Kreis unter dem Staate, sondern als eine Macht neben dem Staate, und es hat demgemäß das Kirchenrecht eine ganz besondere Stellung gegenüber dem sonstigen Rechte des Landes, man muß es nun auch im System als dritte gleichberechtigte Größe neben das öffentliche und das Privatrecht stellen, oder man muß, wie es auch geschieht, neben der Rechtsbildung auf dem Boden des Staats und des Völkerrechts auch eine auf dem Boden der Kirche unterscheiden, während doch in den Ländern, wo die Kirche blos einen autonomen Kreis neben andern bildet, über denen allen die souveraine Macht des Staats steht, das Kirchenrecht nicht eine solche Bedeutung in der Systematisirung in Anspruch nehmen kann. Es stehn demgemäß Concordate, ihr Inhalt mag nun beschaffen sein, wie er will, in völligem Widerspruch zu den Grundsätzen, die sonst gegenwärtig hinsichtlich der Rechtsbildung gelten, sie sind die Ueberbleibsel aus einer Zeit, in der eine souveraine Stellung des Staats in der heutigen Weise nicht anerkannt war, in der es auch mit andern Lebenskreisen zu solchen Vereinbarungen kam. Sie sind namentlich nicht zu rechtfertigen durch einen Hinweis auf die universale Natur des Christenthums, welches über den einzelnen Staat hinaus eine allgemeine

Bedeutung habe, und also auch durch die einseitigen Festsetzungen eines einzelnen Staats in ihrer Wirksamkeit nicht gehemmt werden könne. Denn dadurch würde zu viel bewiesen werden, daraus würde nämlich die Unzulässigkeit auch der Concordate folgen, und es würde eine durchaus selbstständige Regelung dieser Verhältnisse von Seiten der Kirche angenommen werden müssen. Außerdem aber folgt aus diesem dem Christenthum zugeschriebenen Charakter die behauptete Consequenz noch keineswegs, denn daraus, daß jene Lehren für alle Völker passend sind, geht noch gar nicht hervor, daß nun die Staatsgewalten alle demjenigen ruhig zusehen müssen, was im Namen derselben etwa geschieht. Der natürliche Gang der Verhältnisse hat denn auch dahin geführt, daß in manchen jener Staaten, deutschen und außerdeutschen, die sich auf den Abschluß von Concordaten eingelassen haben, dieselben nur eine sehr illusorische Existenz gehabt haben, indem der zweiseitigen Regelung des Verhältnisses sofort eine einseitige in der Gestalt von organischen Artikeln oder Religionsedicten an die Seite getreten ist, und zwischen beiden in manchen Fällen ein ganz flagranter Widerspruch nicht zu verkennen war; dergleichen hat dann aber nur die Folge, das öffentliche Rechtsbewußtsein zu erschüttern und zu verwirren; denn was einmal zum Gegenstande eines Vertrags gemacht ist, kann nicht nachher von dem stärkern Contrahenten doch noch einseitig geordnet werden. Wenn also eine Staatsgewalt, nachdem der Abschluß eines Concordats erfolgt ist, zu der Einsicht gelangt, unter Aufrechthaltung desselben ihre Aufgaben nicht mehr erfüllen zu können, sich also entweder selbst aufzugeben, oder das Concordat außer Wirksamkeit zu setzen, so bleibt freilich nichts anderes übrig, als letzteres zu thun, denn es tritt dann für den Staat ein Nothstand ein, und keine Macht der Welt ist verpflichtet, bestehende Rechtsordnungen bis zum Aufgeben ihrer Existenz aufrecht zu erhalten. Es wird aber für das öffentliche Gewissen besser sein, das offen zu sagen, als eine angebliche Berechtigung dazu deduciren zu wollen; mir wenigstens will die Doctrin in keiner Weise einleuchten, nach welcher Concordate aus diesen und jenen der formalen Jurisprudenz oder richtiger dem Privatrecht angehörigen Gründen, null und nichtig seien, nur eine scheinbare Existenz haben sollten; denn ich sehe gar nicht ein, warum nicht der Papst als Oberhaupt der katholischen Kirche, ganz abgesehen von seiner bisherigen Stellung zum Kirchenstaate, warum nicht die einzelnen deutschen Bischöfe zu dergleichen Vertragsabschlüssen berechtigte Subjecte sein sollten; derartige Verträge, bei denen die Staatsgewalt der eine Contrahent war, sind früher in allen möglichen Verhältnissen vorgekommen, ohne daß es Jemandem eingefallen wäre, die Rechtsverbindlichkeit derselben zu leugnen, man würde es auch heute nicht thun, falls etwa eine einzelne deutsche Regierung mit andern Genossenschaften sich vertragsmäßig über ihre Stellung zum Staate verständigte, wenn etwa die hannoversche Regierung mit Schulze-Delitsch über die Geltung der Vorschußvereine contrahirte; und man wolle doch ferner nicht dagegen anführen, daß es an einem gemeinsamen Boden fehlt, an gemeinsamen Grundsätzen außerhalb der Concordate, durch welche dieselben in Zweifelsfällen interpretirt werden könnten; denn dann hat es auch mit dem Völkerrechte ein Ende, indem auch dort lange nicht alle Grundsätze, auf die es ankommt, vertragsmäßig festgestellt sind; außerdem wenn es an gemeinsamen Grundsätzen fehlt für das Bestehen der Concordate, so fehlt es doch auch an solchen, um die Ungültigkeit derselben darzuthun. Natürlich handelt es sich dabei nur um solche Concordate, die wirklich abgeschlossen worden sind, und daß ein Abschluß nicht erfolgt ist, wo nach der Staatsverfassung zu dergleichen die Zustimmung der Kammern nothwendig ist, darüber weiter kein Wort.

Allerdings ist auch von kirchlicher Seite her die Rechtsverbindlichkeit der Concordate als zweiseitiger Verträge in Frage gestellt, die officielle katholische Kirche hat sich aber in keiner Weise mit solchen Deductionen einverstanden erklärt. Es geht nämlich dies ganze Gerede darauf hinaus, daß der Kirche einseitig die Feststellung ihres Verhältnisses zum Staate gebühre, und daß auch da, wo es zu Concordaten gekommen sei, nur scheinbar ein Vertragsabschluß und eine zweiseitige Regelung vorliege, während in der That, wenn man nur Form und Wesen unterscheide, trotz des Concordats eine einseitige Feststellung allein von der Kirche stattgefunden habe. Die Concordate bestehen danach aus Privilegien und Indulten, die der Papst, wie er sie gegeben hat, so auch jeden Augenblick zurücknehmen kann, und es stellt sich also nach alledem heraus, daß die Concordate nicht wie man wohl geglaubt hat Einschränkungen und Fesseln, sondern Wohlthaten und Freiheiten für die Völker enthalten, von denen es nur wünschenswerth ist, daß sie nicht zurückgenommen werden. Es ist schwer begreiflich, wie dergleichen von einem „bedeutenden Schriftsteller und tiefen Denker", „von einem in der Kirche gefeierten und hochgestellten Manne" hat geschrieben werden, noch schwerer begreifich, wie es von einem deutschen Literaten, der im Interesse der katholischen Kirche arbeitet, aus dem Italienischen ins Deutsche hat übersetzt werden können.

Ich will nicht abermals auf die Form der Rechtsbildung eingehen, die Verhältnisse in dieser Beziehung sind wesentlich dieselben geblieben.

Ich wende mich nun zu dem zweiten Theile meiner Aufgabe, zu der Untersuchung darüber, nach welchen Gesetzen in dem wichtigsten dieser autonomen Kreise, in der Kirche, die Rechtsbildung vor sich geht.

Zweiter Theil.

Die Grundsätze der kirchlichen Rechtsbildung.

Erste Abtheilung.

Die Rechtsbildung der katholischen Kirche.

Einleitung.

Die Kritik der bisherigen Lehren.

Man kann die Literärgeschichte des katholischen Kirchenrechts passend in zwei große Abschnitte zerlegen, die durch das Erscheinen der officiellen Decretalensammlungen von einander getrennt werden, und die in der Behandlungsweise ganz und gar von einander abweichen.

Diese beiden Abschnitte treten nun auch für die Literatur unserer Lehre bedeutsam hervor.

Es giebt aber aus der ganzen frühern Zeit nur ein einziges größeres kirchenrechtliches Werk. Es war beinahe ein Jahrtausend vergangen, ehe der vorhandene kirchenrechtliche Stoff eine wissenschaftliche Bearbeitung erfuhr, ein Jahrtausend, in welchem noch dazu das Kirchenrecht praktisch von höchster Bedeutung gewesen war, und in welchem die ganze wissenschaftliche Cultur in den Händen der Kirche gelegen hatte. Und doch darf dieser Umstand nicht Wunder nehmen, denn überall zeigt es sich, daß die Rechtswissenschaft um Vieles jünger ist, als die Rechtsentwicklung selbst, und daß immer erst die Fundamente eines Rechtszustandes gelegt sein müssen, bevor an eine wissenschaftliche Behandlung desselben gegangen werden kann. So war es auch hier gewesen, man hatte sich bisher einfach damit begnügt, das Vorhandene zu sammeln, sei es chronologisch, sei es, was später das Regelmäßigere ist, systematisch; endlich aber gelangte man dahin, das Vorhandene auch zu sichten, und geistig zu durchdringen. Es ist das die Bedeutung von Gratians Decret, welches somit an der Spitze der gesammten kirchenrechtlichen Literatur steht. Hier in diesem ersten Lehrbuche des Kirchenrechts findet sich dann aber sofort eine eingehende Untersuchung über die Entstehung des Kirchenrechts, wenigstens über die wichtigsten Fragen, die mit der kirchlichen Rechtsbildung zusammenhängen. Sie steht sogar zu Anfang des ganzen Rechtsbuchs und bildet einen integrirenden Theil jener einleitenden Abhandlung über die Entstehung des Rechts überhaupt, von der schon an einem andern Orte die Rede gewesen ist; sie bildet dort die letzte Hälfte von der eilften Distinction beginnend, und zunächst die Frage nach dem kirchlichen Gewohnheitsrecht (D 11. 12), sodann die Frage nach dem kirchlichen Gesetzesrecht behandelnd (D 15—20), indem von den Concilienschlüssen zu den päpstlichen Decretalen übergegangen wird, und die Darstellung zuletzt einen mehr rechtsgeschichtlichen Charakter annimmt, so daß hier auch zugleich ein früher Versuch einer Geschichte der kirchlichen Rechtsquellen der äußern Rechtsgeschichte vorliegt. Im Ganzen muß nun über den Werth, der dieser Theorie der kirchlichen Rechtsbildung zukommt, dasselbe Urtheil abgegeben werden, welches oben über die Bedeutung von Gratians Decret für die Lehre von der Entstehung des Rechts überhaupt abgegeben worden ist; es mag auf der einen Seite im vollen Maaße anerkannt werden, daß die Schwierigkeiten, welche hier zu überwinden waren, in einer für einen ersten Versuch und für den Standpunkt des zwölften Jahrhunderts bewunderswürdigen Weise überwunden worden sind, es muß doch aber auch auf der andern Seite hervorgehoben werden, daß es längst nicht gelungen ist, eine nach allen Seiten hin befriedigende Lehre zu gewinnen, und daß es sogar nicht an vielen und großen Irrthümern fehlt, die durch eine kritiklose Benutzung aller möglichen Quellen herbeigeführt sind.

Es muß aber gegenüber der eigenthümlichen Bedeutung, welche

das Decret Gratians auf die ganze Folgezeit ausgeübt hat, an dieser Stelle auf das Entschiedenste hervorgehoben werden, daß dasselbe wirklich nur eine literarische Autorität in Anspruch nehmen kann. Es besteht in der That heutzutage kaum noch eine Controverse darüber, daß dem Decrete Gratians als solchem eine formelle Bedeutung nicht zukomme, sondern daß die einzelnen Stellen darin, durch welche die Lehrsätze belegt sind, gerade nur diejenige Geltung haben, die sie an sich haben würden, ohne ins Decret aufgenommen zu sein. Denn wenn es kein Zweifel ist, daß Gratian selbst ursprünglich keine rechtsbildende Autorität gewesen sei, daß er vielmehr nur insoweit befugt gewesen sei, das Kirchenrecht zu bearbeiten, wie das nachher durch Eicke von Repgov hinsichtlich des deutschen Rechts geschehen ist, so sind nun ferner Theorie und Praxis gegenwärtig darin ziemlich einig, daß die anfangs fehlende Competenz auch später auf keine Weise herbeigeführt worden sei, was beim Sachsenspiegel allerdings anders ist. Es kann namentlich in dieser Beziehung nicht hingewiesen werden auf die wissenschaftliche Pflege, welche verschiedene Päpste diesem Rechtsbuche in kritischer Beziehung haben angedeihen lassen, man könnte sonst ebenso gut nächstens anfangen, die Volksrechte in den Gerichten zu citiren, weil die Herausgabe der Monumenta Germaniae unter der Protection des deutschen Bundes und der deutschen Regierungen erfolgt. Wenn man sich dann außerdem auch, wie überall in Ermangelung von bessern Gründen, auf ein allgemeines Gewohnheitsrecht berufen hat, wodurch eine formelle Geltung des Decrets als solches herbeigeführt sein soll, so ist dagegen zwar ebenso schwer zu streiten, wie es schwer ist, dergleichen zu behaupten, denn es wären doch, um wirklich eine selbstständige Ansicht in dieser Beziehung zu haben, eine große Menge von Thatsachen aus einem sehr weiten Umkreise erforderlich, wenn ich auch im Allgemeinen schon hier die Möglichkeit eines solchen Gewohnheitsrechts zugeben will; was nun aber die Urtheile sehr competenter Gewährsmänner betrifft, so erklären diese sich fast einstimmig gegen die Thatsache einer solchen allgemeinen Gewohnheit *). Würde sich doch bei consequenter

*) Cf. Benedicti XIV. de syn. dioec. Lib. 7. c. 15. n. 6. Gratiani enim

Anwendung von Gratians Decret als geltendes Recht die Thatsache herausstellen, daß pseudo-isidorische Sätze unter die geltenden Normen des Kirchenrechts gehört haben, vielleicht noch gehören. Diejenigen endlich brauchen hier nicht weiter widerlegt zu werden, die auf die Aufnahme des Decrets ins s. g. corpus juris hinweisen.

Es kommt also demgemäß darauf an, die einzelnen Stellen, welche sich hier über die kirchliche Rechtsbildung finden, jede für sich ins Auge zu fassen; es wird sich daraus bei näherer Betrachtung ergeben, daß streng genommen keine einzige, nicht blos in dem eigentlich kirchenrechtlichen Theile dieser Abhandlung, sondern auch in dem frühern, wo von der Entstehung des Rechts im Allgemeinen die Rede ist, daß also keine einzige einzelne Stelle in den ganzen zwanzig Distinctionen die Bedeutung einer wahren Rechtsquelle für die vorliegende Lehre in Anspruch nehmen kann.

Die weit meisten nämlich rühren von Verfassern her, die in keiner Weise irgend welche kirchenrechtliche Autorität haben. Sie sind zweierlei Art. Es gehören dahin zunächst die rein doctrinellen Bestandtheile, die von Gratian selbst oder von dessen Nachfolgern ausgegangen, den Text oder besser den Rahmen der Darstellung bilden, also die Dicta Gratiani, die Puleae und die Summen *). Es gehören dahin denn aber auch andererseits eine große Anzahl der Belege, nämlich zwei Klassen derselben, theils Sätze aus dem römischen Recht, theils Zeugnisse aus den Kirchenvätern. Was zunächst die Stellen aus dem römischen Rechte betrifft, so finden sich deren drei**);

---

decretum, quantumvis pluries Romanorum pontificum cura emendatum fuisse non ignoretur, vim ac pondus legis non habet, quinimo inter omnes receptum est, quidquid in ipso continetur, tantum auctoritatis habere, quantum ex se habuisset, si nunquam in Gratiani collectione insertum foret. — Man vergleiche außerdem Walter, Lehrbuch des Kirchenrechts, 12. Aufl. § 122. Phillips, Kirchenrecht Bd. IV. § 193. Schulte, das katholische Kirchenrecht Bd. I. § 62, nebst den dort Citirten.

*) Es mag beiläufig bemerkt werden, daß sehr häufig der wirkliche Inhalt der Belegstellen einen ganz andern Sinn giebt, als den, worauf das Dictum oder die Summe hinweist; man vergleiche in dieser Beziehung namentlich die Dicta Gratiani zu D 11. c. 1. D 11. c. 4. D 12. c. 11; und die Summen zu D 11. c. 3. D 11. c. 5.

**) D 12. c. 6 — D 12. c. 7. D 11. c. 4.

davon ist die eine sehr unbedeutende aus den Institutionen, die beiden andern sind die ersten beiden Constitutionen aus dem Codextitel quae sit longa consuetudo, von den Kaisern Alexander und Constantin an römische Provinzialbeamte gerichtet, die sich auch schon in den vorgratianischen kirchlichen Rechtssammlungen finden, übrigens unvollständig sind, abweichende Lesarten haben, und deren Summirung besonders viel zu wünschen übrig läßt. Gerade diese Stellen nun haben Anlaß zu zahlreichen Mißverständnissen gegeben, die bis auf unsere Zeit herab reichen, es genügt indeß einfach zu constatiren, daß sie für das Kirchenrecht ohne jede Bedeutung sind. Eine sehr große Anzahl von Belegstellen in diesen Distinctionen besteht sodann in Citaten aus allen möglichen Kirchenvätern, unter denen Augustin, Basilius, Hieronymus, Cyprian, endlich Isidor, wenn man den noch zu den Kirchenvätern rechnen will, am meisten benutzt sind. Es muß hier vorläufig als bewiesen angenommen werden, daß den Kirchenvätern als solchen eine formelle Autorität für das Recht nicht zukommt, ich werde später noch genauer darauf eingehen.

Zu diesen von vornherein ungültigen Bestandtheilen kommen nun solche, die zwar an sich ihren Verfassern nach eine auctoritative Bedeutung in Anspruch nehmen könnten, denen aber in Folge besonderer Umstände dennoch eine solche abgesprochen werden muß. Es sind auf diese Weise zunächst auszuscheiden drei Stellen, die in That und Wahrheit gar nicht von den Verfassern herrühren, denen sie zugeschrieben werden, die mit andern Worten pseudo-isidorisch sind *); es mag übrigens beiläufig bemerkt werden, daß diese Stellen auch ihres Inhalts wegen mit unserer Lehre nur in sehr entferntem Zusammenhange stehen, und kaum auf dieselbe irgendwie eingewirkt haben. Es bleiben dann zwar eine große Menge echter päpstlicher Decretalen übrig, die sich aus allen Jahrhunderten in diesen Distinctionen finden; indessen zweierlei ist dabei nicht außer Acht zu lassen; es muß nämlich zunächst auch bei diesen Stellen eine formelle Bedeutung im strengsten Sinne des Worts deshalb in Abrede gestellt werden, weil sich keine von ihnen auf den Umfang der ganzen Kirche

*) D 4. c. 4. D 11. c. 3. D 12. c. 1.

bezieht, es vielmehr jede einzelne nur mit einem kleinern Rechtskreise zu thun hat, für den sie eine derartige Vorschrift normirt; solche Normen haben aber nur dann allgemeine Geltung, wenn sie auch wirklich allgemein erlassen worden sind, und die Aufnahme ins Decret ändert auch in dieser Beziehung gar nichts, es wird dadurch weder die Geltung einer Stelle überhaupt berührt, noch wird sie dadurch über den ursprünglichen Kreis hinaus erweitert. Es wird sodann aber auch nicht überflüssig sein darauf hinzuweisen, daß man außerdem mit allen diesen Stellen für die Construction einer umfassenden Theorie nicht viel ausrichtet, da nur ganz allgemeine Aeußerungen in denselben enthalten sind. Ganz ebenso wie mit den päpstlichen Decretalen verhält es sich aber endlich mit den beiden Excerpten aus particulären Concilien, die in den ersten zwanzig Distinctionen vorkommen *).

Ich habe damit die sämmtlichen einzelnen Stellen classificirt, und es möchte nun kaum noch nöthig sein hervorzuheben, daß wenn sie alle aus formellen Gründen unanwendbar sind, für diejenigen in den ersten zehn Distinctionen auch noch der materielle Grund in Betracht kommt, daß darin gar nicht von der Entstehung des Kirchenrechts im Besondern, sondern nur von der Entstehung des Rechts im Allgemeinen die Rede ist.

Es schien mir in der That nothwendig zu sein, mich hier mit dem Decrete Gratians ganz und gar auseinander zu setzen, denn ich bin durch die Einsicht in die nachfolgende Literatur zu der Ueberzeugung gelangt, daß viele von den Irrthümern, die zum Theil Jahrhunderte lang diese Lehre verunstaltet haben, gerade durch eine falsche, ich möchte sagen dilettantische Benutzung des Decrets hervorgerufen sind.

Es konnte nicht fehlen, daß die Codification des Kirchenrechts, wie sie in den officiellen Decretalensammlungen stattfand, auf die wissenschaftliche Behandlung des Kirchenrechts überhaupt und dieser Lehre im Besondern günstig einwirkte, denn es war nun nicht mehr nöthig, an die Zusammenbringung des Materials Zeit und Mühe

*) D 12. c. 13. 14.

zu verwenden, ja man konnte, was die Theorie der Rechtsbildung betrifft, erst jetzt behaupten, ein wirklich taugliches Material zu haben, da erst in jener Zeit es zu wirklich maaßgebenden Aussprüchen gekommen ist, wie solche besonders durch Innocenz III. und Bonifacius VIII. erfolgt sind, und diese erst hauptsächlich durch ihre Aufnahme in die allgemeingültigen Decretalensammlungen eine wahrhafte Bedeutung erlangt haben. Es kommen in dieser Beziehung nicht blos diejenigen Titel in Betracht, die von den Constitutionen, von den Rescripten und der Gewohnheit handeln, sondern es finden sich wichtige Aussprüche auch in allen möglichen andern zerstreut. Die Extravagantensammlungen haben dabei keine formelle Autorität, doch ist diese Frage hier unpraktisch, nicht wie in den meisten Fällen, weil die Stellen an und für sich Geltung haben, was auch hier Platz greift, sondern vor Allem deshalb, weil in den Extravaganten Johann's XXII. sich in dieser Hinsicht gar nichts findet, und die einzige Stelle, die aus den Extravagantes communes scheinbar hierher gehört, doch in der That einen andern Inhalt hat.

Die wissenschaftliche Bearbeitung, die nun im Anschluß an die Decretalensammlungen erfolgte, ging bekanntlich von sehr unvollkommenen Anfängen aus, und man muß sagen, daß zunächst die Glosse hier sowenig als in den meisten andern Fällen eine nennenswerthe Ausbeute bietet.

Eine solche bieten die großen Commentare, in denen die spätere Behandlung der Kirchenrechtswissenschaft nach der Decretalenfolge vor sich geht, allerdings dar, wie sie überhaupt gegenüber den glossenartigen Anfängen ein wesentlicher Fortschritt der Literatur sind, namentlich vom Ausgange des Mittelalters an. In zwiefacher Gestalt tritt aber die Behandlung unserer Lehre in den Commentaren zu Tage. Die Mehrzahl hat sich damit begnügt, wie hinsichtlich aller übrigen Materien so auch hier bei Gelegenheit der einzelnen Titel die einschlagenden Fragen zu erörtern; es möchten dafür hervorzuheben sein aus älterer Zeit Innocenz IV., am Ausgange des Mittelalters Baldus, aus neuerer Zeit Prospero Fagnani *). Es mußte

*) Innocentii IV. Pontif. max. Commentaria super libros quinque Decrett. Francof. 1570. fol. f. 31 sq. — Baldus, super decretalibus. Lugd. 1561.

indeß hinsichtlich dieser Theorie mehr wie sonst sich fühlbar machen, daß man auf solche Weise nicht im Stande sein würde, zu umfassenden Resultaten zu gelangen, da es nicht anders möglich war, als daß eng Zusammengehöriges auseinander gerissen wurde, überhaupt der Blick zu sehr auf die einzelnen Stellen geheftet blieb. Daher ist es gekommen, daß einige Commentare sich mit jener Behandlungsweise nicht begnügt haben, indem sie ähnlich wie Gratian es gethan hatte eine umfassende Theorie als Einleitung an die Spitze ihrer Werke stellten; in dieser Weise ist unsere Lehre namentlich erörtert worden durch Gonzalez Tellez, Reiffenstuel und Devoti *). Das bekannte Werk des Jesuiten Suarez in diesem Zusammenhange zu nennen, möchte kaum angemessen sein, denn es bezieht sich wesentlich nur auf Entstehung des Rechts überhaupt, und hat es zur Aufgabe, gewisse Elemente der Rechtsphilosophie, die schon bei Gratian sich fanden, dann von der Scholastik weiter ausgebildet und durch Thomas von Aquino zu einem gewissen Abschlusse gebracht sind, in aller Breite mit einem großen Apparate von Gelehrsamkeit und vieler Casuistik auszuführen **). Um auf die eigentlich kirchenrechtliche Literatur zurückzukommen, so ist es bei aller Anerkennung vor den Leistungen der Commentare nun doch nicht zu leugnen, daß sie sich in gewissen hergebrachten Kategorien bewegen, und ohne tief in das Wesen der Rechtsbildung einzugehen, in ihren Ausführungen vielfach gleich sind, so daß das umfassendere Studium in der That gegenüber der großen Mühe im Ganzen unfruchtbar genannt werden muß.

---

fol. f. 45 sq. — Prospero Fagnani, Commentaria in quinque libros Decrett. Nov. Edit. Vesuntiae 1740. fol. T. I. p. 174 sq.

*) Gonzalez Tellez, Commentaria perpetua in Decrett. Gregorii IX. Francof. 1690. fol. T. I. p. 1—27 „apparatus, in quo de origine et progressu iuris canonici agitur.“ — Reiffenstuel, Jus canonicum universum iuxta titulos quinque Decrett. Nov. Ed. Maceratae 1755. T. I. Prooemium p. 1—32. — Devoti, Instit. canonic. Libri IV. Romae 1785—89. 4. T. I. c. 3. 4; und Devoti, Juris canonici universi publ. et priv. Libri V. Romae 1803. 4. T. I. c. 14. 15. 16. cf. T. II. tit. 1. 2. 4; die neuere Auflage dieses größern Werks von Devoti aus dem Jahre 1827 fehlt in Göttingen.

**) Francisci Suarez tractat. de legibus et Deo legislatore in decem libros distrib. Mogunt. 1619.

Von sehr viel größerer Bedeutung für die Weiterbildung unserer Lehre ist die wissenschaftliche Thätigkeit eines einzigen Mannes, Papsts Benedict XIV.; und es steht da unter seinen übrigen Werken auch in dieser Beziehung voran sein Buch über die Diöcesansynode *). Ohne daß er an irgend einer Stelle eine vollständige zusammenhängende Theorie aufgestellt hätte, so finden sich doch namentlich im elften und zwölften Buche eine Fülle von Erörterungen, die dem tiefern Verständniß im hohen Grade förderlich sind, indem sie das ganze Getriebe der kirchlichen Rechtsbildung darlegen, und die leitenden Gesichtspunkte hervortreten lassen. In der That war Niemand zu dergleichen in ähnlicher Weise befähigt, wie gerade Benedict XIV., der mit jener meisterhaften Klarheit in der Darstellung eine Sachkenntniß verbindet, wie sie in solcher Ausdehnung weder vorher noch nachher einem Schriftsteller zu Gebote gestanden haben möchte. Denn es schreibt hier ein Mann über die kirchliche Rechtsbildung, der praktisch im Mittelpunkte derselben stand, und der schon, ehe er den päpstlichen Stuhl bestieg, als Erzbischof von Bologna und als Secretair der Congregatio Concilii eine große Menge dahin gehöriger Fragen bearbeitet hatte, die nun aus den Akten heraus als Beispiele in die Darstellung verwebt werden.

Ein bedeutender Aufschwung hat in der wissenschaftlichen Behandlung des katholischen Kirchenrechts im gegenwärtigen Jahrhundert in Deutschland stattgefunden, der sich wesentlich in einer tieferen Durchbringung und freiern Beherrschung des Stoffs zeigt und ebensowohl mit dem Aufschwunge, den die Rechtswissenschaft bei uns überhaupt genommen hat, als mit dem vermehrten kirchlichen und kirchenrechtlichen Interesse, welches gegenüber der Lösung großer praktischer Aufgaben erwacht ist, zusammenhängt. Auch in der wissenschaftlichen Behandlung unserer Lehre ist ein solcher Fortschritt unverkennbar erfolgt.

Es ist aber charakteristisch, daß die Versuche, welche neuerdings zur Lösung dieses kirchenrechtlichen Problems unternommen worden

*) S. D. N. Benedicti Papae XIV. de synodo dioecesana Libri XIII. Romae 1755. fol. — Cf. Benedicti Institutiones z. B. S. 36. 144 ff.

sind, nur in sehr entferntem Zusammenhange stehen mit den Lehren, welche von der historischen Schule für die Entstehung des Rechts überhaupt aufgestellt wurden. Es ist vielmehr durch eine berühmte wissenschaftliche Leistung der unwiderlegliche Beweis geliefert, daß man von jenen Grundlagen aus zu einer richtigen Theorie der kirchlichen Rechtsbildung nicht zu gelangen vermag. Das ist nämlich die Bedeutung, welche dem letzten Abschnitte des Puchta'schen Gewohnheitsrechts, der von den kirchenrechtlichen Gewohnheiten handelt, zukommt. Es ist auf der einen Seite ganz richtig, daß die Theorie der historischen Schule, consequent angewandt, allerdings für die kirchliche Rechtsbildung zu solchen Resultaten führt, wie sie hier bei Puchta vorliegen, und es ist nur scheinbar, daß der Verfasser die Rolle wechselt, wenn er bisher zwar das Vorhandensein des Gewohnheitsrechts im weitesten Umfange behauptet hat, für das eigentliche Kirchenrecht dasselbe aber ganz und gar leugnet; denn ein kirchliches Gewohnheitsrecht ist wirklich in dem Falle nicht denkbar, wenn es im Allgemeinen wahr ist, daß das Gewohnheitsrecht ein Ausfluß des Volksbewußtseins sei, daß dasselbe aus der Nationalität unmittelbar wie von selbst hervorgehe; Puchta hat darin offenbar ganz Recht, daß er die Kirche als ein Rechtsgebiet bezeichnet, wo die Entstehung des Rechts nicht mit der Nationalität zusammenhänge, indem vielmehr die kosmopolitische Natur der Kirche in einer Art von Widerspruch mit der Nationalität sich befinde, und man muß ihm also durchaus zustimmen, wenn er von seinem Standpunkte aus behauptet, der Ausdruck kirchliches Gewohnheitsrecht würde den offenbaren Widerspruch eines nicht nationalen auf nationalen Ansichten beruhenden Rechts enthalten. Auf der andern Seite besteht nun aber nicht der geringste Zweifel darüber, daß trotz der Puchta'schen Behauptungen doch in sehr weitem Umfange ein Gewohnheitsrecht auf kirchlichem Gebiete sich finde, nicht blos, was Puchta anzuerkennen geneigt ist, weil es seiner Theorie nicht entgegen ist, in der Weise, daß die Rechtsnormen, welche auf staatlichem Boden entstehen und für die Kirche Bedeutung haben, eine gewohnheitsmäßige Entstehung haben können, sondern es tritt uns das Gewohnheitsrecht auch auf specifisch kirchlichem Gebiete entgegen. Es kann in der That nur der mangelhaften Kenntniß Puchta's vom Kirchenrecht zugeschrieben werden, wenn solche Behauptungen von ihm gewagt sind, denn daß dieser große Rechtslehrer auf diesem Gebiete nicht ebenso groß dasteht als anderswo, muß allerdings behauptet werden, und zwar trotz seiner „Einleitung in das Recht der Kirche“, ja zum Theil gerade wegen derselben, die es aber außerdem wesentlich nur mit protestantischem Kirchenrecht zu thun hat. Nirgends ist vorher und nachher von irgend competenter Seite dergleichen behauptet worden, man braucht sich nicht dabei aufzuhalten, es besonders zu widerlegen. Wenn es nun aber auf diese Weise dargethan ist, daß eine Theorie der kirchlichen Rechtsbildung auf der Grundlage jener Lehren nicht herzustellen ist, so bleibt vorläufig nur eine doppelte Methode übrig, indem man entweder auf das Kirchenrecht allein sich beschränkt, oder aber den Versuch macht, eine Theorie der Rechtsbildung überhaupt zu gewinnen, mit der jene besondere in Einklang zu setzen ist; ich gestehe, daß ich besonders durch das vergebene Bemühen Puchta's eine Uebereinstimmung hier herbeizuführen, die meiner Ansicht nach unbedingt vorhanden sein muß, zu meinem Entschlusse gebracht bin, eine Berichtigung der Lehre der historischen Schule über die Entstehung des Rechts überhaupt zu versuchen.

Zunächst aber haben sich die hervorragendsten Kirchenrechtslehrer daran gemacht, ohne auf die Lehre von der Entstehung des Rechts überhaupt zu achten, für das Kirchenrecht eine solche aufzustellen. So sehr man nun auch zugestehen muß, daß es zuerst Walter gewesen ist, an dessen Namen sich eine vollendetere wissenschaftliche Behandlung des katholischen Kirchenrechts knüpft, so sind doch namentlich zwei Männer zu nennen, denen ein Verdienst für die Lehre von der kirchlichen Rechtsbildung zugeschrieben werden muß. Es ist da vor allen Dingen Phillips hervorzuheben, der gerade in diesen Partien seines interessanten Werks hoch über allen seinen Vorgängern steht, indem er das Ungenügende der bisherigen Behandlungsweise zeigte und in geistvoller Manier die Grundlage zu einem Neubau legte; so wenig man sich auch mit vielen seiner Resultate einverstanden erklären mag, so sehr er namentlich noch vielfach in den Banden der überlieferten Methode gefangen gewesen ist, so wird man doch nicht leugnen dürfen, daß hier zum ersten Mal ein neuer Geist zu Tage tritt, und wenn Phillips auch kein anderes Verdienst hätte, so würde er wenigstens das in Anspruch nehmen dürfen, auf diesem Gebiete nachhaltig angeregt zu haben*). Auf den Schultern von Phillips stehend hat sodann ganz neuerdings Schulte wiederum eine Bearbeitung dieser Lehre versucht, und zwar stehe ich nicht an, auch darin eine Bereicherung unserer Literatur zu sehen, ja es ist in mancher Beziehung offenbar ein Fortschritt über den Standpunkt von Phillips hinaus erfolgt, der sich namentlich nach der Seite einer größeren Klarheit und Schärfe hin, in einer größeren Folgerichtigkeit der juristischen Entwicklung zeigt; auf der anderen Seite fehlt freilich viel, daß man auch diesen neuesten Versuch eine allseitig befriedigende Lösung nennen könnte **). Dagegen kann aber anderen literarischen Bearbeitungen, welche die neueste Zeit auf diesem Gebiete hervorgebracht hat, die Bedeutung eines Fortschritts überhaupt nicht beigelegt werden, und sie mögen nur genannt werden, weil sie eben der neuesten Zeit angehören. Ich rechne dahin zunächst den umfassenden Tractat des Abbé Bouix, indem eine besondere Abtheilung seines größern kirchenrechtlichen Werks diesem Gegenstande gewidmet ist; man muß aber bei aller Gründlichkeit im Detail und im Benutzen der bisherigen Literatur, bei aller Benutzung von Phillips doch behaupten, daß jenes Buch nicht auf der Höhe derjenigen Behandlung steht, die man in Deutschland heutzutage gewohnt ist, eine Bemerkung, die in ähnlicher Weise auch schon von anderer Seite gemacht worden ist ***). Mindestens dasselbe ist aber zu sagen von einem Aufsatze von Moy de Sons †) und von zahlreichen Erörterungen Roßhirt's an verschiedenen Stellen seiner zahlreichen Schriften.

*) Phillips, Kirchenrecht Bd. III. S. 573—767. Regensburg 1850.

**) Schulte, das katholische Kirchenrecht Bd. I. §§. 10—42. Giessen 1860.

***) Bouix, Institutiones juris canonici in varios tractatus divisi. Tractatus de principiis juris canonici. Parisiis 1852. bes. P. 1 u. 2.

†) Moy de Sons, Naturrecht und Gewohnheitsrecht als Quellen des Kirchenrechts. (Archiv für kathol. Kirchenrecht. Innsbruck 1857. Bd. I. S. 65—79.)

Erster Abschnitt.

Das göttliche Recht*).

Es besteht auf dem Boden des katholischen Kirchenrechts in Rücksicht auf die Entstehung desselben ein Dualismus von göttlichem und menschlichem Recht; denn soweit man auch die katholische Rechtsbildung bis zu den letzten Gründen zurück verfolgt, so gelangt man doch nicht zu einem einzigen für die gesammte Rechtsbildung ma gebenden gemeinsamen Ausgangspunkte, sondern es bleiben immer zwei von einander ganz verschiedene Entstehungsgründe übrig, indem neben der rechtsbildenden Thätigkeit der constituirten rechtsbildenden Gewalten der Kirche auch die göttliche Offenbarung sich in unmittelbar eingreifender Weise für die positive Rechtsbildung geltend macht.

Zwar der ursprünglichen christlichen Lehre ist ein solcher Begriff eines göttlichen Rechts völlig fremd, ja er befindet sich in einem unvereinbaren Widerspruch mit den Grundanschauungen, die damals galten. Denn es ist das Wesentliche der ursprünglichen Lehre, daß jeder Einzelne für sein Heil aus sich selbst heraus zu sorgen habe, daß er nur durch sittliche Selbstverantwortung, durch den selbsteigenen Glauben selig werde. Es kommt also nur auf innere Momente an, nicht aber auf äußere irgend welcher Art, weder auf einen bestimmten Inhalt des Glaubens, durch dessen Besitz allein Gnade

*) Man vergleiche über das Folgende zunächst die dogmatischen Decrete des Tridentinums, und zwar vorzugsweise sess. 4. decr. de canonicis scripturis, sess. 6. decr. de justif., sess. 7. decr. de sacramentis; daneben den Catechismus Romanus an den einschlagenden Stellen, besonders P. I. c. 10. P. II. c. 1. P. III. c. 1. 4. — Von Literatur möchte hervorzuheben sein, namentlich Bellarmini disputt. de controv. christ. fidei etc. 3 T. 1581—1592. T. 1. Contr. 1. Lib. 3. 4. (es erscheint gegenwärtig eine neue Auflage in Mailand); sodann Klee, kathol. Dogmatik Bd. I.—III. Mainz 1835. Bd. I. Th. 2. S. 60—318; Devoti Inst. can. T. I. c. 4. S. 42 ff. und Jus can. univ. T. I. c. 16. §. 3. 4; allenfalls Möhler Symbolik 5. Aufl. Mainz 1838.

herbeigeführt würde, noch auf sonstige übernatürliche Gnadenmittel, die eine von den Einzelnen unabhängige mystische Bedeutung hätten. Wenn also die in Christus gemeinsam Vereinigten zu einer äußern Gemeinschaft zusammentraten, so wurde doch damit das unmittelbare Verhältniß, in dem jeder Einzelne zu Gott stand, nicht aufgehoben, es trat diese Gemeinschaft nicht zwischen den Einzelnen und Gott, die Kirche ist damals nur eine Sammlung der Gläubigen, wie man es ausdrückt, nicht aber eine Anstalt für den Glauben. So lange die Kirche nun blos diese Bedeutung in Anspruch nehmen konnte, so konnte sie zwar sehr wohl eine äußere Organisation haben, und damit ein Recht, ja sie mußte dergleichen haben, die Natur alles menschlichen Zusammenlebens forderte es, es ist aber dagegen auf diesem Standpunkte ganz unmöglich, daß eine solche Rechtsordnung eine innere Nothwendigkeit in sich trüge, daß sie mit andern Worten von Gott selbst ausgegangen wäre, und nicht blos auf die äußere Ordnung, sondern auf das innere Heil sich bezöge. Es fehlt also auf diesem Standpunkte einem göttlichen Rechte an jeder Begründung.

Sobald aber, und es ist das schon sehr früh geschehen, die katholische Kirche in ihrer Eigenthümlichkeit sich ausbildete, und mit ihrer Auffassung der christlichen Lehre zu einem Abschlusse gekommen war, so war auch allerdings die Nothwendigkeit eines solchen göttlichen Rechts gegeben. Dasselbe hängt mit den Grundlehren des Katholicismus auf das Engste zusammen. Denn um in der Entwicklung der katholischen Dogmatik nicht weiter zurückzugehen, als das zu diesem Zwecke durchaus erforderlich ist, so geht dieselbe gerade von der Voraussetzung aus, daß es für den Einzelnen nicht möglich sei, durch Uebereinstimmung mit sich selbst sein Heil zu erwerben, daß es vielmehr dazu nicht sowohl auf innere Momente ankomme, die in jedem Einzelnen selbst liegen, als in erster Linie auf äußere, auf einen Glauben, der in bestimmten Normen und Satzungen besteht, und auf Sacramente, deren Bedeutung über die Bedeutung bloßer Erinnerungszeichen weit hinausgeht, die als übernatürliche Mittel betrachtet werden, um das Heil zu erwerben. Wenn nun in der angegebenen Weise äußere Momente eine solche Bedeutung haben, so ist es durchaus nothwendig, daß auch Organe dafür bestehen, denen die Fähigkeit innewohnt, den Inhalt des Glaubens richtig anzugeben, die Sacramente einsetzungsmäßig zu spenden, es muß dann eine Kirche da sein und ein besonders befähigtes Priesterthum, welches das Heil für jeden Einzelnen vermittelt. Eine solche Stellung einer Kirche und eines Priesterthums ist aber nur dann wiederum wahrhaft gefestigt und begründet, wenn man nun noch einen Schritt weiter geht, und auch annimmt, daß das Verhältniß, in dem die einzelnen Glieder dieses Priesterthums zu einander stehen, daß der äußere Organismus, die Verfassung der Kirche, das Kirchenrecht in seinen Hauptheilen auf göttlicher Anordnung beruht. In der That sind, wenn man einmal von jenen Voraussetzungen ausgeht, diese Folgerungen gar nicht zu vermeiden, und man wird überall, wo man irgend welche Aeußerlichkeiten in religiösen Dingen als nothwendig für das Heil betrachtet, mit logischer Nothwendigkeit dahin geführt werden, daß auch Rechtssätze- und Rechtseinrichtungen eine innerliche Nothwendigkeit haben, daß sie geglaubt werden müssen, daß Verfassungsartikel dogmatische Bedeutung haben.

Es würde völlig aussichtslos sein, wenn man untersuchen wollte, zu welcher Zeit auf diese Weise die Annahme eines göttlichen Rechts innerhalb der christlichen Kirche entstanden sei, es würde das einfach zusammenfallen mit der anderen viel weitergehenden Frage, wann sich die katholische Kirche in ihren wesentlichen Momenten gebildet habe; denn von diesem Augenblicke an war eine solche Annahme wenigstens im Keime vorhanden. Ein klares Bewußtsein davon findet sich indeß erst ziemlich spät, und namentlich in der großen Abhandlung über Entstehung des Rechts im Decrete Gratian's findet das göttliche Recht in diesem Sinne noch keine Stelle, denn ich werde später nachweisen, wie die Bedeutung des jus naturale, welches sich dort findet, eine ganz andere ist. Mit völliger Entschiedenheit ist die Annahme des göttlichen Rechts ausgesprochen worden auf dem Concil von Trient, wo ausdrücklich hervorgehoben wird, daß Christus nicht blos ein Erlöser gewesen sei, sondern auch ein Gesetzgeber, und daß das Evangelium ein neues Gesetz sei *).

*) Conc. Trid. sess. 6. can. 21. Si quis dixerit, Christum Jesum a Deo

Wenn nun aber auch auf diese Weise ein Theil des katholischen Kirchenrechts auf göttlicher Entstehung beruht, so bezieht sich das doch nur auf die Fundamentaleinrichtungen, und das weit Meiste beruht nach wie vor auf der menschlichen Rechtsbildung. In sehr viel weiterer Ausdehnung, als man protestantischerseits gewöhnlich annimmt, tritt neben die dogmatischen Bestandtheile des Kirchenrechts die Disciplin, die gar keine Bedeutung für das Heil hat, die nur auf die äußere Ordnung sich bezieht. Und selbst solche Institute, die an sich in ihrer Grundlage dem göttlichen Rechte angehören, unterliegen doch wie Papstthum und Episcopat in ihrer weitern Ausbildung der menschlichen Rechtsbildung. Ganz offen wird von katholischer Seite darauf hingewiesen, der Primat des Papstes sei zwar immer Primat gewesen, er sei aber in seiner äußeren Erscheinung zur Zeit des ersten Papstes ein ganz anderer gewesen als zur Zeit des zweihundert acht und fünfzigsten *); das Cardinalcollegium, die Einrichtung der Papstwahl, sind ebenso wie die Domcapitel Institute, die der Veränderung unterworfen sind, und ganz nach den äußeren Umständen in Zeit und Ort sich richten. Es hat also das katholische Kirchenrecht seiner weit größten Ausdehnung nach eine reiche geschichtliche Entwicklung, und weit entfernt, daß man auf diesem Gebiete auf Unveränderlichkeit Werth legte, weist man es vielmehr ausdrücklich zurück, daß das Alte schon deswegen gut, das Neue schon deswegen schlecht sei **), weist man vielmehr mit einem gewissen Stolze auf die Geschichte des katholischen Kirchenrechts hin, aus der hervorgehen soll, daß die Vernunft der Kirche sich nicht in den ältesten Zeiten erschöpft habe, daß man von kleinen Anfängen aus zu großen Dingen gelangt sei ***).

---

hominibus datum fuisse ut redemptorem cui fidant, non etiam ut legislatorem cui obediant: anathema sit. cf. can. 19. 20. eod.

*) Phillips, Kirchenrecht Bd. I. S. 22.

**) Walter, Lehrb. d. Kirchenrechts, S. 33 und öfters.

***) Besonders häufig finden sich derartige Aussprüche in Thomassini vetus et nova ecclesiae disciplina circa beneficia et beneficiarios. Parisiis 1688 fol. T. I. Praef. n. 15. 17. Lib. I. c. 6. n. 19. c. 26. n. 15. c. 45. n. 10. cf. Benedicti XIV. l. c. L. 5. c. 3. n. 7.; es gehört dahin endlich auch die bekannte Stelle aus der Praef. von Ivo's Decret, immobiles sunt, quas divina lex sanxit etc.

Es handelt sich nun um die Grundsätze, welche nach katholischer Ansicht für die Entstehung dieses göttlichen Rechts maaßgebend sind.

Das göttliche Recht hat, wie wir gesehen haben, die Bedeutung eines Dogma, und es kommen daher im Allgemeinen für die Entstehung des göttlichen Rechts ganz dieselben Grundsätze in Betracht, die auch für die Entstehung der Dogmen überhaupt gelten.

Für die Entstehung der Dogmen fehlt es nun der Kirche nach katholischer Ansicht an jeder productiven constitutiven Thätigkeit. Die Kirche ist danach weit entfernt, Dogmen zu machen, diese sind vielmehr mit der Stiftung der Kirche zugleich gegeben, übernatürlich geoffenbart. Der ganze Schatz von Glaubenswahrheiten war also von Anfang an in die Kirche hineingelegt, und mit ihm auch das göttliche Recht in seinem ganzen Umfange; es ist dies deshalb nur seinem Inhalte, nicht aber seiner Entstehung nach Kirchenrecht. Und so wenig nun von der Kirche Dogmen neu gemacht werden können, so wenig können einmal vorhandene auf irgend eine Weise in ihrem Bestande alterirt werden, sie stehen völlig unabhängig von jeder kirchlichen Einwirkung in saecula saeculorum. Auf diese Weise stehen daher auch die höchsten kirchlichen Gewalten dem göttlichen Rechte mit gebundenen Händen machtlos gegenüber, und selbst die Päpste können von Bestimmungen des göttlichen Rechts in keiner Weise abgehen, nicht einmal in einem einzelnen Falle, mit anderen Worten, die päpstliche Dispensationsgewalt hat an dem göttlichen Rechte seine ewige Grenze.

Dagegen ist nun aber die Thätigkeit der Kirche bei der Entstehung der Dogmen überhaupt und des göttlichen Rechts insbesondere eine declaratorische in der Weise, daß es den constituirten Gewalten der katholischen Kirche zusteht, zu constatiren, daß ein Satz oder eine Thatsache eine dogmatische Beschaffenheit habe. Die Kirche ist zu diesem Berufe ausgerüstet mit dem heiligen Geiste, es wohnt ihr dazu Unfehlbarkeit bei, sie kann dabei nicht irren; das einzige Mal, daß das Moment der Infallibilität für das Kirchenrecht Bedeutung gewinnt.

Es fragt sich nun zunächst, wem innerhalb der katholischen Kirche diese Unfehlbarkeit zusteht, welche Organe also über das

Vorhandensein der Dogmen und des göttlichen Rechts zu entscheiden haben. Wir treffen aber hier auf eine ungelöste Controverse, auf die ich als Protestant und als Jurist keine Veranlassung habe, näher einzugehen, über die ich nur kurz zu berichten habe. Während es nämlich im Allgemeinen feststeht, daß die Kirche eine unfehlbare sei, so ist es doch bis auf den heutigen Tag unentschieden geblieben, ob die Kirche in dieser Beziehung durch den Papst repräsentirt werde oder ob eine Vereinigung des Papstthums mit dem öcumenischen Episcopate in solchen Fällen nothwendig sei. Die Unfehlbarkeit des Papstes ist also noch gegenwärtig eine offene Frage und nichts weniger als ein Glaubenssatz, und man nimmt nur an, daß der Papst die Macht habe, provisorisch dergleichen Glaubensdecrete zu erlassen, wobei es wieder nicht unsere Sache ist, zu untersuchen, ob nicht diese Concession schon der ganzen Lösung der Streitfrage präjudicirlich ist, wie eine leicht sich ergebende Betrachtung allerdings darthun möchte *).

Indem es also bei der Lage der Sache dahingestellt bleiben muß, durch welche Organe die Eruirung dieses göttlichen Rechts vor sich geht, so handelt es sich nun zweitens um die Art und Weise, in welcher dieselbe geschieht. Im Allgemeinen giebt es für die vom heiligen Geiste inspirirte Kirche zwei Quellen, aus denen sie die göttliche Offenbarung schöpft, die daher auch hier in Betracht kommen, auf der einen Seite die Tradition, das vollständige Wort Gottes, und ursprünglich die einzige Art der Ueberlieferung, und daneben der Auszug daraus, die Bibel, in der zwar Alles Wahrheit ist, aber nicht alle Wahrheit, die, wie die Kunstausdrücke dafür heißen, weder Sufficienz noch Deutlichkeit besitzt. Was nun im Einzelnen zunächst die Bibel als Quelle für das göttliche Recht betrifft, so kommt an sich sowohl das alte als das neue Testament dafür in Betracht, doch ist die Kirche dabei an keine Regeln irgend welcher Art gebunden, und es kann ihr, der ein höheres Verständniß der Bibel innewohnt, kein Vorhalt aus angeblich deutlichen Stellen nach irgend einer Seite hin gemacht

*) Man vergleiche z. B. Phillips a. a. O. Bd. II. S. 312 ff., bes. S. 340, der, obgleich er sich sehr zu Gunsten des Papstes ausspricht, sich doch ausdrücklich dagegen verwahrt, als habe er eine definitive Ansicht aufstellen wollen.

werden. Ganz besonders klar tritt das hervor hinsichtlich des alten Testaments; denn es giebt hier der Rechtsvorschriften außerordentlich viele, es hat aber die bekannte Classification derselben in praecepta moralia auf der einen, und in praecepta judicialia und ceremonialia auf der andern Seite zunächst gar keine weitere Bedeutung, insofern erst die Kirche festsetzt, welche Vorschriften nun zu der einen oder andern Klasse gehören sollen. Um in dieser Beziehung ein Beispiel herauszuheben, so werden von der katholischen Kirche einige unter den ehehindernden Verwandtschaftsgraden mit Berufung auf das alte Testament als Einrichtungen göttlichen Rechts hingestellt; während nun aber an der betreffenden Stelle *) eine ganze Reihe solcher Fälle durchaus auf gleiche Stufe gestellt sind, so daß man an sich auch eine Gleichartigkeit in der Behandlung derselben erwarten könnte, so rechnet doch die Kirche nur einige davon als unaufhebbar und indispensabel zum göttlichen Recht, während sie dagegen von andern, die dort aufgeführt sind, ohne Weiteres wie von sonstigen einfachen Rechtseinrichtungen und Disciplinarvorschriften im Ganzen sowohl wie im Einzelnen abgeht. Es ist eine derartige Befugniß der Kirche so direct als möglich ausgesprochen worden bei der letzten großen Veränderung, welche dem Eherechte zu Theil geworden ist **), sie ist aber auch neuerdings wieder geltend gemacht in einer Aussage, die der Cardinal Wiseman vor einer königlichen Commission ablegte, als es sich um eine Aenderung im protestantischen Eherecht handelte, auf die wir später ausführlicher eingehen müssen ***). Es bedürfte aber in der That

*) Lev. 18.

**) Conc. Trid. sess. 24. can. 3. Si quis dixerit, eos tantum consanguinitatis et affinitatis gradus, qui Levitico exprimuntur, posse impedire matrimonium contrahendum et dirimere contractum, nec posse ecclesiam in nonnullis illorum dispensare aut constituere ut plures impediant et dirimant, anathema sit. Dazu vergleiche man in der Richter'schen Ausgabe die Declarationen und Resolutionen der Congr. Conc., die sämmtlich dem Ende des vorigen oder dem Anfange des gegenwärtigen Jahrhunderts angehören, namentlich Nro. 98. 99. 103 auch S. 261 ff.

***) Es heißt dort mit Bezug auf gewisse Ehen: Such marriages are disapproved of the Mosaic law, but not on that account contrary to the Chri-

solcher besonderer Zeugnisse kaum, man braucht vielmehr nur hinzuweisen auf die rechtsgeschichtliche Entwicklung, die den Rechtsnormen über die ehehindernden Verwandtschaftsgrade thatsächlich in reichem Maaße zu Theil geworden ist, dieselbe ist bedeutend genug, um bei einer der bedeutendsten Reformen auf diesem Gebiet einen Anlaß zu Betrachtungen über die Veränderlichkeit des Rechts überhaupt zu geben *). Ganz dieselbe Stellung aber wie zum alten Testamente hat die Kirche auch zum neuen; es giebt hier an sich sehr viel weniger Rechtsnormen als dort, aber es sind gerade die hauptsächlichsten Einrichtungen des katholischen Kirchenrechts, die so auf directe Aussprüche Christi zurückgeführt werden, wie Primat und Episcopat, oder bei denen auch die Apostel eine Mitwirkung haben, wie bei Buße und Ehescheidung. Es ist aber wiederum allein Sache der Kirche, hierüber zu entscheiden und es namentlich festzustellen, ob die Apostel im Auftrage Christi oder aus eigener Autorität gehandelt und geredet haben, denn danach richtet sich die Natur einer Rechtsnorm, ob sie göttlich oder menschlich sei. Endlich ist auch die Stellung der Kirche gegenüber der Tradition ganz ebenso beschaffen, indem die Kirche darüber zu entscheiden hat, ob die Tradition göttlich sei oder nicht.

Es muß dann endlich noch ein Blick geworfen werden auf die äußere Form, in welcher sich eine solche Declaration manifestirt. Eine derartige ausdrückliche Erklärung ist aber principiell durchaus nicht nothwendig, die Gültigkeit der Dogmen hängt nicht davon ab, denn es handelt sich nicht um äußere Gesetze, sondern um innere Momente, von denen vorausgesetzt wird, daß sie den Gläubigen an sich bekannt seien, und daß sie ohne Weiteres die Gewissen verpflichten. Es hat denn auch niemals eine umfassende Declaration aller auf das göttliche Recht bezüglicher Normen stattgefunden, es ist nirgends ein Codex des göttlichen Rechts aufgestellt worden, sondern dasselbe liegt nur in vereinzelten Erklärungen auf öcumeni-

---

stian law — — it is considered a matter of ecclesiastical legislation (First report of the commissioners appointed to inquire into the state and operation of the law of marriage etc. London 1848, fol. S. 104—107.)

*) So Innocenz III. auf dem vierten Concil von Lateran in c. 8. X. de consang. et aff. 4, 14.

schen Concilien oder in päpstlichen Aussprüchen vor, und hat wohl zum Theil noch bis heutzutage keine ausdrückliche Formulirung erhalten. Es sind solche Declarationen, wo sie sich finden, überhaupt weniger aus positiven Gründen veranstaltet, als aus negativen, sie finden sich nämlich hauptsächlich nur gegenüber von Angriffen, welche kirchliche Secten oder Parteiungen dagegen erhoben haben, und man behauptet demgemäß ganz mit Recht, daß die katholische Dogmatik parallel mit den Häresien entwickelt sei. So ist, um nur eins hervorzuheben, ein ausdrücklicher Ausspruch über die Göttlichkeit des Primats eigentlich nur erfolgt auf den großen Kirchenversammlungen, die es mit einer Wiedervereinigung der griechischen Kirche zu thun hatten, bei welcher Gelegenheit natürlich dieser Umstand auf das Schärfste betont werden mußte *).

Wenn man nun aber auch mit solchen Behauptungen sich auf den Boden der katholischen Anschauungen stellen will, so bleibt doch das wenigstens unleugbar, daß auf diese Weise in den wichtigsten Dingen ein gewisses Schwanken nicht zu vermeiden ist. Denn um wieder das Beispiel von den ehehindernden Verwandtschaftsgraden zu entnehmen, so zeigt ein einziger Blick auf die Literatur und auf die römische Praxis, daß manche von den hieher gehörigen Fragen, ob gewisse Ehehindernisse im göttlichen Rechte verboten seien oder nicht als offene betrachtet werden, und daß also die Dispensation bald ertheilt bald verweigert wird. Die Verhandlungen der Congregatio Concilii, wie sie nicht blos bei Richter sich finden, sondern wie sie auch im Thesaurus in großer Fülle stehen, bieten in dieser Beziehung ein sehr lehrreiches Material. Ein solcher Fall ist sogar von weltgeschichtlicher Bedeutung geworden, denn er hat den äußeren Anlaß zur englischen Reformation gegeben; es handelte sich bei der Annullation der Ehe Heinrich's VIII. mit der Catharine von Arragonien bekanntlich um die Frage, ob die Ehe mit der Wittwe des verstorbenen Bruders im göttlichen oder blos im menschlichen Rechte verboten sei, ob also der Papst bei der Eingehung derselben die Be-

*) Conc. Lugdun. II. a. 1274 und Defin. S. oecum. Synod. Florent. a. 1439.

fugniß gehabt habe, von einem solchen Ehehindernisse, wie es hier vorlag, da Catharine früher mit Heinrichs verstorbenem Bruder Arthur verheirathet gewesen war, überhaupt zu dispensiren, oder ob diese Dispensation als nicht geschehen, und somit die Ehe als nichtig, als nach göttlichem Rechte nichtig, betrachtet werden müsse.

Jedenfalls bezieht sich die Verbindlichkeit dieses göttlichen Rechts nur auf Solche, welche der katholischen Kirche wirklich angehören, denn es geht doch von deren äußern Organen aus. Nun werden allerdings zur katholischen Kirche nicht blos solche gerechnet, die ihre Zugehörigkeit dazu wirklich anerkennen, sondern auch noch wider ihren ausdrücklichen Willen einige Andere, nämlich alle die, welche durch die Taufe ins Christenthum aufgenommen worden sind, einerlei ob sie sich Häresis oder Schisma haben zu Schulden kommen lassen, also namentlich auch die Protestanten und Griechen, denn es giebt nur eine einzige untheilbare christliche Kirche, die katholische. Wenn auch wegen kirchlicher Verbrechen excommunicirt, so bleiben diese doch den kirchlichen Gesetzen unterworfen. Mag das nun auch in unzähligen Fällen keine weitern Folgen haben, da der weltliche Arm seiner Verpflichtung, die Kirche in ihren desfallsigen Ansprüchen zu unterstützen, nicht mehr nachkommt, so sind doch diese Prätensionen nichts weniger als theoretische Spielereien, sondern die Kirche verfährt von diesem ihrem angeblichen Rechtsboden aus mit rücksichtsloser Strenge, sobald sie durch Uebertritt oder dergleichen es erlangt, daß derartige Fälle vor ihr eigenes Forum gezogen werden; es muß dann eine Ehe von Neuem in der katholischen Form eingegangen werden, denn sie mochte nach protestantischem Kirchenrecht noch so rechtsgültig eingegangen sein, ein protestantisches Kirchenrecht existirt gar nicht, die Kinder, die aus einem solchen thatsächlichen Geschlechtsverhältnisse hervorgegangen sind, sind vorläufig, bis sie per subsequens legitimirt sind, uneheliche. Und es unterliegt nun weiter vom katholischen Standpunkte aus nicht dem geringsten Zweifel, daß die Protestanten, daß überhaupt alle Christen nicht blos dem menschlichen katholischen Kirchenrechte, sondern auch dem göttlichen unterworfen sind. Man muß gegen dergleichen Naivetäten vom protestantischen Standpunkt aus auf das Entschiedenste protestiren, es wird sich aber, wenn man einmal die Voraussetzungen zugegeben hat, in dem ganzen Raisonnement eine gewisse Folgerichtigkeit nicht leugnen lassen, und am allerwenigsten dürfte es von Seite der Protestanten weise sein, sich in dieser Beziehung Illusionen hinzugeben und dergleichen todtzuschweigen. Ganz anders möchte es aber selbst vom katholischen Standpunkte aus mit der Verbindlichkeit des göttlichen Rechts für Juden und Heiden stehen, die hie und da behauptet wird *), trotzdem daß man hinsichtlich der übrigen Rechtsvorschriften gegenüber den nichtchristlichen Religionsparteien darin einig ist, dieselben für Solche nicht in Anwendung zu bringen. Es möchte hier in der That ein Mißverständniß zu Grunde liegen, welches wieder darin seinen Ursprung hat, daß man das jus naturale bei Gratian für identisch hält mit dem göttlichen Rechte; hinsichtlich dieses Naturrechts wird nämlich allerdings behauptet, daß es sich auf alle Menschen beziehe, und gewiß ganz richtig, denn man versteht darunter den Inbegriff derjenigen Principien, welche den Inhalt der positiven Rechtsbildung bestimmen, und in ethischen Principien bestehen, die in der menschlichen Natur begründet allen Menschen gemeinsam sein sollen. Uebrigens habe ich mich bei der ganzen Frage vielleicht schon zu lange aufgehalten, sie ist nicht derartig, um Jemanden, der außerhalb der katholischen Kirche steht, zu vermögen, ernsthaft darauf einzugehen.

*) Schulte, Handbuch des katholischen Eherechts, Giessen 1855, S. 172, und außerdem vielfach im ersten Bande des Kirchenrechts.

Zweiter Abschnitt.

Das menschliche Recht.

Erstes Capitel.

Die Rechtsbildung hinsichtlich des Subjects.

I. Die geschichtliche Entwicklung.

A. Bis zur Ausbildung der gegenwärtigen katholischen Kirchenverfassung.

1) Die Einzelgemeinden *).

Nirgends ist von dem Stifter des Christenthums selbst etwas auf Verfassungsverhältnisse Bezügliches angeordnet, „unscheinbar und verborgen war sein Leben, seine Beschäftigung Kranke zu heilen und

*) Eine vollständige Geschichte des Kirchenrechts, namentlich der Kirchenverfassung, wie sie den Anforderungen der neuern Wissenschaft entsprechend wäre, giebt es bekanntlich nicht, eine solche steht nur in Aussicht; was die Gallicaner einst geleistet haben, kommt längst nicht mehr in Betracht. Wir sind an monographische Bearbeitungen einzelner Perioden verwiesen, und zwar verhält es sich in dieser Beziehung mit der Geschichte des Kirchenrechts, wie mit der deutschen Staats- und Rechtsgeschichte, daß die ersten Zeiten vorzugsweise bearbeitet sind, wie sich das aus dem Interesse und aus der Wichtigkeit, welche die Anfänge der Entwicklungen überall für die ganze Folgezeit haben, ganz natürlich ergiebt. Es haben auf diese Weise der folgenden Darstellung zu Grunde gelegen, zunächst die Forschungen der Tübinger historischen Schule, namentlich die beiden Bücher von Baur, d. Christenthum und die christliche Kirche der drei ersten Jahrhunderte, 2. Ausg. Tübingen 1860, S. 260—304, und die christliche Kirche vom Anfang des vierten bis zum Ende des sechsten Jahrhunderts, Tübingen 1859, S. 229—262; außerdem die Schrift über den Ursprung des Episcopats, Tübingen 1838; man vergleiche auch den Aufsatz in v. Sybel's historischer Zeitschrift über die Tübinger historische Schule, Jahrg. 1860, Heft 3. Es kommen sodann in Betracht die Untersuchungen Bunsen's über die älteste kirchliche Verfassung, wie sie besonders vorliegen in Ignatius von Antiochien und seine Zeit, Hamburg 1847, 4. S. 79—141, und in Hippolytus und seine Zeit, Leipzig 1852, Bd. I. S. 224 ff. S. 418 ff., und Bd. II. S. 152 ff. Von juristischer Seite her verdient blos genannt zu werden Bickell, Geschichte des Kirchenrechts, Bd. I. Lief. 1. 2. Giessen 1843—1849, fortgesetzt von Röstell; die Darstellung reicht bekanntlich in innerer und äußerer Rechtsgeschichte

ein Paar Fischern, die ihn nicht immer verstanden, andeutend und in Gleichnissen von Gott zu reden; er hatte nicht da er sein Haupt hinlegte; — aber auch auf dem Standpunkte dieser unserer weltlichen Betrachtung dürfen wir es sagen: unschuldiger und gewaltiger, erhabener, heiliger hat es auf Erden Nichts gegeben, als seinen Wandel, sein Leben und Sterben: in jedem seiner Sprüche weht der lautere Gottesodem; es sind Worte, wie Petrus sich ausdrückt, des ewigen Lebens; das Menschengeschlecht hat keine Erinnerung, welche dieser nur von Ferne zu vergleichen wäre« *).

Der äußere Organismus der von ihm gestifteten Religionsgesellschaft bildete sich unabhängig von ihm erst nach seinem Tode; der Apostel Paulus riß das Christenthum vom Judenthume los, brachte es von Asien nach Europa.

Es ist nun wohl nichts weiter als eine geistreiche Hypothese, wenn man die Anfänge der wirklichen kirchlichen Verfassungsbildung sich in einer Weise vorgestellt hat, daß sie ein völliges Analogon bilden würden zu demjenigen Zustande der Dinge, wie er nach der Meinung Einiger die älteste Form der deutschen Staatsverfassung bis in die Zeiten der Völkerwanderung hinein gewesen ist. Es sollen nämlich danach die ältesten kirchlichen Gemeinschaften, wie sie sich zuerst in Jerusalem von der Synagoge abtrennten, und wie sie dann

---

nur bis auf Constantin, schade daß das reichlich gesammelte Material nicht mit mehr juristischer Schärfe verarbeitet ist. Es sind dann endlich von theologischer Seite zu erwähnen die bekannten Werke von Rothe, Ritschl, Thiersch, Schaff und Lechler. Was die spätere Zeit betrifft, so kommt dafür zunächst in Betracht Rettberg, Kirchengeschichte Deutschlands, Bd. I.—II. Göttingen 1846—48; kaum bei irgend einem andern Buche möchte der Mangel der Fortsetzung so zu bedauern sein, wie gerade hier. Man muß daher noch vielfach zu Grunde legen Planck, Geschichte der christlich-kirchlichen Gesellschaftsverfassung, Bd. I.—V. Göttingen 1803 ff. Außerdem allenfalls Wessenberg, die Geschichte der großen Kirchenversammlungen des 15ten und 16ten Jahrhunderts, Bd. I.—IV. Constanz 1840; und Phillips, Kirchenrecht an verschiedenen Stellen, doch ist bei Beiden die Auffassung der geschichtlichen Vorgänge durch die Eigenthümlichkeit des Standpunkts getrübt. Endlich finden sich in den Lehrbüchern von Eichhorn, Walter, Richter und Mejer rechtsgeschichtliche Einleitungen.

*) Ranke, die römischen Päpste, ihre Kirche und ihr Staat im 16ten und 17ten Jahrhundert, Berlin 1834 ff. Bd. I. S. 5.

unter Juden und Heiden durch die ganze Welt hin entstanden, eine Organisation gehabt haben, nachgebildet der Organisation der Familie; es sei zuerst eine einzelne Familie zur neuen Lehre übergetreten, in ihr hätte naturgemäß das Familienhaupt die Leitung des religiösen Lebens gehabt, an diesen Grundstamm hätten sich dann andere Familien angeschlossen, es sei aber die ursprüngliche Verfassung darin bewahrt worden, daß jene ursprüngliche Familie ein überwiegendes Ansehen und die Leitung des Ganzen gehabt habe, daß überhaupt die kirchliche Verfassung in die Formen der Familienverbindung eingegangen sei *). Es läßt sich doch über diese Verpflanzung der Gentilitätsverfassung, des Geschlechterstaats auf das kirchliche Gebiet wesentlich nur dasselbe sagen, was über die große Controverse, die an der Spitze der deutschen Staats- und Rechtsgeschichte steht, daß nämlich aus der urkundlichen Geschichte diese Verfassungsgestaltung wegen Mangels an Nachweisen herausgewiesen werden muß, gesagt ist; ja die ganze Hypothese möchte hier noch weniger Grund haben wie dort, denn wenn auch im Allgemeinen in religiösen Verhältnissen sich Verfassungsbildungen auf gentiler Basis finden mögen, so ist doch die Zeit, in welcher sie hier müßte stattgefunden haben, eine verhältnißmäßig geschichtlich helle Zeit, außerdem müßte die Periode, wo sie herrschend gewesen wäre, von sehr kurzer Dauer gewesen sein. Man hat deshalb auch zu Gunsten der Gentilitätsverfassung in den ältesten kirchlichen Zuständen lange nicht den Aufwand von Scharfsinn und Gelehrsamkeit in Anwendung gebracht, wie zu Gunsten der Gentilitätsverfassung in den ältesten staatlichen Zuständen von Deutschland.

Die älteste Kirchenverfassung, wie sie aus der beglaubigten Geschichte uns entgegentritt, beruht auf räumlichen Verbänden, auf dem örtlichen Aneinanderschließen, und das ist während des ganzen Laufs der Geschichte der Verfassungstypus geblieben, so verschieden auch sonst die Entwicklung war.

Es waren anfangs aber nur ganz kleine Kreise, auf die sich

*) Baur, d. Christenthum und die christl. Kirche der drei ersten Jahrhunderte, S. 261, und Pastoralbriefe, S. 83.

eine solche äußere Organisation überhaupt bezog, und die deshalb allein als Träger der Rechtsbildung in Betracht kommen. Es umfaßten diese ersten kirchlichen Gemeinschaften nur gerade soviel Gläubige, als durch das nächste örtliche Zusammenleben in Städten und in Dörfern verbunden waren. In diesen Formationen war aber alle Verfassungsgestaltung und deshalb auch alle Rechtsbildung beschlossen, und über diese Kreise hinaus gab es kein äußerlich vereinigendes Band. Es herrschte ein völliger Independentismus der Einzelgemeinde *); jede Gemeinde war eine Kirche; es gab nur ἐκκλησίαι, die ἐκκλησία war lediglich etwas Ideales; jede Gemeinde war insofern eine Kirche, als anfangs in Deutschland die Hundertschaft und der Gau ein Staat gewesen war; die Gemeinde war ein spontaner Rechtskreis, die höchste Trägerin der kirchlichen Macht, des Kirchenregiments, jede konnte machen, was sie wollte, es stand keine äußere Autorität über ihr. Es gab also auch keine gemeinsame äußere Rechtsbildung für alle Glieder, es gab höchstens ein materiell, nicht aber ein formell gemeines Recht für die Gesammtheit der Gläubigen.

Namentlich hat den Aposteln keine Kirchengewalt über den Gemeinden zugestanden. Wir lassen es hier als eine theologische Frage völlig dahingestellt, inwiefern die Apostel eine normative Autorität hinsichtlich der Lehre und des Glaubens gehabt haben, wir leugnen aber ganz bestimmt, daß sie im Besitz einer obersten Regierungsgewalt gewesen seien, daß sie in solidum ein allgemeines Kirchendirectorium, eine Art Oberkirchenrath gebildet hätten mit kirchenregimentlichen Functionen. Wie von dergleichen geschichtlich Nichts bezeugt wird, so zeigt sich in der ganzen Ansicht eine völlige Unfähigkeit, weltgeschichtliche Erscheinungen in ihrer Eigenthümlichkeit und Größe zu begreifen; die Apostel hatten überhaupt kein Amt, sondern eine Mission; ihre Stellung beruhte in ihrer thatsächlichen Wirksamkeit, nicht in einer formellen juristischen Präponderanz; es war da Nichts von einem officiellen Verhältnisse; sie reisten im Lande

*) Der Ausdruck Autonomie, den Baur, d. Christenthum und die christliche Kirche S. 264, zur Bezeichnung dieses Verhältnisses gebraucht, ist nach dem, was früher in dieser Beziehung gesagt ist, nicht ganz richtig.

umher und sandten den entfernten Gemeinden ihre Briefe; sie knüpften so ein Band geistiger Gemeinschaft unter den einzelnen Gemeinden; und wenn man für ihre Stellung eine Analogie suchen soll, so ist die in dem spätern Verhältniß der deutschen Reformatoren gegeben. Ganz besonders findet sich demgemäß keine Spur von einer den Aposteln für die ganze Kirche zugekommenen und durch sie geübten obersten gemeinsamen Gesetzgebung, sondern auch nach dieser Seite hin lag die ganze Kirchengewalt trotz der Apostel in den Einzelgemeinden, und um es nochmals zu sagen, es gab kein formell gemeines Recht. Blos innerhalb der Einzelgemeinde hatten die Apostel, wenn überhaupt, eine besondere rechtliche Stellung, aber auch dort haben sie in keiner Weise den vorhandenen Organismus durchbrochen *).

Wenn es nun aber auch feststeht, daß in der ersten Zeit allein die Einzelgemeinde Subject der Kirchengewalt, und also auch die Einzelgemeinde allein Trägerin der Rechtsbildung gewesen sei, so fragt sich doch nun weiter, von welchen Organen auf dem Boden der Einzelgemeinde damals die Kirchengewalt und Rechtsbildung geübt worden sei.

Das Princip der ältesten Kirchenverfassung war das allgemeine Priesterthum aller Gläubigen; es beruht darauf, daß Jeder durch sein eigenes Thun und Lassen für sein Heil zu sorgen hat; man wird durch den Glauben selig, durch sittliche Selbstverantwortung; Jeder steht in einem unmittelbaren Verhältniß zu Gott, es giebt

*) Es ist unglaublich, wie große Unklarheit gewöhnlich über die kirchenrechtliche Stellung der Apostel herrscht; ich verweise statt aller andern auf Bunsen, der eine formelle Obergewalt auf der einen Seite annimmt, und doch auf der andern jede denkbare Art der Handhabung derselben zurückweist; er will sie nicht als politische Form, nicht unbedingt, nicht schroff, aber man weiß nur überhaupt nicht, wie er sie will; z. B. Bunsen, Ignatius von Antiochien S. 87. 128. Das Aeußerste in dieser Beziehung erreicht aber Neander, Allg. Gesch. der christl. Religion und Kirche, Bd. I. S. 311. 344. Man vergleiche außerdem Rothe, die Anfänge d. christl. Kirche u. ihrer Verfassung, Bd. I. S. 308. Daß endlich Thiersch, d. Kirche im apostolischen Zeitalter, Frankfurt 1852, S. 76 ff., die Stellung der Apostel stark betont, und namentlich sehr formell juristisch verfährt mit dem s. g. Apostelconcil zu Antiochien, a. a. O. S. 125 ff., hat bei der persönlichen Stellung des Verfassers als Mitglied der Irvingianer seine besondern Gründe.

keine Heilsvermittlung; Jeder ist sein eigener Priester, denn unter Priester versteht man den, der sich unmittelbar der Gottheit nahen darf; es besteht also unter den Gläubigen keine Sonderung, sondern alle Christen als solche sind principiell einander gleich. Als Consequenz für die Kirchenverfassung ergiebt sich daraus, daß die Fülle der Kirchengewalt, die Souverainetät in kirchlichen Dingen bei der Gesammtheit der Gläubigen in jeder Gemeinde lag; und in der That bezeichnet das den damaligen Zustand der Dinge; es geschah auf diese Weise nicht blos die Rechtsbildung, sondern es wurden auch in jenen einfachen Verhältnissen manche Angelegenheiten der Verwaltung, wie Wahlen und Excommunicationen, auf diese Weise besorgt. Ganz rein freilich konnte das Princip des allgemeinen Priesterthums zu keiner Zeit nach der Seite der Verfassung hin zur Ausübung gebracht werden, es scheiterte das schon an den natürlichen Lebensverhältnissen, namentlich an Geschlecht und Alter, und es lag das Kirchenregiment deshalb von Anfang an nur in den Händen der erwachsenen männlichen Gemeindemitglieder; unter ihnen aber erfolgte das Zustandekommen eines Beschlusses ganz nach Maaßgabe der Grundsätze, wie sie sonst unter Menschen für dergleichen zur Anwendung gebracht werden; wenn also eine Meinungsverschiedenheit obwaltete, so entschied der Wille der Mehrheit, und nicht, wie man hin und wieder in kirchlichen Angelegenheiten zu verlangen scheint, was jedenfalls pikant ist, der der Minderheit. Man kann das Alles auch so ausdrücken, die Kirche wurde damals collegialistisch regiert *).

Indessen lange dauerte dieser Zustand der Dinge doch nicht, und wenn man über die Echtheit der Apostelgeschichte und der Pastoralbriefe im Klaren wäre, so möchte man schon für die s. g. apostolische Zeit ganz bestimmte ständige Aemter in den einzelnen Gemeinden annehmen; leider ist man darüber nicht im Klaren, ja der zweite Brief an den Timotheus, wo sich das weit Meiste in dieser Richtung findet, wird gerade deshalb häufig als unecht ange-

*) Bunsen, d. Verfassung der Kirche der Zukunft, Hamburg 1845, an verschiedenen Stellen; Puchta, Einleitung in das Recht der Kirche, Leipzig 1840, bes. S. 43 ff.

nommen, weil die Einrichtungen der Gemeinden, die sich darin abspiegelten oder vorgeschrieben wurden, nicht sowohl an die Einfachheit der früheren Zeit, als an die künstliche Gliederung und die Fortschritte des jüngern Geschlechts erinnerten; es wäre denn dieser Brief etwa das erste Stück in der langen Reihe untergeschobener kirchenrechtlicher Denkmäler *). In den anerkannt echten Briefen des Paulus, namentlich in denen an die Römer und Galater, findet sich, so sehr auch Veranlassung dazu dagewesen wäre, über den Organismus der Aemter nichts. Allerdings könnte man auch auf der anderen Seite sagen, daß die Zustände des zweiten Jahrhunderts, wo die Briefe dann wirklich entstanden sein sollen, dem kirchenrechtlichen Inhalte derselben wiederum nicht ganz entsprechen. Wie dem aber auch sei, jedenfalls bildete sich ziemlich früh ein eigenes ständiges Amt, auf welches einige von den Befugnissen übertragen wurden, die bis dahin der Gemeinde als Gesammtheit zugestanden hatten, denn man fand bald, daß diese nur so auf zweckentsprechende Weise besorgt werden würden. Es ist nun zunächst für die ganze weitere Entwicklung von der größten Bedeutung, sich völlig klar zu machen, daß demgemäß das besondere kirchliche Amt nicht auf göttlicher Einsetzung beruht, sondern daß es hervorgegangen ist aus der selbstständigen Rechtsbildung der Gemeinden, die das Ursprüngliche waren, so daß es also ganz falsch ist, das allgemeine Priesterthum und das Amt als zwei gleich berechtigte Größen neben einander zu stellen, es ist vielmehr das allgemeine Priesterthum das prius und das besondere Amt das posterius; das Amt ist erst hervorgegangen aus dem allgemeinen Priesterthum, Product desselben **).

*) Baur, das Christenthum und die christliche Kirche der drei ersten Jahrh. S. 263. Man sehe aber auch Reuß, die Geschichte der heiligen Schriften des neuen Testaments, 3. Ausg. Braunschweig 1860, S. 110 ff., der doch nur sehr bedingt für die Echtheit eintritt, und nur meint, bei näherer Betrachtung verlören die Gründe der Kritik ein gut Theil ihrer Schärfe, und die Anklänge an Paulinische Art hielten noch immer den Einwürfen die Wage.

**) Bickell a. a. O. Lief. 2. S. 68 meint sogar, es sei die göttliche Anordnung des Amts der Bildung der Gemeinde vorangegangen. Kein Wunder, wenn die Katholiken sich gern auf Bickell berufen, und Walter ganze Seiten von ihm abdrucken läßt. In beklagenswerther Unklarheit über diesen Cardinalpunkt befin-

Das kirchliche Amt tritt nun aber während der Zeit, daß die ganze Verfassung in der Einzelgemeinde beschlossen war, successiv in einer doppelten Gestalt zu Tage.

Es hatte nämlich zunächst einen körperschaftlichen Charakter; es lag bei den Aeltesten oder wie sie auch genannt werden, den Aufsehern, einem Ausschusse aus der Gemeinde, von ihr gewählt, in unbestimmter Zahl, bald lebenslänglich. Darüber, daß wirklich eine völlige Identität besteht zwischen ἐπίσκοποι und πρεσβύτεροι, und daß überall, wo in der heiligen Schrift ein ἐπίσκοπος erwähnt wird, dies einer von den Aeltesten sei, darüber kein Wort, es wird heutzutage allgemein anerkannt. Aelteste hießen sie mehr bei den Judenchristen in alter Reminiscenz, Bischöfe mehr bei den Heidenchristen*). Sie hatten nun einen hervorragenden Antheil sowohl an der innern wie an der äußern Kirchengewalt; an der innern wiederum sowohl nach der Seite des Cultus, indem sie vorzugsweise die Sacramente spendeten, wie nach der Seite der Lehre, indem sie vorzugsweise die Predigt hielten; die äußere Kirchengewalt wurde von ihnen wahrgenommen theils in der Anwendung des Bestehenden, indem die gewöhnliche Verwaltung ihnen oblag, theils in der Feststellung neuer Normen. Aber in keiner Weise hatten sie ausschließlich weder das ministerium und magisterium, noch die jurisdictio; jeder Andere konnte an sich ebenso gut predigen und das Abendmahl austheilen; und was ihre Stellung zum Rechtsleben betrifft, so mag da die Analogie der germanischen principes, die bei den Angelsachsen geradezu ealdorman hießen, angeführt werden; sie besorgen die minder wichtigen Sachen allein, die wichtigern jedoch erledigen sie blos unter Zustimmung der Gesammtheit, in der Weise jedoch, daß ihnen die Vorbereitung obliegt**).

---

det sich sogar Höfling in seinem übrigens ausgezeichneten Buche: Grundsätze evangelisch-lutherischer Kirchenverfassung, 3. Aufl. Erlangen 1852. Mit den symbolischen Büchern kommt man dabei nicht aus.

*) Es wird das auch z. B. von Walter anerkannt, Kirchenrecht S. 15; bis zum Tode der Apostel hat es eben nach katholischer Ansicht noch gar keine eigene Bischöfe gegeben, sie sind gerade die Nachfolger derselben.

**) Tac. German. c. 11. de minoribus rebus principes consultant, de maioribus omnes, ita tamen ut ea quoque, quorum penes plebem arbitrium est, apud principes pertractentur.

Ein sehr einleuchtendes Beispiel bietet uns in dieser Beziehung ein Vorgang, der in Apostelgeschichte erzählt wird, wobei es sich um einen der wichtigsten Acte in der Rechtsbildung der ältesten Zeit handelt, um die Einsetzung des Diaconats; die Apostel gehen dabei mit ihrer Berathung und Entschließung voran, es wird dann aber die Zustimmung der ganzen Gemeinde eingeholt. Wenn dergleichen nun selbst noch dem einer spätern Zeit angehörigen, vielfach pragmatisirenden Verfasser der Apostelgeschichte nothwendig schien, um wie viel mehr mußte es während des ersten Jahrhunderts wirklich nothwendig gewesen sein. Die besondere Stellung, die in jener Erzählung den Aposteln gegeben wird, hängt eben mit der ganzen Tendenz der Apostelgeschichte zusammen, wenn man nicht etwa die Apostel als das Presbyterium der jerusalemitischen Kirche fassen soll.

Allmälig nahm aber das Amt einen persönlichen Charakter an, die Kirchenverfassung wurde aus einer republicanischen zu einer monarchischen, der Presbyterialismus entwickelte sich zum Episcopalismus; es erhob sich über den andern Aeltesten als Organ der allgemeinen Leitung ein Oberältester, und dieser erhielt von jetzt an vorzugsweise den Namen Bischof. Wir haben es in dieser Darstellung überhaupt nicht mit detaillirter Zeitbestimmung zu thun, die Entwicklung, die wir geben, ist mehr eine innere als eine äußere, es genügt, daß sie stattfand; was aber insbesondere die Entstehung des Episcopats betrifft, so muß noch vorzugsweise darauf hingewiesen werden, daß es in jeder Hinsicht völlig gleichgültig ist, ob derselbe an die apostolische Zeit heranreicht oder nicht; wenigstens trägt die Beantwortung dieser Frage nicht das Geringste aus weder nach der einen noch nach der andern Seite für die göttliche Natur des Episcopats; denn wenn man einmal in der Nothwendigkeit sich befindet, dieselbe als Glaubenssatz annehmen zu müssen, so hat man die Gewißheit von anderswoher, und alle geschichtlichen Zeugnisse können nur eine sehr untergeordnete Bedeutung haben, dagegen wenn man im Verfolg sonstiger Grundsätze die Existenz eines jeden göttlichen Rechts principiell leugnen muß, so trägt es wieder gar nichts aus, ob sich die Apostel für ein bestimmtes Rechtsinstitut interessirt haben oder ob nicht. Indessen so wichtig überhaupt historische Thatsachen sind, so wichtig ist doch auch diese, und so möchten wir uns vom rein historischen Standpunkte aus gegen die bekannte Ansicht von Rothe erklären, wonach der Episcopat seit der Zerstörung Jerusalems im Jahre 70 sich gebildet hätte, wir möchten vielmehr auf Seite derjenigen treten, welche annehmen, daß diese Verfassungsveränderung erst im zweiten Jahrhundert von Kleinasien aus allmälig über das ganze Gebiet der Kirche sich ausgebreitet habe, so daß eine Zeitlang, wie in Deutschland die alte Volksverfassung und das Königthum, die presbyteriale und episcopale Kirchenverfassung in den verschiedenen Gegenden neben einander bestanden und daß es vielleicht noch ziemlich spät in einzelnen Gemeinden presbyteriale Einrichtungen gegeben hat, wenn wir es auch allerdings ganz dahingestellt sein lassen, ob die Vermuthungen Bunsen's hinsichtlich Alexandriens richtig sind. Wie dem nun aber auch sei, jedenfalls sind die Bischöfe nicht die Nachfolger der Apostel, denn die hatten selbst keine Macht, sondern die Nachfolger der Presbyter, aus denen sie sich entwickelt haben. In keiner Weise hörte die Selbstregierung der Einzelgemeinden dadurch auf, denn auf der einen Seite war das Bischofthum ganz ebenso ein örtliches Gemeindeamt, wie das der Aeltesten, auf der andern Seite wurde aber nicht alle selbstständige Macht in den Einzelgemeinden durch sie zerstört, sondern es blieb anfangs dem Alles überragenden Amte des Bischofs auch das Institut des Gemeindekirchenraths in Wirksamkeit, und es mußte nach wie vor in wichtigen Dingen, namentlich bei der Rechtsbildung, die Zustimmung der ganzen Gemeinde eingeholt werden. Es ist möglich, daß es sich damals in dieser Beziehung ähnlich verhielt, wie in der germanischen constitutionellen Monarchie, wo gleichfalls neben der Volksgewalt ein Collegium und ein Individuum als Träger erschienen, indem dem Letzteren jedenfalls ein Veto zustand; die wichtigen Sachen mögen alle, wie durch die Reichsversammlung, so durch das Presbyterium gegangen sein *).

Es bereitet sich dann aber schon auf dem Boden der Einzelgemeinde eine ganz andere Verfassungsbildung vor, wenigstens neh-

*) Bunsen, Hippolytus, Bd. I. S. 224 ff.

men wir die Anfänge davon schon jetzt wahr. Soweit nämlich auch bisher die Macht der Einzelnen eingeschränkt war durch das Presbyterium und den Bischof, so war doch noch immer die Gesammtheit der Ausfluß aller sonstigen kirchlichen Gewalt; das Princip des allgemeinen Priesterthums war noch immer in Geltung, wenn auch thatsächlich vielfach eingeschränkt. Es hängt nun im tiefsten Grunde mit dogmatischen Nothwendigkeiten zusammen, mit einer Wendung, durch welche die wesentlichsten Punkte der Lehre eine andere Gestalt erhielten, wenn jetzt als Subject der Kirchengewalt nicht mehr die Gesammtheit der Gläubigen, sondern ein kleinerer Kreis von besonders dazu Befähigten erscheint. Das allgemeine Priesterthum der Gläubigen, welches in der ersten Zeit, als die Zahl der Bekenner noch klein und der Aufschwung des religiösen Lebens noch groß gewesen war, in voller Geltung bestanden hatte, ging im Laufe der Entwicklung immer mehr verloren. Besonders deshalb, weil die Anforderungen, welche dadurch an jeden Einzelnen gestellt werden, so groß wie möglich sind, es wird dabei die vollste Uebereinstimmung mit sich selbst in jedem Augenblicke erfordert. Kein Wunder also, daß, zumal in den verderbten Zuständen der untergehenden römischen Welt, man nicht im Stande war, das höhere Lebensprincip festzuhalten, daß man vielmehr in die alte Glaubensansicht zurückfiel, wonach die Erlangung des Heils nicht aus eigener Thätigkeit durch jeden Einzelnen angestrebt werden müsse, sondern wonach dasselbe durch äußere Momente von anders woher vermittelt werden könne. An die Stelle der sittlichen Selbstverwaltung, der Hingebung an das erlösende Princip, an Christus, an Stelle des Glaubens trat nun der Glaube im Wortverstande, das Fürwahrhalten einer bestimmten Summe von Mythen und Dogmen, und es wurde außerdem einer Reihe von äußerlichen Handlungen eine innere mystische Bedeutung für die ewige Seligkeit beigelegt; man kam schon damals dahin, wie es Gervinus einmal ausdrückt, daß man in einer Speise, einem Wasserbad und einem Salböl die Zaubermittel sah, die zur Tugend heiligen sollten. Ein Umschwung der Dinge, der sich damals vollzog, als aus der Union von Paulinismus und Judenchristenthum jene vermittelnde Richtung entstand, auf der die dogmatische Entwicklung aller Folgezeit beruht, als der Name des größten der Apostel allerwärts unterdrückt wurde, zum Zeichen dafür, daß das gemeinsame Dritte, über welches man sich vereinigt hatte, viel weniger paulinisch war, als petrinisch. Wenn man aber die christliche Freiheit im Princip aufgab, so konnte man auch die Consequenzen derselben nicht halten, auch nicht hinsichtlich der Verfassung. Indem nämlich der Glaube in jenem äußern Sinne eine Voraussetzung für den Erwerb des Heils ward, so mußte es nun auch äußere Organe geben, die mit der unfehlbaren Fähigkeit ausgestattet waren, den wirklichen Inhalt dieses Glaubens aus den Quellen der göttlichen Offenbarung zu eruiren; und indem die Sacramente in einer bestimmten äußern Form eine solche Bedeutung gewannen, so mußte es gleichfalls Organe geben, denen eine unzweifelhafte Befähigung darüber zu Theil geworden war, dieselben so zu spenden, wie es Gott zur Erlangung des Heils verlangt hatte. Es vollzog sich auf diese Weise die große Trennung der Kirche in ein collegium inaequale, in Clerus und Laien, in eine ecclesia docens oder regnans auf der einen, in eine ecclesia audiens oder obediens auf der andern Seite. Es war hinfort nicht mehr ein Jeder sein eigener Priester, der sich der Gottheit unmittelbar nahen durfte, sondern es war ein besonderes Priesterthum entstanden, welches zwischen den Einzelnen und sein Heil trat, das Heil für ihn vermittelte. Indem es somit ein allgemeines Priesterthum nicht mehr gab, konnte ein solches auch nicht gut mehr Subject der Kirchengewalt, oberster Träger der Rechtsbildung sein; die Laien wurden, wie es ihrer Stellung angemessen war, zurückgedrängt von jeder activen Theilnahme an irgend welcher Seite der Kirchengewalt, sie wurden hinfort nicht mehr Subjecte, sondern nur noch Objecte kirchlicher Thätigkeit, sie sanken herab zu einem grex pastori adunatus. Nicht blos die innere Kirchengewalt wird zu einer ausschließlichen Function des Clerus, der ordo, sowohl das magisterium als auch das ministerium, sondern auch die äußere, die jurisdictio, und diese sowohl nach der Seite der Verwaltung als der Rechtsbildung. Es ist eine allmälige Entwicklung gewesen, in der Schritt vor Schritt ein Recht nach dem andern zur ausschließlichen Besorgung des Clerus gelangte, und wie es immer zu geschehen pflegt, wenn neue Rechtszustände an die Stelle früherer von ganz anderer Beschaffenheit treten, es erhielten sich auch hier, nachdem schon längst das entgegengesetzte Princip die Kirchenverfassung beherrschte, noch lange Zeit einzelne Momente, in denen Ueberbleibsel jener andern Ordnung der Dinge zu erkennen sind, die aber jetzt blos als inconsequente Anachronismen erscheinen; ich brauche nur hinzuweisen auf die Betheiligung der Laien bei der Wahl der Geistlichen, namentlich bei den Bischofswahlen, eine Betheiligung, die freilich von Jahrhundert zu Jahrhundert in immer abgeschwächterer Gestalt sich zeigte; aber auch für die Rechtsbildung ist Aehnliches zu behaupten, wie denn noch Cyprian im dritten Jahrhundert erklärt, er habe bei Beginn seiner bischöflichen Regierung beschlossen, nichts Neues ohne den Rath der Presbyter und Diaconen, und ohne die Einwilligung der Gemeinde vorzunehmen.

Das neue Verfassungsprincip führte aber naturgemäß, und zwar immer noch auf dem Boden der Einzelgemeinde, zu einer weitern Entwicklung, indem sich allmälig der Bischof immer mehr von den gewöhnlichen Priestern abhebt und in eine besondere rechtliche Stellung ihnen gegenüber gelangt. Es erfolgt ein weiterer Uebergang von der constitutionellen Monarchie zur absoluten, indem nach dem Wegfall des volksthümlichen Elements auch die aristokratischen Elemente, welche die einseitige Ausübung der ganzen Kirchengewalt von Seite des Bischofs verhindert hatten, wegfielen. Doch hat darauf, und auch zum Theil schon auf das Frühere ein anderes Moment eingewirkt, indem mit der Zeit größere kirchliche Kreise hervorgetreten sind, und dadurch neue Gährungsstoffe den bisherigen Zuständen zugeführt werden. Wir müssen hier vorläufig abbrechen, um nachher hier wieder anzuknüpfen, wir wollten nur die Geschichte der Kirchenverfassung, soweit sie irgendwie auf dem Boden der Einzelgemeinde vor sich gegangen ist, bis zu ihren letzten Ausläufen im Zusammenhange verfolgen.

Bestimmte Erzeugnisse der Rechtsbildung aus jenen ältesten Zeiten sind nicht auf uns gekommen, und es giebt daher über die Art und Weise, wie die Manifestation derselben vor sich gegangen ist, nur Vermuthungen. Es möchte sich aber in dieser Beziehung als sehr wahrscheinlich herausstellen, daß zunächst sehr viele von den Einrichtungen, die auf den äußern Organismus der Kirche sich bezogen, mehr von selbst entstanden seien, und daß sie zur Geltung kamen, ohne daß ausdrückliche Beschlüsse darüber hätten gefaßt zu werden brauchen, daß also die Rechtsbildung zu einem guten Theil in der unvollkommenen Gestalt der Gewohnheit zu Tage trat; besonders in liturgischen Dingen, in den Formen des Cultus möchte eine gewohnheitsmäßige Rechtsbildung vorwiegen, erwähnt doch schon Paulus einer συνήθεια hinsichtlich des Bedeckens des Hauptes in den gottesdienstlichen Versammlungen. Dagegen beruht es nun wieder auf einer großen Uebertreibung, wenn man in diesen Gewohnheiten sich die ganze Rechtsbildung beschlossen denkt; man wird vielmehr mit einer Bestimmtheit, wie sie in diesen Fragen nur überhaupt möglich ist, behaupten dürfen, daß es schon damals neben den Gewohnheiten förmliche Gesetze gegeben habe; und zwar aus einem doppelten Grunde, einmal weil es hinsichtlich mancher Rechtsnormen gar nicht denkbar ist, daß sie anders entstanden sein sollten als durch förmlichen Beschluß des berechtigten Organs, und sodann, weil es ohne Sinn und Verstand ist, wenn man doch zugeben muß, daß es solche Organe gegeben habe, sie hinsichtlich dieser wichtigsten Seite ihrer Thätigkeit als ganz passiv sich zu denken. Eine andere Frage würde es sein, ob diese Gesetze gleich anfangs in schriftliche Fassung gebracht, oder ob sie blos mündlich zu Stande gekommen seien; ich meinerseits muß das dahingestellt sein lassen, während Bunsen geradezu der Ansicht ist, daß die Gemeindeverordnungen schon früh aufgeschrieben und unter den Urkunden des Presbyteriums verwahrt seien *). Darüber bedarf es natürlich keiner weitern Bemerkung, daß eine Gewohnheit damals überhaupt nur innerhalb einer Einzelgemeinde entstehen konnte, und daß eine auf gewohnheitsmäßiger Grundlage beruhende Gemeinsamkeit der Rechtseinrichtungen über diesen Kreis hinaus blos auf eine materielle nicht aber auf eine formelle Bedeutung Anspruch hatte.

Man muß sich überhaupt die Rechtsbildung, die damals auf

*) Bunsen, Hippolytus, Bd. I. S. 418. 421.

diese Weise vor sich ging, von keiner zu großen Intensität denken, sie bezog sich nur auf Weniges. Es muß in dieser Beziehung vor allen Dingen hervorgehoben werden, daß die zu Grunde liegenden Verhältnisse so einfach wie möglich waren, wie das immer in den Anfängen einer Rechtsentwicklung, zumal der Rechtsentwicklung einer religiösen Gesellschaft der Fall ist, und es dürfte in dieser Hinsicht mit vollem Recht auf die Einfachheit der Zustände in unsern heutigen freien Gemeinden hingewiesen werden. Es kommt sodann in Betracht, daß nach den Grundsätzen des römischen Staatsrechts die christliche Kirche in den ersten drei Jahrhunderten überhaupt keine rechtliche Existenz hatte, daß sie vielmehr blos verbotener Weise als unerlaubte Gesellschaft existirte, daß somit von einer eigentlichen Rechtsbildung gar nicht die Rede sein konnte, daß man sich jedenfalls auf das Nothwendigste einzuschränken suchte. Es muß endlich noch auf einen Umstand in der Religionsansicht der damaligen Christen hingewiesen werden, wodurch gleichfalls eine umfassende Rechtsbildung beeinträchtigt wurde, auf den Glauben an die Parusie, auf die Erwartung an den baldigen Weltuntergang, eine Weltanschauung, die am meisten ausgebildet und zu ihren praktischen Consequenzen, namentlich in sittlicher Beziehung zu einem spiritualistischen Ascetismus gesteigert war bei den Montanisten, die aber auf die ganze damalige Welt ihre Herrschaft ausübte, wodurch man natürlich abgehalten wurde, auf eine so indifferente Sache wie das Kirchenrecht eine große Sorgfalt zu verwenden *).

Als ganz natürlich möchte es sich endlich herausstellen, daß trotz des großen Particularismus der Rechtsbildung in formeller Beziehung, doch in materieller von Anfang an eine so bedeutende Uebereinstimmung sich fand; es kommt nämlich zur Erklärung dieser Thatsache in erster Reihe in Betracht die Gemeinsamkeit der religiösen Grundlage, auf der ja alle Einzelgemeinden sammt und sonders beruhten, und aus der Manches wie von selbst sich ergab; es ist dann aber außerdem noch aufmerksam zu machen auf den mannigfachen

*) Sehr eigenthümlich spricht sich über den Umfang der Rechtsbildung in dieser Zeit aus Thiersch, a. a. O. S. 150 ff.; es läßt sich gegen dergleichen nicht gut polemisiren.

Verkehr, der schon in den ältesten Zeiten unter den einzelnen Christengemeinden herrschte, und der namentlich in dem Verhältnisse von Mutter- und Tochtergemeinde von jeher ein besonders inniger war, der auch ganz besonders durch die Apostel vermittelt wurde. Es ist demgemäß ganz überflüssig, eine Nachahmung jüdischer oder heidnischer Einrichtungen in der ältesten Kirchenverfassung vorauszusetzen; eine solche Annahme ist aber aus einem doppelten Grunde sogar positiv zurückzuweisen; denn einmal ist ein solcher Entwicklungsgang geschichtlich nicht nachzuweisen, dann aber sind außerdem die christlichen Einrichtungen, hinsichtlich deren man so etwas behauptet, jenen jüdischen und heidnischen zwar in gewisser Weise ähnlich, aber doch nur so, wie zuletzt Alles in der Welt in einem gewissen Parallelismus sich befindet; es giebt nichts Unglücklicheres und Unfruchtbareres als solche geschichtliche Parallelen, namentlich wenn sie sich zur Vergleichung ganzer Rechtssysteme versteigen *). Es müßte natürlich auf das Entschiedenste zurückgewiesen werden, wenn aus jener unleugbaren materiellen Uebereinstimmung schon des ältesten Kirchenrechts auch eine Gemeinsamkeit in formeller Beziehung, hinsichtlich des Trägers der Kirchengewalt, des Organs der Rechtsbildung gefolgert werden sollte; das wäre geschichtslose Construction.

2) Die Provinzen.

Zweihundert Jahre etwa war der kirchliche Verfassungsorganismus auf lauter unabhängig neben einander stehende Einzelgemeinden beschränkt gewesen, als eine weitere Entwicklung dahin erfolgte, daß der Independentismus der Einzelgemeinden aufhörte, und indem sie aus ihrer bisherigen Isolirung heraustraten, die äußere Organisation auf einen größern Kreis von Gläubigen über das unmittelbare örtliche Zusammenleben hinaus sich erstreckte. Ueber mehreren Einzelgemeinden erhebt sich damals die höhere Einheit einer Gesammtgemeinde. Eine Verfassungsänderung, die mit reißender Schnelligkeit über den ganzen Umfang der christlichen Welt, der damals zusammenfiel mit dem Umfange des römischen Reichs, sich verbreitete, die

*) Befriedigend darüber Bickell, a. a. O. S. 113 ff. 128 ff.

auch noch über diese Grenzen hinaus und nachdem das Reich untergegangen war in drei Erdtheilen zur Geltung kam. Beinahe sechs Jahrhunderte hindurch ist dies dann die Organisation gewesen, auf der die Kirchengewalt wesentlich beruhte, von der auch die Rechtsbildung zum größten Theile ausging; wir finden sie zuerst gegen Ende des zweiten Jahrhunderts in Kleinasien, wo die ganze Einrichtung bei Gelegenheit von Lehrstreitigkeiten aufkam, wir finden sie dann während der folgenden Zeit in lebendiger Uebung in Griechenland, Africa, Spanien und Gallien, und wo überhaupt der kirchliche Organismus in den fränkischen Zuständen maaßgebend auftrat, da geschah es gerade in dieser Formation.

Es war gewiß so natürlich wie möglich, daß die Centripetalkraft das Princip der kirchlichen Verfassungsbildung wurde, denn das Streben nach Einheit, wie es in jeden Organismus hinein gelegt ist, mußte bei der gemeinsamen Glaubensgrundlage besonders lebendig sein. Indem man also eine genügende Erklärung für solche größere Concentrationen des kirchlichen Lebens in den innern Verhältnissen der Kirche selbst hat, so wird es nicht zulässig sein, eine solche noch in äußern Momenten zu suchen, und Verhältnisse zur Erklärung herbeizuziehen, die mit den Entwicklungen des kirchlichen Verfassungslebens doch nur in sehr entferntem Zusammenhange stehen. Wie man nämlich für die Organisation der Einzelgemeinde auf römische und jüdische Gemeindeeinrichtungen verweist, so sollen für die Entstehung der kirchlichen Provinzen vorbildlich gewesen sein die Bünde, die schon früh in Griechenland und Phönizien unter den durch politische und religiöse Gemeinschaft mit einander verbundenen Bewohnern mehrerer Orte bestanden hatten, wie der ionische, dorische, achäische, der Amphictyonenbund. Aber solche Aehnlichkeiten finden sich doch überall, und man könnte dann ebenso gut die Stammesversammlungen der Gesammtheit der suevischen Völkerschaften bei den Semnonen zur Vergleichung herbeiziehen. Es scheint dabei wiederum eine große Verwechselung des post hoc und propter hoc stattzufinden; höchstens in ganz unbedeutenden Aeußerlichkeiten, wie z. B. hinsichtlich des Namens, möchte ein Einfluß nachzuweisen sein *).

*) Bickell, a. a. O. II. S. 159 ff.

Es ist aber im höchsten Grade charakteristisch, daß die höhern kirchlichen Einheiten, die sich nun bildeten, eng zusammenhingen mit den politischen Einrichtungen des Staats; sie entsprachen schon zu einer Zeit, als der römische Staat der christlichen Kirche noch feindlich gegenüber stand, als den Verfolgungen gegenüber die Ausbildung der kirchlichen Provinzialverfassung eine Zeitlang ernstlich gehemmt wurde, genau den Provinzen des römischen Reichs; ein ewiges Wahrzeichen dafür, daß die Kirche nicht so selbstständig von staatlichen Einflüssen sich gebildet hat, wie die moderne Abstraction glaubt; man ging kirchlicherseits möglichst in die vorhandenen Formationen der staatlichen Verfassung ein; die Bewohner derselben Provinz betrachteten sich auch in kirchlicher Beziehung als ein Ganzes.

Solche Provinzen, die nun in staatlicher Hinsicht nur Unterabtheilungen eines größern Organismus waren, bildeten in kirchlicher Beziehung höchste Einheiten, über denen es nichts äußerlich Gemeinsames mehr gab, die vielmehr wie früher die Einzelgemeinden in völliger Isolirung nebeneinander bestanden, ohne jede weitere rechtliche Beziehung. Jeder derartige Kreis hatte seine eigene Rechtsbildung unabhängig von der in jedem andern Kreise; eine formelle Gemeinsamkeit bestand nur für jede Provinz, darüber hinaus mochte es ein materiell gemeines Recht in einem ziemlich großen Umfange geben, es war das rein zufällig, und in der That waren auch die Verschiedenheiten ziemlich groß. Namentlich in Africa bildete sich auf diese Weise ein Kirchenrecht, welches von den meisten andern Provinzen auf wesentlichen Punkten abwich; und es ist ganz charakteristisch, daß gerade von Seiten der africanischen Kirchenväter die lebhaftesten Aeußerungen über die particuläre Verschiedenheit des Kirchenrechts ausgegangen sind.

Es fragt sich, von welchen Organen die den Provinzen zustehende höchste Kirchengewalt geübt wurde, welche als die Träger dieser obersten kirchlichen Rechtsbildung zu betrachten sind. Je mehr eine äußere Erweiterung hinsichtlich der Kirchengewalt stattgefunden hat, um so mehr ist die Zahl derjenigen, die daran unmittelbaren Antheil haben, kleiner geworden; es hängt das zum Theil eben mit den Bedürfnissen des geschäftlichen Verkehrs zusammen, und es finden sich daher auch in politischen Verhältnissen dafür Analogien; es geht dann aber daneben auch die dogmatische Entwicklung, die wir bereits auf dem Boden der Einzelgemeinde kennen gelernt haben, zu immer schrofferer Sonderung fort. Es haben demgemäß an der Kirchengewalt in den Provinzen die Laien so gut wie gar nicht theilgenommen *); aber selbst die Priester kamen hier nur wenig in Betracht, die ganze Machtfülle lag von Anfang an, und später immer entschiedener allein bei den Bischöfen.

Im Einzelnen bietet nun die Organisation der Kirchengewalt in den Provinzen über den Gemeinden eine Analogie dar zu der Organisation der Kirchengewalt in den Gemeinden; es lag nämlich auch hier die Gewalt bei einer Körperschaft, aus der heraus sich ein monarchisches Element entwickelte. Indeß muß man sich doch sehr hüten, den Parallelismus nicht zu weit auszudehnen, denn die Unterschiede sind gleichfalls sehr groß. Namentlich ist die persönliche Spitze der Kirchenregierung in diesem größern Kreise lange nicht zu der Bedeutung gelangt, wie in jenem kleinern. Als Organ des Kirchenregiments erscheint hier wesentlich die Vereinigung der einzelnen Bischöfe, die Synode; auf dieser Provinzialsynode wurden die wesentlichen Beschlüsse gefaßt; fast Alles, was auf Verwaltung und Rechtsbildung sich bezog und überhaupt zur Competenz der Provinzialgewalt gehörte, wurde hier erledigt; die Beschlüsse erfolgten dabei wiederum in allen auf das Rechtsleben bezüglichen Fragen nach Mehrheit der Stimmen; es mögen ziemlich zahlreiche Versammlungen gewesen sein, welche auf diese Weise gebildet wurden, nicht blos die Bischöfe der Städte, sondern auch die aus den Dörfern, die Landbischöfe gehörten anfangs dazu. Es erhob sich nun allerdings über den übrigen Bischöfen der Bischof der Provinzialhauptstadt nicht blos mit einem Ehrenvorzuge, sondern mit ganz bestimmten Vorrechten, als Supplement tritt zur Synodalverfassung hinzu die Metropolitangewalt; indessen es beschränkten sich doch seine Vorrechte mehr auf eine formelle Geschäftsleitung, auf ein Präsidialrecht, indem er die Synode berief, sie leitete, und bei der Ordination, auch wohl sonst in der Verwaltung hervorragte; dagegen fand dergleichen hinsichtlich

*) Eichhorn, Grundsätze des Kirchenrechts, Bd. I. S. 22 ff.

der Rechtsbildung keineswegs statt, und es fehlt demgemäß viel, daß die Bischöfe ihm gegenüber in eine Stellung herabgedrückt seien, wie gegenüber den Bischöfen die Cleriker, namentlich findet sich keine Spur davon, daß die Bischöfe auf der Synode, wie die Cleriker im Presbyterium, eine blos berathende Stimme gehabt hätten *).

Wenn aber auch die Provinzialsynoden als die höchsten Organe der Kirchengewalt in damaliger Zeit erscheinen, und namentlich eine Rechtsbildung über diese Kreise hinaus nicht vor sich geht, so sind doch die Kirchenprovinzen weit davon entfernt, alle selbstständige Kirchengewalt absorbiren zu wollen, und es kommen nicht blos für die gewöhnliche Verwaltung, sondern auch als selbstständige Träger einer autonomen Rechtsbildung innerhalb der Provinzen die einzelnen Diöcesen in Betracht. So wenig sich in dieser Beziehung die Grenzen der gegenseitigen Berechtigung im Einzelnen klar festsetzen lassen, so geht doch das Princip, welches dafür maaßgebend gewesen ist, auf das Deutlichste aus der Bestimmung der Synode von Antiochien 341 hervor, wo den Bischöfen eingeschärft wird, nur das stehe einem Jeden unter ihnen zu, was seinen Sprengel betreffe, jeder habe über seinen Sprengel zu gebieten und für alle zu seiner Stadt gehörigen Landschaften zu sorgen, wie er auch die Presbyter und Diaconen ordinire; weiter aber dürfe er Nichts thun ohne den Bischof der Metropole und ohne die übrigen Bischöfe. Mit den Diöcesen war unterdessen eine Veränderung vor sich gegangen. Während nämlich ursprünglich die Begriffe Diöcese und Parochie identisch gewesen waren, so war es im Laufe der Zeit dahin gekommen, daß unter einer und derselben Diöcese mehrere Parochien begriffen wurden. Es war das die natürliche Folge von der Verbreitung des Christenthums auf dem Lande, besonders seitdem dasselbe im römischen Reiche als Staatsreligion recipirt war, indem nun bei der Anlage unzähliger Kirchen in den kleinsten Dorfschaften es nicht wohl thunlich war, diesen allen ein selbstständiges Leben mit einem umfassenden Organismus einzupflanzen. Es kam dann dazu der Trieb nach Consolidation, der es auch allmälig bewirkte, daß schon bestehende selbst-

*) Eine andere Auffassung findet sich bei Baur, Geschichte der christl. Kirche vom vierten bis zum sechsten Jahrh. S. 232 ff.

ständige kirchliche Gemeinschaften aufhörten zu existiren, namentlich da, wo den Stadtbischöfen immer schon ein größeres Ansehn gegenüber den Bischöfen auf dem Lande, den Chorbischöfen, zugekommen war *). Indessen diese Verfassungsveränderung war doch ohne jeden Einfluß auf die Vertheilung der Kirchengewalt geblieben, und namentlich die Grundsätze über die Rechtsbildung waren auf keine Weise dadurch alterirt; es entstanden dadurch nicht etwa kleinere Kreise mit selbstständigen Befugnissen, sondern diese Parochien waren von Anfang an ohne eigenes Leben, die Fülle der Gewalt blieb im Mittelpunkt dieser Kreise vereinigt, und wie sich die Verhältnisse einmal entwickelt hatten, so lag hier fast Alles allein in der Hand des Bischofs; eine Gemeinde mit einer selbstständigen Rechtssphäre, mit Selbstverwaltung und eigener Rechtsbildung hat es schon damals nicht gegeben.

Es handelt sich zuletzt um die Form, in der sich die Rechtsbildung damals manifestirte.

Ohne Zweifel haben mit der Erweiterung der rechtsbildenden Kreise die eigentlichen Gesetze an Zahl und Bedeutung zugenommen, und wenn das meiste Kirchenrecht während dieser Zeit von den Inhabern der Kirchengewalt in den kirchlichen Provinzen ausging, so waren wiederum die meisten unter den Bestimmungen, die hier in Betracht kommen, ausdrücklich auf den Provinzialsynoden festgesetzt; man muß jedenfalls, wenn man nicht in völligen Widersinn hineingerathen will, annehmen, daß es Synodalbeschlüsse solange gegeben habe als Synoden. Man fing aber auch schon immer mehr an, die so entstandenen Gesetze schriftlich abzufassen, ja es sollen bereits im 3ten Jahrhundert Protocolle geführt sein **), die dann in den Archiven verwahrt wurden, und die den späteren Sammlungen als Grundlage gedient haben mögen. Ganz besonders stellte sich schon früh das Be-

*) Planck, I. S. 68 ff. 525 ff. 548 ff. — Die Chorbischöfe, welche im 8ten und 9ten Jahrh. im Frankenreiche auftreten, sind nicht eigentlich die Nachfolger dieser ältern, sondern Nebenbuhler der Bischöfe auf andere Art. Rettberg, a. a. O. Bd. II. S. 607 und Weizsäcker, der Kampf gegen den Chorepiscopat des fränk. Reichs, Tübingen 1859.

**) Planck, I. S. 697 ff.

dürfniß nach einer schriftlichen Abfassung des kirchlichen Gesetzesrechtes heraus auf einem Gebiete, das auch in weltlichen Verhältnissen zuerst Veranlassung zu umfassenden Redactionen gegeben hat; wie nämlich die deutschen Volksrechte ihrem umfassendsten Inhalte nach Strafgesetzbücher sind, so hat auch schon früh das kirchliche Strafrecht in den Beichtbüchern oder Bußordnungen seine Aufzeichnung gefunden, aus denen noch jetzt manche Aufklärung weniger für rechtsgeschichtliche als für culturgeschichtliche Verhältnisse zu entnehmen ist. So lebendig war übrigens schon während dieser Zeit das Bedürfniß nach einer festen auf schriftlichen Gesetzen beruhenden Regelung der kirchenrechtlichen Zustände, daß man sich nicht scheuete, zu Gunsten einer solchen die Namen der Apostel in eine Erdichtung zu verwickeln, und die lange Reihe gefälschter kirchlicher Rechtsdenkmäler mit jenen pseudo-apostolischen Stücken beginnen zu lassen, von denen neben den apostolischen Constitutionen und den canones Apostolorum, die Ordinat. eccl. app. (apostolische Kirchenordnung), die Defin. can. apost. (das canonische Gesetz der Apostel) und der synodus Antiochiae (der s. g. Apostelconvent zu Antiochien) die bekanntesten sind *). Sie sollen alle von den Aposteln ausgegangen sein, was in einigen derselben durch eine überaus drastische Form zur Anschauung gebracht wird, indem wir in eine von den Aposteln gebildete Versammlung eines gesetzgebenden Körpers hineingeführt werden, wo förmliche Debatten stattfinden, als deren Protocoll sich die betreffenden Urkunden darstellen. Es ist das aber um so auffallender, als es wahrscheinlich ist, daß die Erdichtung sich wesentlich nur auf die Form bezieht, daß dagegen materiell nicht viel Neues darin enthalten ist, und die meisten der dort vorgeschriebenen Normen schon sehr alt sind, wenn man auch nicht gerade mit Bunsen darin die örtlichen coutumes der apostolischen Kirche bis zur Johanneischen Zeit darin entdecken will **). Es wäre übrigens möglich, daß neben der zuerst sich darbietenden Tendenz, das Recht der Kirche als Gesetzesrecht an feste Autoritäten

---

*) Man vergleiche darüber Bickell, I. S. 87. Reuß, Gesch. d. heil. Schriften, S. 262 ff. und Bunsen, Hippolytus, Bd. I. S. 418 ff., der aber gerade hier in seinen Hypothesen gewiß vielfach zu weit geht.

**) Bunsen, Hippolytus, I. 443.

zu knüpfen, auch noch die andere bei der Abfassung dieser pseudoapostolischen Literatur mitgewirkt hätte, wonach man auf diese Weise bestrebt gewesen wäre, bevor die Verfassungsbildung wirkliche Organe dafür hervorgetrieben hatte, auf diese Weise ein für die ganze Kirche geltendes Recht herbeizuführen, ohne daß dabei eine bewußte Reflexion zu Grunde gelegen zu haben brauchte. Eine ganz eigenthümliche Bedeutung haben endlich noch die Sammlungen des Gesetzesrechts, welche schon früh im Orient, seit dem 5ten und 6ten Jahrhundert aber auch zahlreich in den verschiedenen Ländern des Occidents, zu Tage treten; anfangs mehr roh, indem blos in chronologischer Reihenfolge die wichtigsten Sätze aneinandergereiht sind, dann aber immer mehr zu einer systematischen Gestalt verarbeitet, wie das schon früh in Africa der Fall gewesen ist. Diese Sammlungen sind entweder gar nicht von irgend welcher kirchenrechtlichen Autorität ausgegangen, indem z. B. beliebige Mönche als die Verfasser derselben erscheinen, oder es haben die ursprünglichen Compilatoren zwar eine solche Autorität gehabt, die Sammlung hat aber nachher über diesen Kreis hinaus Geltung gefunden, wobei eine stillschweigende Reception angenommen werden mag. Jedenfalls haben diese Rechtssammlungen wesentlich beigetragen zur materiellen Gemeinsamkeit des Kirchenrechts. Es tritt dabei jene Eigenthümlichkeit des Mittelalters, von der bereits bei Gelegenheit der staatlichen Rechtsbildung von Deutschland die Rede gewesen ist, von Neuem hervor. Man war so weit entfernt von einer ängstlichen Beobachtung einer naturwüchsigen Entstehung des Rechts, daß man vielmehr bei dem damaligen Mangel an literarischer Production die Rechtsnormen, die es zu einer festen Formulirung gebracht hatten, überall zur Anwendung zu bringen suchte.

Neben dem Gesetze hatte auch jetzt noch die Gewohnheit ein weites Gebiet, welches sie mit ihren Anordnungen erfüllte; sie kommt indeß hauptsächlich nur in Betracht für die Verhältnisse der Diöcese, und es möchte zweifelhaft sein, ob die Rechtsbildung des größern Kreises in dieser Form sich manifestirt hat. Wir treffen übrigens hier auf dem kirchlichen Gebiete wieder ganz auf denselben Sprachgebrauch, den wir bereits im deutschen Mittelalter für die staatliche Rechtsbildung kennen lernten. Der Ausdruck Gewohnheit (consuetudo) ist meist ohne jede Beziehung auf Gewohnheit im specifischen Sinne, bedeutet vielmehr lediglich soviel als Recht, einerlei ob dasselbe in der Form des Gesetzes oder der Gewohnheit zu Tage trete. Es findet sich diese Ausdrucksweise besonders an zahllosen Stellen in den Kirchenvätern, welche zum Theil in's Decret Gratian's aufgenommen worden sind. Es wird in den meisten dieser Stellen hingewiesen auf das Verhältniß des positiven Rechts zu jenen höhern Principien, welche den Inhalt aller Rechtsbildung bestimmen, indem die Forderung ausgesprochen wird, daß das Recht sich in Uebereinstimmung befinden solle mit der ewigen Wahrheit. Besondere Erfordernisse für das Gewohnheitsrecht sind das nicht. Uebrigens hat die consuetudo hier regelmäßig nur die Bedeutung von Recht im Allgemeinen, eine Beziehung auf kirchenrechtliche Verhältnisse im Besonderen tritt nur in den seltensten Fällen hervor.

Es braucht endlich kaum darauf aufmerksam gemacht zu werden, daß es eine kirchliche Rechtsbildung durch die Wissenschaft in keiner Weise giebt. Es dürfte aber passend sein, an dieser Stelle eine solche Annahme zurückzuweisen, weil häufig dergleichen mit Bezug auf die Kirchenväter behauptet worden ist, oder noch häufiger stillschweigend angenommen wird. Eine solche Annahme steht aber im Widerspruch nicht blos mit der principiellen Stellung, welche den Kirchenvätern gebührt, wonach sie gar keine formelle Autorität für das äußere Gebiet haben, wonach sie vielmehr blos im Stande sind, durch gemeinsame Bezeugung der Tradition in den kirchlichen Gewalten die Ueberzeugung von dem Vorhandensein von Dogmen hervorzurufen, sondern es steht das ebenso im Widerspruch mit der Erfahrung aller Zeiten, indem die Entstehung keiner einzigen Rechtsnorm in ihrem letzten Grunde auf eine solche Quelle zurückgeführt wird.

3) Die größern Kreise.

Es hat dann allmälig die kirchliche Verfassungsbildung zu noch umfassenderen Formationen geführt, indem wiederum mehrere Kirchenprovinzen zu einer höheren Einheit hinsichtlich der äußeren Regierungsgewalt zusammengefaßt wurden.

Eine solche Organisation hat zunächst Statt gefunden auf dem

Boden des römischen Reichs; und zwar wiederum in engster Verbindung mit Verfassungsgestaltungen auf dem politischen Gebiete. Die großen kirchlichen Patriarchate entsprachen nämlich durchaus der Eintheilung des Reichs in Präfecturen, wie solche unter Constantin stattgefunden haben. Es sind das Verhältnisse, die, obgleich sie unzählig oft dargestellt sind, dennoch immerfort von gewissen Unklarheiten nicht frei werden, es bleibt in der allmäligen Entstehung dieser Kreise, in dem Verhältnisse derselben unter einander Manches dunkel. Es ist hier aber um so weniger Veranlassung, in das Detail dieser Entwicklung einzugehen, als diese Organismen für die Rechtsbildung nur von sehr untergeordneter Bedeutung sind. Wenn überhaupt ein selbstständiges Leben in ihnen geherrscht hat, so hat sich die desfallsige Thätigkeit doch mehr auf Anwendung des Bestehenden beschränkt, sich namentlich in einer aufsichtübenden Gewalt gezeigt, dagegen zur Aufrichtung neuer Normen ist es nicht gekommen. Es zeigt sich auch dem entsprechend in diesen Kreisen nur eine sehr unvollkommene Ausbildung kirchenrechtlicher Organe, es beschränkt sich Alles auf eine monarchische Gewalt von unbestimmten Befugnissen; zu einem synodalen Organismus ist es kaum gekommen, wenn auch Justinian einen solchen ausdrücklich in Aussicht genommen hat. In jeder Beziehung erscheint dieser größere Kreis als eine nicht gehörig zur Geltung und Ausbildung gekommene Zwischenstufe, indem ungefähr um dieselbe Zeit für einen noch größern Kreis, für den Umfang des ganzen römischen Reichs eine äußere Organisation sich auszubilden begonnen hatte, welche jener andern kaum noch Raum übrig ließ *).

Es sollte aber doch diese Stufe, die hier gleichsam übersprungen war, noch zu ihrer Bedeutung gelangen; eine selbstständige kirchliche Gewalt über den einzelnen Kirchenprovinzen erhob sich damals, als das römische Reich zerstört wurde und mit ihr die Kirchenverfassung zerfiel, die sich in den Formen desselben gebildet hatte. Die einzelnen Reiche, welche damals entstanden, übten jedes für sich die höchste kirchliche Gewalt aus, das oströmische, das Frankenreich oder dessen

*) Planck, I. S. 598 ff. II. S. 651.

selbstständige Theile, England und Spanien. Auch diesmal fand also die Organisation im Zusammenhange mit den politischen Verhältnissen statt, und zwar ging sie ganz und gar in die Eigenthümlichkeiten derselben ein; während nämlich im Osten das Staatsoberhaupt wesentlich allein regierte und nur in den wichtigsten Dingen die Gesammtheit der Bischöfe zu Rathe zog, so wurde in den germanischen Ländern die höchste Kirchengewalt wie die höchste Staatsgewalt ausgeübt vom Könige in Verbindung mit dem Reichstage, zu welchem bekanntlich nicht blos weltliche, sondern der eigenthümlichen Entwicklung der germanischen Verfassung gemäß auch geistliche Große gehörten. Jedenfalls hatte also das Laienelement auf dieser Stufe des kirchlichen Verfassungslebens, welche damals die höchste war, eine rege Betheiligung. Es sind auf diese Weise, wie schon früher hervorgehoben ist, von den obersten fränkischen Staatsgewalten viele neue Normen in das Kirchenrecht eingeführt; in den Capitularien liegen die Zeugnisse einer umfassenden kirchlichen Rechtsbildung vor.

4) Die katholische Kirche.

Durch eine besondere Gunst der Verhältnisse ist es bereits im vierten Jahrhundert zu einer äußern Organisation der christlichen Gesammtkirche gekommen; es geschah das damals, als das Christenthum aus dem Zustande der Verfolgung zu der Staatsreligion des römischen Reichs erhoben wurde. Indessen leidet die auf dem Boden des römischen Reichs zur Darstellung gekommene Katholicität an einem doppelten Mangel. Einmal ist es damals so wenig wie zu irgend einer andern Zeit gelungen, eine und dieselbe Kirchenverfassung wirklich auf alle Bekenner des Christenthums auszudehnen; die Oecumenicität hatte vielmehr nur insofern eine relative Wahrheit, als die große Mehrzahl der Christen wirklich zum römischen Reiche gehörte. Sodann aber ging dieser Abschluß der kirchlichen Verfassungsbildung nicht wie die bisherige Entwicklung von Innen heraus vor sich, sondern es waren dabei äußere Motive in erster Reihe maaßgebend. Es war freilich auch schon früher vielfach die politische Organisation ein Vorbild für die kirchliche gewesen; jetzt aber ging die Verfassungsbildung geradezu von der politischen Gewalt aus, denn die Kaiser, die durch ihr Machtwort die christliche Religion zur Staatsreligion erhoben hatten, begründeten auch die christliche Kirche.

Das zeigt sich auch in der Art der Organisation.

Denn als der oberste Träger des Kirchenregiments für die Gesammtkirche erscheint zunächst der Kaiser; einer vorurtheilsfreien, durch dogmatische Voraussetzungen nicht gebundenen Geschichtsauffassung werden die damaligen Verhältnisse in keinem andern Lichte erscheinen *). Indessen übt der Kaiser doch in der Kirche nicht in gleicher Weise wie im Staate eine absolute Gewalt aus, er hat vielmehr neben sich mit einem maaßgebenden Antheil an der obersten Kirchengewalt die Gesammtheit der unter römischer Oberherrschaft vereinigten Bischöfe, die Reichssynode, die nur mit demselben Rechte, wie die Kirche zur damaligen Zeit eine katholische, eine öcumenische genannt werden kann: Die Kirche des römischen Reichs wurde damals constitutionell regiert; die Kaiser berufen die Synode, bestätigen ihre Beschlüsse, lassen dieselben ausführen, haben oft sogar in der Versammlung den Vorsitz; die Synode tritt aber nur bei den wichtigsten Dingen zusammen, besonders nur dann, wenn es sich um dogmatische Fragen handelt, die in ihrer immer steigenden Bedeutung ein Hauptmoment gewesen sind, um zu einer äußern Einheit zu gelangen; es war schon wegen der Ausdehnung des Reichs nicht möglich, solche Versammlungen öfter als jedes Jahrhundert ein Paar Mal abzuhalten; selbst dann war nur ein Bruchtheil des Episcopats anwesend; und es zeigte sich immer mehr, daß, je weiter die Kirche an äußerer Ausdehnung zunähme, um so weniger die Synodalverfassung eine adäquate Form des kirchlichen Rechtslebens sein könnte.

Zum ersten Male fand nun auch durch das Zusammenwirken der Kaiser und der öcumenischen Synoden eine für die ganze Kirche formell gültige Rechtsbildung statt. Dieselbe trat indeß nur in einem geringen Umfange zu Tage und zeigte sich viel weniger in einer Aufstellung neuer Rechtssätze, als in einer Bestätigung von Einrichtungen, die bereits längst in materieller Gemeinsamkeit als die

*) Baur, a. a. O. S. 253.

hauptsächlichsten Institute des Kirchenrechts sich ausgebildet hatten. Es ist kaum anzunehmen, daß es damals Gewohnheiten für den ganzen Umfang der Kirche gegeben habe.

Von einer eigenthümlichen Bedeutung des Bischofs von Rom für die Rechtsbildung findet sich während dieser Zeit noch nichts; die hervorragende Stellung desselben tritt damals erst in anderer Weise zu Tage.

Es mußte nämlich schon sehr früh das Bedürfniß nach einer rein geistlichen monarchischen Autorität in der Kirche hervortreten, wie solche in den kleinern Kreisen überall sich gebildet hatte; es mußte sich ein solches Bedürfniß namentlich geltend machen mit Rücksicht auf die Bedeutung, welche das Dogma immer mehr einnahm. Von Anfang an hatte aber der Bischof von Rom die meiste Aussicht zu einer solchen hervorragenden Stellung zu gelangen; denn nicht nur war Rom die Hauptstadt der Welt, und bekam namentlich in der spätern Zeit eine große Bedeutung für die germanischen Völker des Westens, sondern es knüpfte die Sage den Aufenthalt und den Märtyrertod der beiden größten Apostel gerade an diese Stadt, und es kam noch hinzu, daß man hier freier von staatlichen Einflüssen war, als namentlich in Constantinopel. Es gelangte auf diese Weise der Bischof von Rom alsbald zu einer hervorragenden Stellung auf dem Gebiete der innern Kirchengewalt, namentlich nach der Seite der Lehre, er kam mit andern Worten schon früh an die Spitze der hierarchia ordinis. Auch das geschah allerdings erst allmälig; es bezieht sich darauf bereits jene „potentior principalitas", der vielbestrittene Ausdruck des Irenäus aus dem zweiten Jahrhundert*); wir sehn dann, wie in den dogmatischen Streitigkeiten des vierten und fünften Jahrhunderts die römische Kirche nicht die Führung hat, weder in dem arianischen, noch in dem nestorianischen und pelagianischen Streite, wobei wesentlich die Kirchen von Alexandrien und Antiochien den Ausschlag gaben; wie es aber seit Leo I. ihr allerdings gelang, eine Präponderanz in diesen Dingen thatsächlich auszuüben, wie das zuerst bekanntlich im eutychianischen

*) Bickell II. S. 209. Baur. S. 287.

Streite geschehen und nachher nie wieder aufgegeben worden ist. Und zwar sehen wir die Bestrebungen der Päpste in dieser Richtung von den Kaisern auf das Nachdrücklichste unterstützt, wie besonders aus jenem Theodosianischen Rescript hervorgeht, durch welches die allgemeine Annahme des Christenthums befohlen wird, und in welchem es heißt: Cunctos populos, quos clementiae nostrae regit temperamentum, in tali volumus religione versari, quam divinum Petrum Apostolum tradidisse Romanis religio usque nunc ab ipso insuata declarat. Neben dieser innern Kirchengewalt finden sich dann aber bei den Päpsten schon früh die Anfänge zu einer äußern, so daß sie bald auch eine besondere Stellung einnehmen in der hierarchia jurisdictionis. Es gehört dahin jener bekannte Synodalbeschluß, durch welchen den Bischöfen von Rom eine hervorragende richterliche Gewalt beigelegt ist; ein Vorgang, der sich der ersten äußern Vereinigung der Kirche bald genug anschloß; man soll das gewiß nicht unterschätzen, denn es ist immer der Anfang zu einer sehr weitreichenden Entwicklung gewesen, der zudem rein von kirchlichen Organen ausging; es ist aber auf der andern Seite doch auch nicht zu vergessen, daß die Synode von Sardica, welche jenen Beschluß faßte, nur eine particuläre gewesen ist, und daß der Beschluß besonders nur von den occidentalischen Bischöfen gefaßt wurde; aber selbst im Occident standen seiner Verwirklichung große Schwierigkeiten entgegen, und lange hat es gedauert, bis man namentlich in Africa den transmarinen Gerichten sich unterwarf. Weiter aber als bis zu einer hervorragenden Stellung bei der Verwaltung der kirchlichen Angelegenheiten ist die Regierungsgewalt des Papstes damals nicht ausgedehnt worden, und er tritt namentlich in keiner Weise aus dem übrigen Episcopate heraus bei dem Erlaß neuer Normen. Wenn in dieser Beziehung früher Zweifel haben obwalten können, so sind solche nicht mehr berechtigt in einer Zeit, wo nicht blos Pseudo-Isidor, sondern auch Pseudo-Ignatius ihrer frühern Autorität entkleidet sind *),

*) In den drei Briefen, die nach Verwerfung der vier andern jetzt noch als echt angenommen werden, findet sich gar nichts, was die hierarchische Stellung der Päpste befestigen könnte.

und wo außerdem uns in gediegenster Weise ein Einblick eröffnet ist in die urkundliche Thätigkeit, die damals von Rom ausging, soweit die Denkmäler derselben irgendwie der Geschichte erhalten sind, soweit also ein geschichtliches Urtheil möglich ist *). Es ist das eine Thatsache, die namentlich auch nicht in Frage gestellt wird durch das Verhalten einzelner Kaiser zu Gunsten der Bischöfe von Rom, und wenn besonders Valentinian III. darin sehr weit gegangen ist, so halten sich doch alle seine Maaßregeln innerhalb dieser Grenzen, wie namentlich damals, als er in dem Streite Leo's und der Erzbischöfe von Arles und Vienne auf die Seite des erstern trat; und selbst damals, als er den Präfecten und Bischöfen Galliens untersagte, von den bisherigen Gewohnheiten abzuweichen ohne die Billigung des Papstes der heiligen Stadt, schrieb er diesem keine größere als eine blos beaufsichtigende Regierungsgewalt, nicht aber die Befugniß zu einer wahren Rechtsbildung zu.

Es braucht endlich kaum erwähnt zu werden, daß neben der Rechtsbildung, wie solche durch das Zusammenwirken der öcumenischen Concilien und des Kaisers für die ganze Kirche erfolgte, auch noch eine solche für die kleinern Kreise der Provinzen und der einzelnen Bisthümer stattfand, ja daß dieselbe sich auf die weit meisten Gegenstände der kirchlichen Disciplin bezog, während die allgemeinen kirchlichen Rechtsnormen von nur sehr geringem Umfange waren.

Wie nirgends in der Geschichte von Verfassungsbildungen in der Weise eine stetige Entwicklung stattfindet, daß ein und derselbe Grundgedanke ohne irgend eine Unterbrechung zu immer vollendeterer Gestaltung gelangte, wie vielmehr überall die fortschreitende Entwicklung auf Hindernisse stößt, die ihr einen Stillstand oder gar einen Rückschritt gebieten, so ging es auch hier.

Jahrhunderte hindurch war eine centripetale Bewegung das

*) Man vergleiche darüber Jaffé, Regesta pontificum Romanorum etc. Berolini 1851. 4.; die meisten dort aufgeführten Aktenstücke haben nur einen dogmatischen oder moralischen Inhalt, Beschlüsse über Glaubenssätze, die anderswohin mitgetheilt werden; später besonders seit Siricius haben sie auch Maaßregeln gegen einzelne Bischöfe zum Gegenstande; von einer eigentlich rechtsbildenden Thätigkeit findet sich in denselben keine Spur.

Princip der kirchlichen Verfassungsbildung gewesen, und man war in einem wahren Siegeslauf der Entwicklung schon früh zu einem scheinbaren Abschlusse gelangt. Indem nun aber die äußere Organisation, welche der Gesammtkirche damals zu Theil geworden war, im engsten Anschluß an die Organisation des römischen Reichs stattgefunden hatte, so blieb die Kirchenverfassung durchaus nicht unberührt davon, daß im Laufe der Zeit das römische Reich große Theile seines bisherigen Herrschaftsgebietes verlor. Die bisherige Gesammtverfassung der Kirche erhielt sich nämlich nur in denjenigen Gebieten, die auch politisch unter dem römischen Kaiserthum vereinigt blieben; hier wurde die Kirchenregierung ganz in der bisherigen Weise fortgeführt, indem das Kaiserthum und die allgemeine Synode sich in die oberste Gewalt theilten, das Verhältniß des Papstthums fortwährenden Schwankungen unterworfen blieb. Dagegen diejenigen Länder im westlichen Europa, deren Trennung vom römischen Reiche in der Völkerwanderung vor sich ging, wurden damit zu gleicher Zeit losgerissen von der Kirche, indem die neu entstehenden Staaten auch in kirchlicher Beziehung selbstständige Lebenskreise für sich bildeten, und um von einem äußern gemeinsamen Bande, welches alle diese Nationalkirchen, unter denen die des fränkischen und oströmischen Reichs die größten waren, zusammenhielt, keine Spur sich findet.

Indessen ein solcher Organismus bildet sich doch; nach Jahrhunderte langer Pause versucht man zum zweiten Male zu einer allgemeinen Kirche in äußerlicher Darstellung zu gelangen; und zwar zeichnet sich der Aufbau, der damals geschieht, in einer doppelten Hinsicht von jenem frühern aus. Einmal dadurch, daß der äußere Umfang diesmal weitere Dimensionen hatte, denn so wenig auch die Katholicität in der Kirchenverfassung zur vollen Wahrheit wurde, indem es auch damals nicht gelang, die griechische Kirche aus ihrer Isolirtheit herauszureißen, so war doch wenigstens eine kirchliche Einheit der gesammten abendländischen Welt zu Stande gebracht. Außerdem aber geschah das Einigungswerk nicht wie früher durch eine schon constituirte staatliche Gewalt, sondern indem die Kirche mehrere selbstständige Staaten in sich aufnehmen sollte, so ging die Entwicklung ganz rein aus kirchlichen Motiven, und blos mit kirchlichen

Kräften, von Innen heraus vor sich. Es kommt dabei ein zwiefacher Gesichtspunkt vorzugsweise in Betracht. Auf der einen Seite war die Tendenz nach Einheit damals so gut lebendig wie je, nicht blos aus dem ganz natürlichen Grunde, der auf allen Gebieten des Lebens gleichartige Bestrebungen zur Concentration antreibt, sondern es kam noch hinzu, daß die dogmatische Entwicklung, wie sie nun einmal war, mit innerer Nothwendigkeit auf das Ziel einer höchsten Gewalt losging; vielleicht sogar, daß jenes Streben eben damals in den germanischen Völkern überhaupt erst, dann aber um so lebendiger erwachte. Dazu kommt nun, daß im achten und neunten Jahrhundert beim Untergange des Frankenreichs ein völliger Verfall der politischen Gewalten stattfand, die bisher eine Stellung innerhalb der Kirchenverfassung gehabt hatten, indem ihnen die höhere Kirchenregierung über die einzelnen Provinzen zugekommen war. Indem sie nun für eine Zeit lang unwirksam werden, so erhebt sich ein Kampf zwischen den Metropoliten und Bischöfen, wobei die Bischöfe sich über Bedrückung jener höhern Gewalten beklagen, wobei es auch vorgekommen sein kann, daß die staatliche Gewalt in der Verwirrung, in der sie sich selbst befand, hier verwirrend eingriff. Aus diesem Stande der Dinge sind dann die pseudo-isidorischen Decretalen hervorgegangen, eine Schutzwehr für die Bischöfe. Indem aber die Bischöfe gegen ihre nächsten Vorgesetzten auftraten, und indem zugleich die Tendenz der Einheit hervortritt, so kommt man auf diese Weise naturgemäß dahin, dem Papste eine Regierungsgewalt für die ganze Kirche beizulegen, und so wenig man nach dem jetzigen Stande der pseudo-isidorischen Frage die Rücksicht auf die päpstliche Machtstellung als die unmittelbare Tendenz und den Zweck Pseudo-Isidors ansehen darf, so gewiß ist es doch, daß der Erfolg dahin geführt hat *).

*) Auch in diesen Dingen ist man weiter gekommen. Ranke, Geschichte Deutschland's im Zeitalter der Reformation Bd. I. S. 8 läßt es noch unentschieden, ob der Betrug unter Karl dem Großen oder später, im Frankenreich oder in Italien begangen sei; auch nimmt er eine bestimmte Tendenz zu Gunsten des Papstthums an. Man vergleiche jetzt Weizsäcker, die pseudo-isidorische Frage in ihrem gegenwärtigen Stande in v. Sybel's hist. Zeitschrift. Jahrg. II.

Indem nun von dieser Zeit an während der übrigen Jahrhunderte des Mittelalters ein einheitlicher Organismus die Kirche des Abendlandes umschloß, so finden wir doch bei genauerer Betrachtung wiederum, daß hinsichtlich der Art und Weise dieser Einheit eine folgenreiche Entwicklung stattfindet; es treten deutlich genug innerhalb jenes Zeitraums zwei Perioden aus einander, deren jede hinsichtlich des Verhältnisses des Mittelpunkts zu den Theilen einen ganz verschiedenen Charakter aufweist. Und zwar findet in dieser Beziehung allmälig ein Fortschritt von einer losern Vereinigung zu einer engern statt, in der Weise, daß anfangs der Schwerpunkt der Verfassung noch mehr in den einzelnen kirchlichen Kreisen lag, während im Laufe der Zeit immer mehr die Bedeutung der kirchlichen Centralgewalt zunimmt und zuletzt alles selbstständige Leben außer ihr absorbirt. Man sieht, die Kirche hatte sich, seitdem sie selbstständig auf mehrere Staaten sich bezog, ganz von der Nachahmung der staatlichen Verfassungsentwicklung emancipirt, denn diese ging damals in den hervorragendsten jener Staaten, namentlich in Deutschland, den umgekehrten Weg. Ja so sehr hatten sich die Verhältnisse geändert, daß gerade durch die entgegengesetzte Entwicklung, die auf dem staatlichen Gebiete stattfand, die kirchliche Verfassungsbildung in der bezeichneten Richtung gefördert wurde. Es liegen hier eigenthümliche Beziehungen vor; indem im Frankenreiche die politische Einheit der Deutschen verhältnißmäßig schnell zu einer festen Organisation gekommen war, trat sie der kirchlichen Einheit hindernd in den Weg, und indem dann in germanischer Weise der deutsche Staat sich mehr und mehr zersplitterte, so nahm in romanischer Weise die katholische Kirche an innerer Kräftigung zu, indem sie zwar langsam aber ohne eigentliche Rückschritte sich entwickelte.

Die erste jener Perioden, welche für die kirchliche Verfassungsgeschichte in Betracht kommt, reicht vom achten bis zum elften Jahrhundert. Es hatten während dieser Zeit die einzelnen kirchlichen

1860. Heft 1. S. 42 ff. Doch schließen wir uns aus voller Ueberzeugung der Ansicht an, daß manche jener Fragen nicht eher zum Austrag gebracht werden können, bis eine kritische Ausgabe Pseudo-Isidors existirt, die jetzt vielleicht das dringendste Bedürfniß der kirchenrechtlichen Wissenschaft ist.

Kreise noch eine selbstständige Bedeutung, ja es suchten sich über den Kirchenprovinzen noch immer größere Einheiten zu bilden, wenn auch das Streben nach der Erlangung solcher Primatialrechte in den verschiedensten Ländern von keinem großen Erfolge gewesen ist. Es war demgemäß im Mittelpunkte zwar eine höchste Gewalt vorhanden, aber nicht eine solche, welche als die einzige in der ganzen Kirche zu betrachten gewesen wäre, von der alle andere Gewalt ihren Ursprung genommen hätte. Ganz in Uebereinstimmung mit dieser Verfassungsgestaltung ging denn die Rechtsbildung damals noch zum großen Theil in jenen kleinern Kreisen vor sich, wenn auch schon vielfach eine Oberaufsicht der höchsten Gewalt darüber geübt wurde. Provinzialsynoden, die indeß schon bestätigt werden mußten, waren auch nach Pseudo-Isidor die regelmäßige Form der kirchlichen Regierungsgewalt, von ihnen gingen auch noch in weiterm Umfange neue Normen aus. Daneben aber gab es ein von der kirchlichen Centralgewalt ausgehendes formell gemeines Recht für die ganze Kirche, und als dessen Organ zeigte sich schon damals das Papstthum ohne die Mitwirkung der Bischöfe; die Form der Regierung für die Gesammtkirche ist also schon früh eine monarchische gewesen, nicht blos für die Gegenstände der gewöhnlichen Verwaltung, sondern auch für die Rechtsbildung, öcumenische Concilien sind gerade in der Zeit, um die es sich hier handelt, gar nicht zu Stande gekommen, und ein Unterschied von Gesetzen und Verordnungen hat demgemäß nicht bestanden. Von der Nothwendigkeit einer Publication solcher allgemeiner Gesetze in den einzelnen Provinzen ist schon damals keine Rede mehr, ein Beweis, daß man es hier schon nicht mehr mit der Analogie eines völkerrechtlichen, sondern eines staatsrechtlichen Organismus zu thun hat.

In der That findet sich auf dem politischen Gebiete für diesen Verfassungstypus ein völlig entsprechendes Analogon; die Formation ist auf der einen Seite bereits zu einer festern Verbindung gelangt, als ein blos völkerrechtliches Verhältniß sie aufweist, und man würde einen Irrthum begehen, wollte man von einem bloßen Kirchenbunde während dieser Zeit sprechen, denn die Gewalt, die im Mittelpunkte besteht, ist eine selbstständige, über den einzelnen Gewalten stehende, und nicht eine solche, die durch die Summe der Einzelwillen gebildet wird. Auf der andern Seite ist aber die Organisation noch nicht bis zu einem festen Einheitsstaate vorgeschritten, zwar das Stadium des Bundesstaats möchte bereits überwunden sein, dazu ist die Selbstständigkeit der einzelnen kirchlichen Kreise nicht mehr groß genug; dagegen gewährt uns die Kirche in damaliger Zeit allerdings das Bild eines Staats, der im Laufe der Zeit aus den verschiedensten Bestandtheilen erwachsen ist, und es noch nicht dahin gebracht hat, die frühere Selbstständigkeit seiner einzelnen Bestandtheile zu verwischen.

Wie es sich nun mit der rechtsbildenden Gewalt im Großen und Ganzen verhält, so verhält es sich auch mit der Dispensationsgewalt, welche überhaupt erst in jener Zeit eine größere Bedeutung auf dem Gebiete des Kirchenrechts erlangte. Alle Dispensation ist nichts anders, als eine Rechtsbildung für einen einzelnen Fall, eine lex specialis, und die Befugniß eine solche ergehn zu lassen steht regelmäßig demjenigen Organe zu, dem auch der Erlaß oder die Aufhebung der betreffenden Rechtsnorm im Ganzen zustehn würde; es wird also von allgemeinen Kirchengesetzen durch die kirchliche Centralgewalt, von autonomen Rechtsnormen kleinerer Kreise durch die Träger der Rechtsbildung innerhalb jener Kreise dispensirt. Es findet sich aber während dieser Zeit des Uebergangs natürlich genug, daß in Fällen, wo später nur der Papst eine Competenz zur Dispensation gehabt haben würde, noch die Bischöfe eine solche vornahmen, indem die betreffende Rechtsbildung noch nicht als zur Competenz der kirchlichen Centralgewalt gehörig angesehn wurde, sondern die etwa vorhandene Gemeinsamkeit als etwas Zufälliges galt *).

Es beginnt dann seit der Mitte des elften Jahrhunderts jene zweite Periode, in welcher aus denselben Elementen wie früher, aber indem sie in ein ganz anderes Verhältniß zu einander gesetzt werden, eine durchaus neue Kirchenverfassung sich auferbaut. In demselben Augenblicke als der deutsche Staat von der centrifugalen Strömung ergriffen, immer mehr aus einander ging, schloß die Kirche im

---

*) Richter, Kirchenrecht §. 175. bes. Note 5.

Primate sich immer fester zusammen. Und in der That ist diese zwiefache Entwicklung nicht blos gleichzeitig, sondern sie bedingt sich gegenseitig. Es sind zum Theil dieselben Persönlichkeiten, welche auf dem einen Gebiete siegreich sind, auf dem andern unterliegen; ein einleuchtendes Beispiel dafür bietet das Leben des Erzbischofs Adalbert von Bremen, dem es zwar auf dem staatlichen Gebiete gelingt, mit seiner Opposition gegen die Centralgewalt durchzudringen, und in kleinerm Kreise ein selbstständiges politisches Leben zu gründen, dem aber auf kirchlichem Gebiete in ähnlichen Bestrebungen alle Zeitverhältnisse entgegen sind und dem es nicht bestimmt gewesen ist, an die Thätigkeit Anskars anknüpfend im Norden „ein Patriarchat zu errichten, welches dem römischen mit gleicher Macht und mit gleichem Rechte an die Seite treten könne," und einen neuen Mittelpunkt zu begründen, für weite Länderstrecken, welche zum Theil erst damals vom Christenthume erreicht und der Kenntniß der Zeitgenossen erschlossen wurden *).

Die Ordnung der Dinge, die nun damals in der Verfassung der katholischen Kirche sich ausbildete, und die mit dem Kunstausdruck der Schule als Papalsystem bezeichnet wird, begreift wesentlich die folgenden Momente in sich **).

Die Regierungsgewalt, welche im Mittelpunkte der Kirche aufgerichtet ist, ist nicht mehr blos eine höchste Gewalt über den andern wie früher, sondern eine einzige Gewalt, die alle selbstständige Macht in sich concentrirt, von der alle sonstigen Befugnisse ausgehn. Wenn der Papst in der frühern Zeit schon der summus rector ecclesiae gewesen war ***), so wurde jetzt, nachdem „der vom Schicksal bestimmte Mann, der seinen Sinn den Jahrhunderten zum Gesetz machen sollte," mit Hildebrand von Siena den päpstlichen Stuhl bestiegen hatte, die Fülle aller Kirchengewalt, die plenitudo potestatis ecclesiasticae in den Primat gelegt und alle kirchen-

---

*) Ranke, Gesch. d. Päpste S. 25. Wattenbach, Deutschlands Geschichtsquellen im Mittelalter S. 253.

**) Planck II. S. 800 ff. III. 810 ff. IV. 2. S. 614 ff. S. 688 ff.

***) Act. Conc. Rhemens. T. II. p. 1038. Planck IV. 2. S. 614 ff.

regimentlichen Befugnisse die noch daneben bestanden hatten, von den Mächten des Centrums absorbirt. Es erscheint demgemäß der Papst als der episcopus universalis ecclesiae, der an sich die Kirchenregierung an jedem Punkte der Erde hätte ausüben können, und der nur, weil das physisch nicht möglich war, von seiner Allmacht an Andere abgiebt, die aber dadurch nicht Antheil bekommen an dieser Gewalt, sondern die blos Antheil bekommen an seiner Sorge ohne jede selbstständige Gewalt. In dieser Formel wird das Verhältniß der päpstlichen und der übrigen kirchlichen Gewalten häufig genug ausgedrückt, so spricht sich namentlich Innocenz III. aus in c. 5. X. de concess. praeb. III. 3:

„Apostolica sedes retenta sibi plenitudine potestatis, ad implendum laudabilius officium pastorale, multos in partem sollicitudinis evocavit, sic suum dispensans onus et honorem in alios, ut nihil suo iure subtraheret, nec iurisdictionem suam in aliquo minueret."

Ganz ähnlich äußert sich aber auch das zweite öcumenische Concil von Lyon 1274:

„Ad hanc autem sic potestatis plenitudo consistit, quod ecclesias ceteras ad sollicitudinis partem admittit, quarum multas et patriarchales praecipue diversis privilegiis eadem Romana ecclesia honoravit, sua tamen observata praerogativa, tum in generali concilio, tum in aliquibus aliis semper salva."

Und so endlich spricht sich der bedeutendste Theoretiker der damaligen Zeit aus: Thomas von Aquino, wenn er im Liber sententiarum II. 44. qu. 2 sagt:

„Potestas superior et inferior dupliciter possunt se habere: aut ita, quod inferior potestas ex tota oriatur ex superiori, et tunc tota virtus inferioris fundatur supra virtutem superioris, . . et sic se habet potestas Dei ad omnem potestatem creatam, sic se habet potestas imperatoris ad potestatem proconsulis, sic se habet etiam potestas papae ad omnem spiritualem potestatem in ecclesia: quia ab ipso papa gradus dignitatum diversi in ecclesia disponuntur et ordinantur."

Es beruht demnach im Geiste des Papalsystems die ganze katholische Kirchenverfassung auf dem Begriffe der Delegation. Es erscheinen demnach die Bischöfe als die Beamten des Papstes, und es steht außerdem dem Papste in jedem Augenblicke frei, Specialbevollmächtigte in der Person der apostolischen Legaten nach jedem Orte zu senden die nicht die Eigenschaft diplomatischer Agenten haben, sondern denen eine wirkliche Jurisdiction zukommt, die sich selbst mit römischen Proconsuln vergleichen und die ebensogut mit den fränkischen Missi verglichen werden könnten. Das Recht Nuntien zu senden, ist in der That ein prägnanter Ausdruck des Papalsystems; die concurrirende päpstliche Regierungsgewalt, die bei der gewöhnlichen Uebertragung stillschweigend vorbehalten sein soll, zeigt mehr als alles andere die omnipotente Stellung des Papstthums, und es ist ganz natürlich, daß wie das Recht Nuntien zu senden mit der Ausbildung des Papalsystems entstanden ist, eine Opposition gegen dasselbe gerade von einer Opposition gegen die Nuntien ausgegangen ist *).

In der That besteht das Charakteristische des Papalsystems im Verhältniß zu andern Verfassungsgestaltungen in dem Gegensatze von Centralisation und Decentralisation, nicht aber, wie häufig angenommen wird, in dem Gegensatze von monarchischer und republicanischer Kirchenregierung. Die Regierung der Gesammtkirche ist vielmehr, so lange eine solche besteht, stets in wesentlich monarchischen Formen geführt, und wenn das während der ersten Zeit auf dem Boden des römischen Reichs zu Gunsten der allgemeinen Concilien einige Einschränkung leidet, so gilt es doch für die spätere Zeit, wo es wiederum zu einer katholischen Kirche kam, unbedingt. So wenig ist die monarchische Kirchenregierung durch die größere Concentration der kirchlichen Macht im Mittelpunkte erst herbeigeführt worden, daß

*) Interessant ist die Auffassung dieses Verhältnisses in c. 1. Extr. comm. de consuetud. I. 1, von Johann XXII. herrührend; es heißt dort: Super gentes et regna Romanus pontifex a Domino constitutus, quum personaliter singulas regiones circuire non possit, nec circa gregem sibi creditum curam pastoralis sollicitudinis exercere: necesse habet interdum ex debito impositae servitutis, suos ad diversas mundi partes, prout necessitates emerserint, destinare legatos, qui vices ipsius supplendo, errata corrigant, aspera in plana convertant, et commissis sibi populis salutis incrementa ministrent.

eher das Gegentheil wahr wäre, denn wir sehen gerade von dem Augenblicke an, wo das Papalsystem zur Geltung kommt, wiederum allgemeine Concilien thätig werden, die während jener ersten Zeit gar nicht zu Stande gekommen waren; statt also bei der energischen Geltendmachung der kirchlichen Einheit den Absolutismus auszudehnen, wird derselbe eher durch constitutionelle Elemente beschränkt, wie ja auch auf staatlichem Gebiete vielfach ein ähnlicher Entwicklungsgang nachzuweisen sein möchte.

Das Alles nun angewandt auf die Rechtsbildung, so ergeben sich dafür nach dem Papalsystem die folgenden Grundsätze.

Es wird zunächst eine sehr umfassende rechtsbildende Gewalt von der kirchlichen Centralgewalt geübt. Es geht auf diese Weise zunächst eine unmittelbare Rechtsbildung vom Mittelpunkte der Kirche aus, die sich ebensowohl auf die Verhältnisse der Gesammtheit wie einzelner Kreise bezieht. Ein stolzes Bewußtsein von dieser, dem Papstthum zustehenden Befugniß zum Erlaß neuer Normen findet sich in c. 1. constit. VI. 1, 2 ausgesprochen: Licet Romanus Pontifex, qui jura omnia in scrinio pectoris censetur habere etc., eine Decretale, die bekanntlich von demselben Bonifacius VIII. herrührt, der in der Bulle Unam sanctam die Einheit der Kirche so poetisch dargestellt hat *). Und zwar geht diese Rechtsbildung regelmäßig aus von dem Papste allein, ohne daß andere Gewalten dabei mitwirkten, es verhält sich damit wesentlich wie in den letzten Zeiten des römischen Reichs, und es ist ganz charakteristisch, daß die römischen Päpste damals ihren Erlassen ganz dieselben Namen von Rescripten und Decreten gaben, in denen früher die gesetzgebende Gewalt der römischen Kaiser sich manifestirt hatte. In der umfassendsten Weise sind diese gesetzgeberischen Befugnisse von den Päpsten geübt, indem sie nicht blos sich begnügten, zahlreiche einzelne Gesetze zu erlassen, sondern auch eine förmliche Rechtssammlung mit einer für die ganze Kirche verbindlichen Kraft aufstellten. Nur ganz ausnahmsweise haben dann auch die allgemeinen Concilien bei der Rechtsbildung mitgewirkt, wie z. B. das vierte Lateranensische

*) c. 1. de maj. et ob. in Extr. comm. 1, 8.

bei einigen Reformen des Eherechts, namentlich Einführung des Aufgebots, und Beschränkung der ehehindernden Verwandtschaftsgrade. Es tritt diese Mitwirkung aber so zufällig und in so seltenen Fällen hervor, daß es nicht gerechtfertigt ist, daraus einen Unterschied in der Weise wie von Gesetzen und Verordnungen abzuleiten. Es braucht kaum bemerkt zu werden, daß es eine ziemlich große Fiction war, jene Concilien, die sich mühsam aus den römischen Provinzialsynoden gebildet hatten, und die eigentlich nur durch die Zuziehung der nächst wohnenden Bischöfe verstärkt waren, für eine wirkliche Repräsentation des gesammten Episcopats anzusehn. Außer dieser unmittelbaren Rechtsbildung wird dann aber von der obersten Kirchengewalt noch eine sehr umfassende Rechtsbildungshoheit ausgeübt, eine Aufsicht über die Autonomie der kleinern kirchlichen Kreise, die allerdings in beschränkter Weise noch immer fortbesteht; und es mag gleich hier bemerkt werden, daß die weit meisten Stellen in den auf die Rechtsbildung bezüglichen Decretalentiteln einen solchen Inhalt haben, von einer solchen Veranlassung her entnommen sind, päpstliche Erlasse, in denen die autonomen Normen, die von solchen untergeordneten Gewalten ausgegangen sind, einer Controle unterworfen werden, um sie mit den sonst in der Kirche geltenden Rechtsprincipien in Uebereinstimmung zu setzen.

Die kirchlichen Kreise, in denen eine solche autonome Rechtsbildung zu Tage tritt, sind nun in Uebereinstimmung mit ähnlichen Erscheinungen auf dem staatlichen Gebiete theils solche, deren Gesammtheit das ganze geographische Gebiet der Kirche ausfüllt, theils sind es kirchliche Genossenschaften, die neben den sonstigen Verfassungsbildungen bestehn.

Was zunächst jene erstern betrifft, so sind die größern Kreise von der Bedeutung des Patriarchats immer mehr weggefallen, und es kommen daher hier zuvörderst in Betracht die Kirchenprovinzen, in denen sich noch immer ein gutes Stück autonomer Selbstständigkeit erhalten hat, indem die Provinzialsynoden bestrebt sind, auf den Grund allgemeiner Anordnungen der obersten Kirchengewalt Einrichtungen zu treffen, wie sie den besondern Zuständen solcher historisch-kirchlichen Individualitäten entsprechen. Vielfach sind derartige particuläre

Rechtsnormen in dem Rahmen der Decretalenordnung zusammengestellt, woraus sich dann sofort ergiebt, auf welche Weise die allgemeinen Rechtssätze in den einzelnen Provinzen eine Ausführung gefunden haben.

Innerhalb der Kirchenprovinzen haben sodann auch die einzelnen Bisthümer eine selbstständige Rechtsbildung, wenn auch allerdings nur in geringem Umfange, und indem dieselbe allein vom Bischofe ohne nothwendige Zuziehung anderer Organe vor sich geht. Wir haben hier keine Veranlassung auf eine Entwicklung einzugehn, nach welcher es eine Zeitlang den Anschein gewann, als ob innerhalb der Bisthümer in den Archidiaconaten wiederum selbstständige kleinere Kreise entstehn sollten; denn wenn auch die Archidiaconen hinsichtlich der gewöhnlichen Verwaltung gegenüber den Bischöfen eine selbstständige Stellung eingenommen haben, so ist von einer eigentlichen Autonomie derselben nichts zu bemerken. Daß endlich die einzelnen Parochien keine Bedeutung mehr haben in der Hierarchie der Jurisdiction, daß es blos geographische Verwaltungssprengel sind ohne eigenes selbstständiges Leben auf dem Rechtsgebiete, das bedarf hier weiter keiner Ausführung.

Indem wir uns zu den kirchlichen Genossenschaften mit autonomer Rechtsbildung wenden, so sind unter ihnen zwei Klassen zu unterscheiden, nämlich solche, welche nur eine Beziehung zu einem einzelnen solcher kirchlicher Kreise haben, und solche, welche auf die Gesammtkirche sich beziehn. Unter den ersten kommen besonders in Betracht die Capitel *); dieselben bekommen seit dem zwölften Jahrhundert, nachdem vorher ihre Rechtsverhältnisse durch Anordnungen des Bischofs und der Provinzialsynode geordnet waren, die Befugniß, selbstständig in ihren eignen Angelegenheiten Rechtsnormen zu erlassen, und vermöge autonomer Selbstständigkeit Festsetzungen über die Zahl ihrer Mitglieder, die Erfordernisse derselben, die Wahlen, die Vertheilung der Einkünfte, das Carenz und Gnadenjahr zu erlassen. Es war schon früh bestritten, ob eine besondere ausdrückliche Bestätigung derselben durch den Bischof nothwendig wäre **),

*) Planck II. S. 725 ff. IV. 2. S. 570 ff. und Phillips Kirchenrecht Bd. III. S. 668 ff.

**) c. 2. de V. S. in 6to, V. 12. und die Glosse dazu.

jedenfalls aber steht sowohl dem Bischofe als auch in der höhern Instanz dem Papste das Recht zu, in jedem Augenblicke gegen einzelne dieser Bestimmungen, die mit allgemeinen Grundsätzen im Widerspruch zu stehen scheinen, einzuschreiten. Das Alles bezieht sich gleichmäßig auf die Capitel sowohl bei den Kathedral- als bei den Collegiatkirchen; die Kathedralcapitel nehmen dann aber noch eine besondere Stellung zur Rechtsbildung ein, indem sie nicht blos als Corporation innerhalb des Bisthums, sondern auch als Corporation des Bisthums erscheinen, und wie sie zu Lebzeiten des Bischofs denselben bei seinen Verordnungen berathen, so während der Sedisvacanz das Recht haben, in nothwendigen Fällen Gesetze für die Regierung der Diöcese zu erlassen. Es giebt dann neben den Capiteln auch noch andere minder wichtige kirchliche Corporationen, wie Collegien und Societäten aller Art, wie namentlich auch die Universitäten *). Die meisten der auf die Rechtsbildung bezüglichen Stellen des corpus juris beziehn sich gerade auf die Autonomie solcher Kreise, besonders der Capitel.

Es giebt dann auch kirchliche Genossenschaften, welche sich auf die Gesammtkirche beziehn, die Klöster und Orden **). Es sind in der Entwicklungsgeschichte dieser Institute mit Rücksicht auf die Rechtsbildung zwei Perioden zu unterscheiden. Während der ersten Zeit standen die einzelnen Klöster äußerlich unabhängig nebeneinander, durch kein rechtliches Band mit einander verknüpft, nur gebunden an diejenigen Rechtsnormen, welche in der Regel Benedicts sich fanden, sonst aber auf eigene rechtsbildende Thätigkeit verwiesen. Damals war das Verhältniß zu der übrigen hierarchischen Ordnung ein doppeltes; Benedict hatte seine Regel noch ohne jede Bestätigung eines Obern ergehn lassen, die hierarchische Ordnung für die ganze Kirche war in jener Zeit noch nicht zur Ausbildung gekommen; die einzelnen Klöster kamen dann aber überall da, wo es eine

---

*) In Bezug auf die Autonomie der Universität Paris giebt es eine eigene sehr interessante Decretale Innocenz' III. c. II. X. de constit. 1, 4.

**) Planck II. S. 487 ff. III. S. 711 ff. IV. 2. S. 512 ff. und Rettberg I. S. 303 ff. II. 670 ff.

feste Kirchenverfassung schon gab, unter die Gewalt der Bischöfe, namentlich in den Gebieten, die früher zum römischen Reich gehört hatten; anders war es dagegen im eigentlichen Deutschland, wo die Klöster anstatt, wie regelmäßig, jünger zu sein als der Episcopat, die Priorität der Entstehung haben, indem von ihnen als Stätten der Mission die Bekehrung des Landes erst ausgegangen ist, und sie eine wirkliche kirchliche Herrschaft über das Land ausgeübt haben, hier kam es daher erst sehr allmälig zu einer Abhängigkeit der Klöster von Bisthümern, nachdem lange Zeit Reibungen stattgefunden hatten. Und Ausnahmen sind immer noch bestehn geblieben, indem manche Aebte sich nicht blos exemt von der bischöflichen Gewalt hielten, sondern als praelati nullius dioeceseos in einem eigenen Sprengel über ihr Kloster hinaus eine volle bischöfliche Regierungsgewalt gewannen. Eine große Veränderung in der Verfassung des Klosterwesens knüpft sich dann an die im zehnten Jahrhundert stattfindende Reform der Benedictinerregel; damals zuerst schlossen sich nämlich mehrere Klöster zu einer äußern Einheit in einer Congregation zusammen, damals erst indem die einzelnen Klöster aus ihrer rechtlichen Isolirtheit heraustreten, bildeten sich Orden; es ist hier einerlei wie das geschah, theils durch Colonisation von einem Mittelpunkte aus, theils durch Anschließen an einen Mittelpunkt, es bilden sich auf diese Weise damals auf benedictinischer Grundlage namentlich in Frankreich die Orden der Cluniacenser, Cistercienser, Prämonstratenser; und auch diejenigen, die später ganz selbstständig bestehn, wie die Bettelorden und die Jesuiten, traten in dieser Gestalt auf. Es giebt nun aber einen doppelten Typus innerer Organisation für diese zu einer äußerlichen Einheit zusammengefaßten Klöster. Der Organismus der Kirchenregierung innerhalb dieser Kreise ist nämlich entweder der einer strengen Centralisation, indem nur die Gewalt, die sich im Mittelpunkte befand, selbstständig eine Kirchenregierung ausübte; so war es zunächst bei den Cluniacensern, wo das Stammkloster und der Abt des Stammklosters eine solche absolute Gewalt mit Nichtachtung der übrigen Klöster ausübte, und es ist eine zutreffende Aeußerung Ranke's, wenn er sagt *): „Es ist der Bemerkung werth, daß die entschlossensten Päpste dieses Zeitraums, wie Gregor VII. selbst Benedictiner waren. Das allgemeine Bisthum, das sie in Anspruch nehmen, hat eine gewisse Aehnlichkeit mit der Gewalt eines Cluniacenser Abts, der der einzige Abt in seinem Orden war; so wollten diese Päpste die einzigen Bischöfe der gesammten Kirche sein;" in der That, wie die ganze Entwicklung der Kirchengewalt in Bezug auf das Klosterwesen den Mikrokosmus bildet der Entwicklung der Kirchengewalt überhaupt, so ist diese Art der Ordensverfassung das Papalsystem im Kleinen. Es gehören zu diesem Verfassungstypus dann später auch die Orden der Bettelmönche und der Jesuiten, denn in beiden hat die Centralgewalt das überwiegende Ansehn, wenn auch freilich das monarchische Element durch ein aristokratisches in Form eines Generalcapitels beschränkt war. In allen diesen Orden ging auch die Rechtsbildung wesentlich nur vom Mittelpunkte aus, und die Autonomie der einzelnen Klöster bewegte sich in engen Grenzen. Ganz anders verhält es sich dann neben dieser regelmäßigen Ordensverfassung mit der Organisation der Cistercienser, indem hier eine größere Selbstständigkeit der einzelnen Klöster besteht, und in viel geringerm Umfange die Centralgewalt von der Gesammtheit der Aebte auf dem Generalcapitel geübt wird. Durch die größere Centralisation des Klosterwesens kam es dann auch dahin, daß die Aufsicht über dasselbe und daher auch über die hier stattfindende Rechtsbildung den einzelnen Bischöfen immer mehr entzogen, und immer entschiedener dem Papste übertragen wurde.

Wenn zuletzt noch kurz eingegangen werden soll auf die Form, in welcher damals die von diesen Gewalten ausgehende Rechtsbildung sich äußerlich manifestirte, so finden sich zu jener wie zu allen Zeiten Gesetz und Gewohnheit neben einander; doch möchte die Bedeutung der Gewohnheit in demselben Maaße als die Rechtsbildung auf einen größern Kreis sich erstreckte, zurückgetreten sein; und wenn auch in den kleinern rechtsbildenden Kreisen sie fortbestanden hat, so

*) Ranke, Gesch. d. Päpste, Bd. I. S. 29.

möchten dagegen wahrhaft allgemeine kirchenrechtliche Gewohnheiten kaum aufzuweisen sein.

Es ist aber an dieser Stelle auf den eigenthümlichen Sprachgebrauch einzugehn, der, wie aus dem Decrete Gratians hervorgeht, damals geherrscht hat; es ist daraus indessen für unsere Frage wenig zu entnehmen, um so weniger, als sich derselbe hauptsächlich auf Zeugnisse aus älterer Zeit stützt und sich in diese Zeit hinein nur erhalten hat, nicht aber in ihr neu entstanden ist; außerdem aber bezieht er sich zunächst nur auf das Recht im Allgemeinen, nicht aber speciell auf das Kirchenrecht. Gratian gebraucht nämlich den Ausdruck Gewohnheit in dem Sinne von Recht überhaupt; es geht das theils aus solchen Stellen hervor, wo die Gesammtheit des positiven Rechts dem Naturrechte entgegengesetzt wird *), theils aus solchen, wo das gesammte positive Recht eingetheilt wird in Gesetz und Gewohnheit, wo also Gewohnheit dicht bei einander in einer doppelten Bedeutung, einer engern und einer weitern, sich findet **). Trotz eines schwachen Versuchs, diese beiden ganz verschiedenen Bedeutungen durch die verschiedenen Ausdrücke mos und consuetudo aus einander zu halten, werden doch beide Ausdrücke für beide Bedeutungen gebraucht; denn wenn in der Glosse ***) ganz entschieden behauptet

---

*) Grat. D. 1. c. 1. Humanum genus duobus regitur, naturali videlicet jure et moribus. Isid. D. 1. c. 1. Divinae (leges) natura, humanae moribus constant; die Glosse dazu.

**) Grat. D. 1. c. 5. Consuetudo est partim redacta in scriptis, partim moribus tantum utentium est reservata; quae in scriptis redacta est, constitutio sive jus vocatur; quae vero in scriptis redacta non est, generali nomine consuetudo videlicet appellatur. Dazu die Glosse: mos sumitur pro jure non scripto, consuetudo sumitur generaliter pro jure scripto et non scripto. Endlich gehört dahin die von Puchta (Gewohnheitsrecht Bd. I. S. 150. Note 7) angeführte Stelle aus einer Handschrift der Erlanger Bibliothek, die nach ihm wahrscheinlich von einem Kanonisten herrührt: Consuetudinis duae sunt species, quaedam enim scriptis ést redacta, et illa dicitur constitutum jus, non est redacta, et illa generali nomine vocatur consuetudo. Es scheint mir in der That, als ob danach der Ausdruck Gewohnheit „der gemeinschaftliche für alles geschriebene und ungeschriebene Recht sei", trotz des Widerspruchs von Puchta a. a. O. u. Phillips III. S. 160.

***) ad D. 1. c. 5.

wurde, consuetudo sei der Ausdruck für Recht überhaupt, mos komme nur vor für Gewohnheit im engern Sinne, so scheint der Glossator doch den Satz, womit Gratian das Decret begonnen hat, ganz vergessen zu haben *). In einigen Fällen könnte man über den Sinn von consuetudo zweifelhaft sein, so namentlich in dem Dictum Gratiani am Schlusse von D. 6., und in der That scheinen dort beide Bedeutungen darin enthalten zu sein; es erhält dort die Lehre vom jus naturale einen Abschluß, und es bedeutet consuetudo zunächst die Gesammtheit des menschlichen Rechts, zugleich aber liegt nun die besondere Bedeutung von Gewohnheit darin, denn es kommt nun später der weitere Gegensatz des Gesetzes dazu **); mit andern Worten, das menschliche Recht überhaupt ist entstanden mit dem Zusammenleben der Menschen, anfänglich bestand dasselbe in der Form der Gewohnheit, erst seit Moses auch in der Form von Gesetzen. Es bezieht sich also die dort gegebene nähere Ausführung über den Ursprung der consuetudo, indem sie in Verbindung gebracht wird mit Cain und Nimroth und dem Thurmbau von Babel, in erster Reihe auf die Entstehung des Rechts überhaupt und erst implicite auf die Entstehung des Gewohnheitsrechts; und wenn daher jener Ursprung „an Ereignisse geknüpft wird, welche mit der göttlichen Ordnung in einem sehr feindlichen Widerspruch stehn," so hat Phillips

*) Die Glosse selbst ist ziemlich consequent, cf. Gl. ad D. 1. c. 1; D. 1. c. 4.

**) Grat. D. 6. Naturale ergo jus ab exordio rationalis creaturae incipiens, ut supra dictum est, manet immobile. Jus vero consuetudinis post naturalem legem exordium habuit, ex quo homines convenientes in unum coeperunt simul habitare, quod ex eo tempore factum creditur, ex quo Cain civitatem aedificasse legitur, quod quum diluvio propter hominum raritatem fere videatur exstinctum, postea a tempore Nemroth reparatum, sive potius immutatum existimatur, quum ipse simul cum aliis alios coepit opprimere; alii sui imbecillitate ejus dictioni coeperunt esse subjecti, unde in Genesi legitur de eo: coepit Nemroth robustus venator esse coram Domino, id est hominum oppressor et exstinctor, quos etiam ad turrim aedificandam allexit. Und es heißt dann in unmittelbarem Anschlusse daran weiter Grat. D. 7. Jus autem constitutionis coepit a justificationibus, quas Dominus tradidit Moysi dicens: Si emeris servum Hebraeum etc., und es werden dann nach Isidor die berühmtesten Gesetzgeber aufgeführt, selbst ein Abriß der äußern römischen Rechtsgeschichte.

doch Unrecht, daraus ableiten zu wollen, „daß dadurch dem Gewohnheitsrechte ein nicht gerade sehr empfehlenswerther Charakter aufgedrückt werden solle" *), vielmehr liegt im Geiste der mittelalterlichen Anschauung in dem Ursprung des Rechts überhaupt ein Abfall von Gott, ein Heraustreten aus dem paradiesischen Zustande**). Es ist übrigens aus diesem Umstande, daß Gewohnheit für Recht überhaupt genommen wird, um so weniger etwas abzuleiten, als ebensogut auch constitutio als Bezeichnung des gesammten positiven Rechts vorkommt***). Es fehlt eben noch an einem gebräuchlichen Gesammtausdruck, und man hilft sich deshalb meist so, daß beide Wörter consuetudo und constitutio nebeneinander gestellt werden †). Sodann ist hervorzuheben, daß es zu einer klaren Auffassung des Begriffs Gewohnheit im engern Sinn auf dem Standpunkte des Gratianischen Decrets noch gar nicht gekommen ist; es wird nämlich der ganze Unterschied von Gesetz und Gewohnheit rein äußerlich in das Moment der Schriftlichkeit gesetzt, und es gelten alle die Rechtsnormen, welche eine solche schriftliche Abfassung nicht erhalten, haben für Gewohnheiten. Es ist besonders Isidor von Sevilla gewesen, auf den sich Gratian gerade in dieser Frage stützt ††). Es

---

*) Phillips Bd. III. §. 160.

**) Augustin. de civ. Dei. Colon. 1850. Lib. 15. c. 1. 8. Stahl, Rechtsphil. Bd. I. S. 50 ff.

***) Wenigstens in der Summe zu D. 8. c. 1. Jure divino omnia sunt communia omnibus, jure vero constitutionis hoc meum, illud alterius est.

†) Grat. D. 8. c. 1. Differt autem jus naturale a consuetudine et constitutione; und ganz ähnlich Grat. D. 8. c. 2; D. 14. c. 2; D. 15. c. 1.

††) Beiläufig mag hier auf einen Irrthum aufmerksam gemacht werden, der in den neuern Ausgaben des corpus juris sich findet. Es wird dort nämlich an der Spitze von D. 2. der Satz: „constat autem jus Quiritum ex legibus et plebiscitis et senatusconsultis et constitutionibus principum et edictis sive responsis prudentum, als Dictum Gratiani aufgeführt, während wie ein Blick in eine Ausgabe von Isidors Werke lehrt, derselbe dem Isidor angehört, indem er den Schluß des mit dem Ende der D. 1. abgebrochenen neunten Isidorischen Capitels bildet, und des bessern Sinns wegen in die folgende Dist. gezogen ist. Der Irrthum ist hauptsächlich dadurch herbeigeführt, daß ausnahmsweise die D. 2. nicht mit einem eigenen Dict. Grat. eröffnet wird; es hat dann eine Zeitlang noch eine Verweisung an der Seite sich gefunden, bis

hat zwar den Anschein, als ob Gratian sich nicht ganz mit der Isidorischen Auffassung identificiren wolle, denn die einzige Stelle, welche Gratian aus den ersten 21 Capiteln des fünften Buchs der Etymologie nicht in's Decret aufgenommen hat, drückt diese Auffassung gerade am schärfsten aus, indem es dort geradezu heißt: Mos est lex non scripta; nam lex a legendo vocata est, quia scripta est. Indessen wird doch in der folgenden von Gratian aufgenommenen Stelle ungefähr dasselbe gesagt *): Consuetudo autem est jus quoddam moribus institutum, quod pro lege suscipitur, quum deficit lex. §. 1. Nec differt an scriptura, an ratione consistat, quando et legem ratio commendet. Und Gratian äußert sich in seinem Dictum dazu folgendermaßen: Quum itaque dicitur, non differt utrum consuetudo scriptura vel ratione consistat, apparet, quod consuetudo est partim redacta in scriptis, partim moribus tantum utentium est reservata.

B. Die spätern Kämpfe des Papal- und Episcopalsystems in ihrem Einflusse auf die Rechtsbildung.

1) Die Bewegungen am Ende des Mittelalters.

In einer langen Entwicklung war man im Laufe von Jahrhunderten allmälig zu einer immer concentrirtern kirchlichen Regierungsgewalt gelangt. Es hatte sich auf der Höhe des Mittelalters das Papalsystem ausgebildet, und es war der kirchliche Verfassungsorganismus bis in seine letzten Ausläufer damit in Uebereinstimmung gebracht worden. Die detaillirte Durchbildung des kirchlichen Rechtslebens, die in den Decretalensammlungen vorliegt, beruht auf diesen Grundsätzen. Das Papalsystem ist aber auch noch heutigen Tages der correcte Ausdruck für das gegenseitige Verhältniß der Gewalten des Centrums und der Peripherie in der katholischen Kirche. Indessen sind in der Zwischenzeit mannigfache Versuche gemacht worden, einen andern Zustand der Dinge herbeizuführen, in-

---

dann diese weggeblieben ist, zuerst vielleicht deshalb, weil sie schon bei D. 1. c. 12. steht, so ist es namentlich in der römischen Ausgabe.

*) D. 1. c. 5.

dem man von verschiedenen Standpunkten aus bestrebt gewesen ist, die Regierungsgewalt des Primats zu Gunsten der Bischöfe, sei es des gesammten Episcopats oder der einzelnen Bischöfe zu vermindern. So wenig es nun auch gelungen ist, derartige Bestrebungen zur vollen Anerkennung im Leben zu bringen und nach diesen Gesichtspunkten die katholische Kirchenverfassung neu zu gestalten, so sind doch solche Vorgänge wenigstens nicht ganz ohne Einwirkung geblieben, und es würde ohne dieselben Manches in dem System der für die Gegenwart geltenden Grundsätze über die Rechtsbildung nicht zu erklären sein.

Es war so natürlich wie möglich, daß gegen Ende des Mittelalters gegen die Centralisation des Papalsystems eine Reaction sich erhob. Denn man hatte sich im letzten Grunde die hervorragende Stellung des Primats innerhalb der Kirche doch nur deshalb gefallen lassen, weil man so im Stande war, durch die Concentration aller kirchlichen Kräfte die kirchliche Macht auch über die Sphäre der Kirche hinaus auf den Staat auszudehnen. Es trat hier eine Erscheinung zu Tage, für welche gleichfalls auf dem politischen Gebiete eine Parallele zu finden sein dürfte, daß man sich einen gebundenen und unfreien Zustand im Innern gefallen läßt, wenn dadurch nur Mittel und Wege gegeben werden, nach Außen hin Geltung zu gewinnen. Unterdessen war aber in dem Verhältniß von Staat und Kirche ein großer Wendepunkt eingetreten, und es sollte gegen Ende des Mittelalters den kirchlichen Gewalten offenbar werden, daß jene Herrschaft nicht mehr in der frühern Weise geübt würde.

Eine Reihe von Ereignissen trat damals in dieser Richtung zu Tage. Es erfolgten zuerst jene Kämpfe zwischen Staat und Kirche, die sowohl gegenüber den französischen Königen, als ein halbes Jahrhundert später gegenüber den deutschen Staatsgewalten mit einer Niederlage der kirchlichen Ansprüche endeten, und zwar emancipirte sich die aufstrebende politische Gewalt in demselben Augenblicke, als das Papalsystem unter Bonifacius VIII. zu seiner höchsten Ausbildung gekommen zu sein schien.

Im unmittelbaren Anschluß an die französischen Streitigkeiten kommt es dann zum Exil von Avignon; und in zwiefacher Weise hat der damit bezeichnete Zustand der Kirche, der fast während des ganzen vierzehnten Jahrhunderts dauerte, dazu beigetragen, dem Episcopalismus die Geburtsstätte zu bereiten. Einmal nämlich trat hierdurch noch crasser wie durch jene frühern Ereignisse die Thatsache hervor, daß die Kirche durch den Primat nicht mehr die Staaten beherrsche, sondern daß die Kirche im Primate von einem einzigen Staate beherrscht werde. Und ferner dieses Papstthum, welches also nicht blos nichts nützte, sondern sogar positiv schadete, kam nun während des Aufenthalts in Avignon, ja gerade in Folge desselben in die Nothwendigkeit, von der Fülle seiner theoretisch schon immer behaupteten Herrschergewalt auch praktisch den umfassendsten Gebrauch machen zu müssen; und zwar nach der empfindlichsten Seite hin; denn indem die in Avignon residirenden Päpste mancher Einnahmen entbehrten, die ihnen in Rom würden zugeflossen sein, so machten sie in der dadurch verursachten Bedrängniß von den Reservationen der Pfründen, von Taxen und Abgaben aller Art, von Ablässen und Indulgenzen einen bis dahin nicht gekannten Gebrauch.

Auf die Periode von Avignon folgt dann sofort das Schisma, und wenn nun bisher der Primat wenigstens seine Aufgabe, Organ der kirchlichen Einheit zu sein, noch gelöst hatte, so schien nun der Beweis geliefert, daß nicht einmal dieser nächste Zweck als Preis dieses Systems erreicht werde, denn es war einleuchtend, daß zwei oder drei Päpste in dieser Hinsicht schlimmer wären, als gar keiner.

In engstem Zusammenhang mit dem fortdauernden Schisma kommt es dann endlich zu den großen Reformconcilien des fünfzehnten Jahrhunderts.

Die Opposition nun, welche damals gegen den geschichtlich gewordenen Bau der katholischen Kirchenverfassung sich erhob, hatte eine doppelte Richtung.

Zunächst tritt allerdings eine Tendenz zu Tage, wonach eine Decentralisation stattfinden soll, und die einzelnen Kreise wieder zu einer größern autonomen Geltung gelangen sollen. Als solche selbstständige Kreise machen sich vorzugsweise die einzelnen Staaten oder Nationen geltend; und zwar hat das einen doppelten Grund, einmal war damals der moderne Staat im kräftigen Aufblühen begriffen, und dann waren dies diejenigen Kreise, die in der Zeit, bevor die kirchliche Einheit sich ausgebildet hatte, Träger der höchsten Kirchengewalt gewesen waren, an die daher auch sogleich wieder gedacht wurde, als es sich um Lockerung jener einheitlichen Gewalt handelte. Es gehört dahin einestheils der Umstand, daß damals auf den öcumenischen Concilien besondere Abtheilungen nach den nationellen Besonderheiten sich bildeten, daß eine englische, germanische, französische, italienische Nation hervortrat, zu der sich später noch eine hispanische gesellte; es trat dann aber die Bedeutung dieser Kreise auch anderntheils darin hervor, daß im engsten Anschluß an die großen Concilien sofort eine selbstständige Rechtsbildung innerhalb derselben sich geltend machte. Diese Rechtsbildung, welche also Bezug hat auf die einzelne Nation, erfolgt dann wieder in zwiefacher Weise; zunächst in der Form von Verträgen; dahin gehört, was Deutschland betrifft, das sogenannte Constanzer Concordat, abgeschlossen zwischen den deutschen Prälaten des Concils und dem Papste, und das sogenannte Aschaffenburger Concordat zwischen Nicolaus V. und Friedrich III.; diese Verträge beziehen sich blos auf innerlich kirchliche Verhältnisse, wie Annaten, Pfründenreservationen und jene Materien, wie sie heutzutage in den Circumscriptionsbullen vorkommen, und haben deshalb nicht oben bei dem Verhältnisse von Kirche und Staat, sondern hier eine Stelle gefunden. Außerdem erfolgte aber diese rechtsbildende Thätigkeit der einzelnen Nationen durch einseitige Normirungen, wie das geschehen ist in andern jener Aktenstücke, die wohl häufig zu den Concordata nationis Germanicae gerechnet werden, die aber in keiner Beziehung weder ihrem Inhalt noch ihrer Form nach dahin gehören; so verhält es sich mit dem Auftreten der deutschen Nation gegenüber dem Concil von Basel, indem der Mainzer Fürstentag von 1439 einen Theil der Baseler Beschlüsse mit nicht unbedeutenden Modificationen in das deutsche Kirchenrecht einführte; es ist dann freilich nach Albrechts Tode noch zu Verhandlungen mit Rom gekommen, es erfolgten aber in der Hauptsache auch hier anfangs nur einseitige Erklärungen, indem besonders in der Bulle Ad tranquillitatem die Geltung der unter Albrecht angenommenen Baseler Decrete ratificirt wurde, und Gott weiß mit welchem Rechte später diese und ein Paar andere Bullen unbedeutenden Inhalts zu dem Namen Fürstenconcordate gelangt sind; vielleicht um sie von dem wirklichen Aschaffenburger Concordate besser zu unterscheiden. Es ist daneben dann nur wenig von der Tendenz zu bemerken, auch den kleinern kirchlichen Kreisen wie den Kirchenprovinzen und Bisthümern eine größere Selbstständigkeit zu Theil werden zu lassen.

Ueberhaupt hat es den Anschein, als ob diese ganze auf Decentralisation gerichtete Tendenz damals noch zurückgetreten wäre gegen die andere, nach welcher die Machtfülle, die im Centrum sich angesammelt hatte, wesentlich unangetastet bleiben, dagegen ein anderes Organ zur Ausübung derselben eingerichtet werden sollte. Weit entfernt, den Grund des damaligen Uebels erkannt zu haben, und zu einer durchgreifenden Reform der Kirche an Haupt und Gliedern vor allen Dingen in germanischer Weise Selbstverwaltung einzuführen, war man der Ansicht, daß man vorzugsweise nur gegen die Mißbräuche der monarchischen Verfassungsform zu kämpfen habe, und daß die Quelle aller Störungen verschlossen sein würde, wenn man an Stelle der monarchischen Papstgewalt einen republicanisch-aristokratischen Organismus der Bischöfe setzen, und den Päpsten innerhalb dieser körperschaftlichen Regierung nur noch die Bedeutung von Präsidenten, von beauftragten Beamten lassen würde; es war das eine romanische Lösung des großen Problems im Gegensatz zu der eben angedeuteten germanischen; es mag übrigens sein, daß das republicanisch-aristokratische Wesen, welches damals überall auf politischem Gebiete sich regte, darauf nicht ganz ohne Einfluß geblieben ist*). Es kam in dieser Richtung nicht blos zu einer thatsächlichen Ausübung der Obergewalt des Episcopats über das Papstthum, indem mehrfach Päpste abgesetzt wurden, was man indessen blos für vorübergehende, durch die Noth des Augenblicks verursachte Maaßregeln hätte halten können, nothwendig, um das Schisma zu beendigen, aber nicht geeignet, um darauf juristische Constructionen zu bauen, sondern man schritt nun auch zu einer förmlichen Erklärung

*) Ranke, Geschichte Deutschlands im Zeitalter der Reformation, Bd. I. S. 35 ff.; und Geschichte der Päpste, Bd. I. S. 33 ff.

des Grundsatzes von der Superiorität des Concils über den Papst fort*), so daß also die plenitudo potestatis hinfort nicht mehr im Papstthum, sondern in der Gesammtheit des Episcopats würde gelegen haben. Weiter aber als bis zur Proclamirung dieser Grundsätze ist man nicht gekommen, der Episcopalismus in diesem Sinn hat damals wesentlich nur eine theoretische Existenz gehabt, und wenn man auch das öftere Abhalten von Versammlungen des souveränen Episcopats decretirte, wenn man sich auch zeitweilig in Permanenz erklärte, so verlief sich doch schließlich die ganze Bewegung ohne praktische Resultate im Sande. Und natürlich genug; denn es dürfte eine oberste Kirchenregierung, wie sie hier projectirt wurde, zu den vollendeten Unmöglichkeiten gehören; was bei einer derartigen Verfassungsgestaltung herauskam, sollte man auf politischem Gebiete in Deutschland reichlich erfahren, das Resultat war hier nach Jahrhunderte langer Stagnation endlicher Untergang; und doch war Deutschland nur ein kleines Gebiet im Vergleich mit dem ungeheuren Umfange, den die katholische Kirche besonders damals einnahm. Jedenfalls muß es aber als ein historischer Irrthum der schwersten Art zurückgewiesen werden, wenn, wie damals und später häufig, angenommen ist, daß eine solche Kirchenverfassung jemals zu einer frühern Zeit bestanden habe; eine geschichtliche Betrachtung der katholischen Kirchenverfassung wird vielmehr niemals auf einen Zustand der Dinge gerathen, als dessen bloße Wiederholung sich die Entwürfe von Constanz und Basel herausstellen sollten. Um so mehr würde es dann aber ohne Sinn und Verstand sein, wollte man die Rechtmäßigkeit jener Declarationen vom Standpunkt des positiven Rechts aus einer Kritik unterziehen; es sind das vielmehr Vorgänge, die sich jeder juristischen Behandlungsweise entziehen, indem mit dem alten Rechtszustande gebrochen werden und ein vollständig neuer herbeigeführt werden sollte; man sollte da vor Allem ein δός μοι ποῦ στῶ rufen; es müßte sich dann ebensogut entscheiden lassen, ob das englische Parlament im Rechte gewesen sei, als es die Republik einführte; und es kommt dann noch hinzu, daß, abgesehen von der Resultatlo-

*) Conc. Constant. Sess. 4. 5 und ähnlich Conc. Basil.

sigkeit solcher Untersuchungen, sie heutzutage nur noch ein antiquarisches Interesse darbieten würden.

2) Die Zustände im achtzehnten und neunzehnten Jahrhundert.

Indem im sechszehnten Jahrhundert ein sehr großer Theil der germanischen Völker von aller Verbindung mit der katholischen Kirche sich lossagte, so hat das für den Rest der meist romanischen Nationen zunächst nur die Wirkung gehabt, sich kirchlich wieder enger an einander zu schließen. Es wird demgemäß auf dem letzten öcumenischen Concil, welches überhaupt zusammen gekommen ist, durch eigene feierliche Erklärung des Episcopats und durch eine dem entsprechende Reorganisation der ganzen Verfassung der Papalismus von Neuem befestigt. Denn so sehr es über manche hier einschlagende Fragen zu ernsthaften Debatten gekommen ist, so zeigt sich doch bei jeder Gelegenheit eine Stellung des Primats, die ganz der frühern mittelalterlichen entspricht *). Es zeigt sich das namentlich auch in den Grundsätzen über die Rechtsbildung, denn wenn auch die große Reform von damals unter der Mitwirkung des Episcopats vor sich geht, so erhalten doch die Tridentiner Beschlüsse erst dadurch Rechtskraft für die Kirche, daß sie vom Papste bestätigt werden; und wenn auch die autonome Rechtsbildung durch die Provinzialsynode zu Trient besonders betont ist, so ist doch völlig dafür gesorgt, daß eine solche niemals aus ihrer hierarchischen Unterordnung zu der Rechtsbildung der kirchlichen Centralgewalt heraustrete, es bedürfen dergleichen Festsetzungen der Vorlage und Bestätigung durch die römischen Behörden.

Indessen begannen doch nach kurzer Ruhe wiederum kirchliche Verfassungskämpfe; zum zweiten Mal erhob sich eine episcopalistische Reaction. Diesmal aber von einem wesentlich andern Charakter. Denn wenn es sich früher wesentlich gehandelt hatte um eine Betheiligung der Bischöfe an der Centralregierung der Kirche,

*) Man wird dafür auf jeder Seite des Tridentinum zahlreiche Belege finden; ganz kurz sagt Bellarmin: summus pontifex simpliciter et absolute est supra ecclesiam universam et supra concilium generale.

um eine Verwandlung der im Mittelpunkte befindlichen Kirchengewalt aus einer monarchischen zu einer republicanisch-aristokratischen, so trat diesmal von einem Drange nach allgemeinen Concilien nichts hervor, und die Streitfrage über die Superiorität von Papst und Bischöfe blieb auf sich beruhen. Statt dessen machte sich diesmal mit mehr Energie als früher jene andere Tendenz geltend, die sich damals nur im Hintergrunde gehalten hatte, und die darauf ausging, die einzelnen kirchlichen Kreise, namentlich die nationalen Kirchenkreise, welche früher eine derartige Bedeutung gehabt hatten, wiederum zu einer autonomen Selbstständigkeit gegenüber den Mächten des Centrums zu erheben. Es war das so natürlich wie möglich, denn es hatten sich in der Zwischenzeit durch die Ausbildung des modernen Staats die Nationalitäten gekräftigt; am meisten in Frankreich, viel weniger, gehemmt durch die staatliche Zersplitterung, in Deutschland; von Frankreich ging daher auch diesmal die episcopalistische Opposition aus, und hier führte sie zu dauernden Erfolgen, in Deutschland dagegen kam es erst spät dazu, zu einer Zeit als es eben schon zu spät war.

In Frankreich hatte man sich selbst zu der Zeit, als der Papalismus auf dem Tridentinum zu neuem Siege gelangte, in einer gewissen Selbstständigkeit erhalten, man hatte sogar die Schlüsse jenes Concils nicht publicirt. Diese Traditionen von einer Autonomie der gallicanischen Kirche wurden nun aber mit besonderer Energie wieder aufgenommen, als die nationale Kraft in dem starken Königthum Ludwigs XIV. zu einer vollen Entfaltung gekommen war. Es mochte damit oft dicht vor einem Schisma stehn; jedenfalls kam es zu der förmlichen Constituirung des Gallicanismus in jener berühmten Declaration, wo zunächst die Ansprüche der Kirche überhaupt und des Papstthums insbesondere auf eine Herrschaft in weltlichen Dingen zurückgewiesen werden, so daß die Kirche in keiner Weise einen Einfluß auf den Staat habe, sondern ihr nur eine Sphäre in den res spirituales et ad aeternam salutem pertinentes zukomme. Was nun aber die Ausübung der Kirchengewalt innerhalb dieser Grenzen betrifft, so wird zunächst dasjenige festgehalten, was bei der ersten episcopalistischen Bewegung auf den

Reformconcilien erlangt war, es wird die höchste Gewalt dem öcumenischen Episcopate zugeschrieben. Es wird dann aber als der wichtigste Punkt wesentlich neu hinzugefügt, daß die Gesetze des päpstlichen Stuhls in den einzelnen Kirchen förmlich angenommen werden, und daß die eigenthümliche Einrichtung dieser Kirche gewahrt bleiben müßte *). In der That ist damit eine bedeutende Umgestaltung in den bisher herrschenden Grundsätzen über kirchliche Rechtsbildung herbeigeführt worden, indem der Schwerpunkt ganz und gar aus dem Centrum in die Peripherie verlegt ist, und die Rechtsbildung regelmäßig in einem einzelnen Kreise vor sich gehn soll, ohne daß eine Aufsicht durch die Centralgewalt darüber geübt wird, daß dagegen eine Rechtsbildung der Centralgewalt kaum noch besteht, da dieselbe von den einzelnen Kreisen besonders recipirt werden muß, und somit die Centralgewalt zu der Analogie einer blos völkerrechtlichen Gewalt herabgesetzt wird, wo die Rechtsbildung auf dem Wege des Vertrags vor sich geht, und in den einzelnen Kreisen nur auf Grund einer besondern Publication zur Geltung kommt. Es sind diese Grundsätze dann aber in Frankreich nicht blos theoretisch proclamirt, sondern es ist auch trotz der eigenthümlichen Schicksale, die jene Declaration selbst gehabt hat, Jahrhunderte hindurch danach verfahren worden; das französische Kirchenrecht hatte demgemäß eine von dem allgemeinen katholischen Kirchenrecht wesentlich verschiedene Färbung; und die Verbindung mit dem päpstlichen Stuhle war während dieser ganzen Zeit nur eine höchst unvollkommene.

In Deutschland ist es dagegen zur Bildung einer germanistischen, einer deutsch-katholischen Kirche in diesem Sinne nicht gekommen.

Beide Versuche, die in dieser Richtung unternommen wurden, sind fehlgeschlagen.

Der erste dieser Versuche erfolgte zu Ende des vorigen Jahr-

*) Decl. cleri Gallic. 1682. Art. 3. valere etiam regulas, mores et instituta a regno et ecclesia Gallicana recepta, Patrumque terminos manere inconcussos, atque id pertinere ad amplitudinem apostolicae sedis, ut statuta et consuetudines tantae sedis et ecclesiarum consensione firmatae propriam stabilitatem obtineant.

hunderts, herbeigeführt ebensowohl durch den Geist der Aufklärung und Toleranz, der damals herrschte, als durch die Neigung der mächtigsten geistlichen Reichsstände, sich gegenüber dem Papste in geistlichen Dingen ebenso unabhängig zu stellen, wie sie es in weltlichen gegenüber dem Kaiser bereits gethan hatten*).

Es wurde demgemäß von den Bevollmächtigten der vier Erzbischöfe Deutschlands auf dem Congresse im Bade Ems jener Entwurf zu einer neuen Kirchenverfassung aufgestellt, der in seinen wesentlichen Punkten, soweit es sich um die Rechtsbildung dabei handelt, von demselben Geiste erfüllt ist, wie die Declaration des gallicanischen Clerus. Es soll demgemäß**) im Mittelpunkte der Kirche eine eigentliche Regierungsgewalt gar nicht bestehn, oder wie es in der Kunstsprache ausgedrückt wird, der Papst soll die jurisdictio regiminis verlieren, und blos noch behalten eine jurisdictio inspectionis; mit andern Worten, er soll außerhalb seiner Kirche keinen Akt bischöflicher Gewalt vornehmen, sondern nur darüber wachen, daß die allgemein verbindenden Gesetze der Kirche überall befolgt werden. Auf der einen Seite soll der Papst das Organ der Einheit sein und eine Oberaufsicht führen, auf der andern Seite soll er aber blos Rath geben, und es hat, wie der Erzbischof von Trier in jenen Streitigkeiten ausdrücklich erklärte, Niemand das Recht, die gesetzgebende Gewalt in einem fremden Bisthum auszuüben, es sei verboten, ohne vorgängige Genehmigung irgend welche Breven, Bullen und Rescripte vom römischen Hofe anzunehmen***). Es

---

*) Man vergleiche darüber besonders die Schrift: Resultat des Emser Congresses in echten Aktenstücken, Frankfurt 1787. Sodann die officielle Denkschrift des römischen Stuhls unter dem Titel: S. D. N. Pii Papae VI. responsio ad Metropolitanos Moguntinum, Trevirensem, Coloniensem et Salisburgensem super nunciaturis apostolicis, Romae 1789. 4. Außerdem Planck, Neueste Religionsgeschichte, Lemgo 1787 ff. Th. 1. S. 337 ff. Th. 2. S. 397 ff. Eine wahrhaft staatsmännische Auffassung dieser Verhältnisse findet sich endlich in der leider nur kurzen Darstellung bei Häusser, Deutsche Geschichte vom Tode Friedrichs des Großen bis zur Gründung des deutschen Bundes. Th. 1. S. 216 ff.

**) Resultat des Emser Congresses S. 26—51.

***) Planck a. a. O. Th. 1. S. 416 ff.

hat demnach der Papst allerdings Recht, wenn er in seiner Denkschrift vom Emser Congresse behauptet, derselbe habe den Zweck gehabt: ad deprimendam atque elevandam sanctae sedis auctoritatem, non quoad nunciaturas modo, sed quoad appellationes quoque et caetera omnia jura primatus*). Die Kirchenverfassung ist von der staatsähnlichen Organisation, die ihr bisher innewohnte, zu einer blos völkerrechtlichen Vereinigung herabgesunken, in der es kein festes Oberhaupt giebt, in der nur die Summe der Einzelwillen etwas Bindendes herbeizuführen im Stande ist, wo das Papstthum nur die Bedeutung hat, die Vorstandschaft in einem ziemlich losen Kirchenbunde zu besitzen, eine Stellung, die Febronius ganz passend als primatus consociationis bezeichnet; und es stimmt auch darin die Analogie eines völkerrechtlichen Verhältnisses, daß die Gesetze, die vom Mittelpunkte aus erlassen werden, jedenfalls erst durch besondere Annahme in den einzelnen Kreisen rechtsverbindlich werden. Die eigentliche Kirchengewalt liegt nun aber bei den Gewalten der einzelnen Kreise, namentlich bei den Erzbischöfen und Bischöfen, und sie erscheinen auch gerade als die regelmäßigen Subjecte für die kirchliche Rechtsbildung, was damit motivirt wird, daß jeder Hirt die Bedürfnisse seiner Heerde am besten selbst kenne. Es steht demgemäß den einzelnen Bischöfen nicht blos das Recht zu, leges generales zu erlassen, sondern auch leges speciales, mit andern Worten, sie haben neben der eigentlichen Gesetzgebungsgewalt auch die Dispensationsgewalt. Gerade dies ist der Punkt gewesen, um den sich der Streit damals wesentlich gedreht hat, der allein von eigentlich praktischem Interesse war, denn an eine Rechtsbildung im Großen und Ganzen dachte man damals wenig, dagegen die Fälle, in denen die Dispensationsgewalt in Frage kam, boten sich täglich dar. Man weigerte sich demgemäß, die Berechtigung zur Dispensationsgewalt von den allgemeinen Kirchengesetzen sich ausdrücklich vom Papste ertheilen zu lassen, denn man war der Ansicht, daß man diese Berechtigung schon in sich selbst trage, man erhob sich gegen die Nothwendigkeit der Quinquennalfacultäten**). Es entbrannte gerade dar-

*) Responsio l. c. p. 11.

**) Meyer, Propaganda II. S. 215 ff.

über ein sehr heftiger Streit, indem der päpstliche Nuntius zu Köln, Pacca, auf ausdrücklichen Befehl des Papstes ein Abmahnungsschreiben an die Pfarrer der Erzdiöcesen Mainz, Trier und Köln erließ, des Inhalts, daß die von den Ordinariaten ohne Einholung der Quinquennalfacultäten ertheilten Dispense nichtig seien, solche Ehen Concubinate, die Kinder illegitim, während dann die betreffenden Ordinariate sehr energische Erklärungen dagegen erließen, indem namentlich von Köln aus befohlen ward, das fragliche Schreiben ohne Weiteres mit dem nämlichen Couvert mit der ersten Post zurückzuschicken. Es sind das Streitigkeiten über die gegenseitigen Berechtigungen innerhalb der Kirche, wie sie sich ein halbes Jahrhundert später zwischen Kirche und Staat in einer merkwürdigen Aehnlichkeit wiederholt haben; es werden sogar dieselben Redewendungen gebraucht, man warf sich gegenseitig Störung der Gewissensruhe vor, und zu allem Ueberfluß sind es auch hier gerade Fragen aus dem Eherecht, über welche die Discussion stattfindet.

Es ist nicht in erster Linie die französische Revolution, und in ihrem Gefolge die Säcularisation des Kirchenguts und der Umsturz der katholischen Kirchenverfassung in Deutschland gewesen, wodurch diese Bestrebungen zum Scheitern gebracht sind, sondern das war bereits vor dem Eintritt jener Ereignisse völlig entschieden, und ist das einem unbefangenen Beurtheiler wie Planck nie zweifelhaft gewesen. Es mag die staatliche Zersplitterung Deutschlands, die es auch hier nicht zu einem planmäßigen Zusammenfassen der Kräfte kommen ließ, ihr gut Theil Schuld daran tragen. Es hatte dies aber seinen tiefsten Grund darin, daß man die Theilnahme des katholischen Volks längst nicht in einer Weise geweckt hatte, wie es zum Gelingen eines solchen Werkes nothwendig gewesen wäre. Und daß das nicht geschehen war, war wiederum sehr natürlich; denn so schlecht Pius VI. über die Stimmung Deutschlands unterrichtet gewesen sein mag, wenn er die Haltung des Volks gegenüber dem Emser Congresse dahin charakterisirt: sed flevit natio ipsa Germanica, quae hujusmodi conventiculum incredibili horrore conspexit*),

*) Responsio l. c. p. 12.

so war doch das Ziel, um das es sich handelte, allerdings nicht geeignet, die Laienwelt zu Anstrengungen für die Durchführung der Emser Congreßbeschlüsse zu begeistern, denn es handelt sich, bei Lichte besehen, doch blos um einen Wechsel in der Form der Herrschaft unter den verschiedenen Organen des Clerus, während diese Herrschaft selbst ganz intakt bleiben, und nach wie vor nur vom Clerus geübt werden sollte. Endlich hatte man es aber von erzbischöflicher Seite her selbst versäumt, worauf Kaiser Joseph als Vorbedingung alles Gelingens so dringend hingewiesen hatte, vor allen Dingen ein „Concert“ mit den Bischöfen herbeizuführen; statt dessen sahen diese sich in ihrer bisherigen Stellung durch die Erzbischöfe bedroht, und wie einst zur Zeit der Pseudo-Isidorischen Decretalen dem Papste in die Arme getrieben.

So von allen realen Mächten des Lebens verlassen, sollte es denn freilich den Erzbischöfen nicht gelingen, durch bloßes Pochen auf vorübergegangene Entwicklungsphasen, indem man der päpstlichen Macht ein vitium possessionis nachzuweisen und ein saeculum normale aufzustellen suchte, eine in integrum restitutio hinsichtlich der frühern Macht herbeizuführen. Es hat schon damals gegenüber dieser civilprocessualischen Methode, die nur den Grundsatz der Verjährung außer Acht ließ, der bedeutendste damalige Geschichtschreiber das Recht der geschichtlichen Entwicklung gewahrt, welches doch auf kirchlichem Gebiete so gut Geltung wird in Anspruch nehmen dürfen, wie auf jedem andern*). Zu allem Ueberfluß muß es sich dann sogar noch als sehr zweifelhaft erweisen, ob in den thatsächlichen Zuständen irgend einer Periode der Kirchenverfassungsgeschichte ein Grund zu einer solchen Vindication vorliegt, wie sie auf dem Emser Congresse angestellt wurde.

Ein zweiter Versuch in dieser Richtung hat dann während des

*) Es sind die bekannten Aeußerungen von Johannes v. Müller: „Man sagt, er ist nur ein Bischof. Ebenso wie Maria Theresia nur eine Gräfin von Habsburg, Ludwig XIV. ein Graf von Paris, der Held von Roßbach und Leuthen einer von Zollern;“ und „sobald Kaiser Joseph II. sein wird wie einer der Jünger, wird Pius VI. das Abendmahl halten, wie Christus unser Herr. In derselben Zeit wird auch der Mundkoch nicht mehr kredenzen.“

gegenwärtigen Jahrhunderts stattgefunden, als es sich nach der politischen Neugestaltung Deutschlands um einen Wiederaufbau der durch Krieg und Revolution zerstörten katholischen Kirchenverfassung handelte, und nun, während Preußen, Bayern und Hannover andere Wege gingen, Oesterreich aber in Stagnation verharrte, die kleinern, namentlich die südwestdeutschen protestantischen Staaten auf Ministerialconferenzen zu Frankfurt a. M. Anfangs der zwanziger Jahre das ungeheure Werk der Errichtung einer deutsch-katholischen Kirche auszuführen gedachten *).

Es war nun schon an sich nicht sehr wahrscheinlich, daß Bestrebungen, die in kirchlich erregten Zeiten von kirchlichen Organen nicht hatten verwirklicht werden können, eine bessere Förderung gewinnen würden durch eine Versammlung protestantischer und katholischer Büreaukraten und Diplomaten, die in einer kirchlich indifferenten Zeit zunächst nur deshalb mit diesen Dingen sich beschäftigten, weil eine neue Circumscription der Diöcesen nothwendig geworden war.

Daß man aber in Frankfurt damals so sehr weit hinter demjenigen zurückblieb, was in Constanz und Basel, und was in Ems erreicht worden war, hat dann noch besonders darin seinen Grund, daß bei allem gutem Willen, der damals reichlich vorhanden war, doch zwischen dem Ziele, welches man erreichen wollte, und den Mitteln, die man dieserhalb aufwandte, ein zu großes Mißverhältniß bestand. Es ist geradezu kläglich zu sehen, wie man Anfangs in großen Vorsätzen sich erging, rasch und dreist über ein Ultimatum zu Stande kam, und dann bei dem ersten Widerstande, den man natürlicherweise in Rom fand, willig und ein für allemal die Segel streckte; als ob man gerade von Rom erwartet hätte, wozu keine Macht der Welt sich verpflichtet fühlen wird, aus freien Stücken die bisherige rechtliche Stellung aufzugeben **).

---

*) Die Aktenstücke darüber finden sich zum Theil bei Münch, Sammlung der Concordate, 2. Th. Leipzig 1830, 1831, zum Theil bei Roskovány, Monumenta pro independentia potestatis eccl. 2. T. Quinque-Ecclesiis 1847. Man vergleiche übrigens Mejer, Propaganda, Th. II. S. 385 ff. Gervinus, Geschichte des 19. Jahrh. Th. II. S. 12 ff. und besonders Niebuhr, Lebensnachrichten.

**) Es gilt meiner Ansicht nach auch vom Frankfurter Congresse ungefähr

Wenn nun aber auch demgemäß alle Versuche zur wirklichen Begründung einer deutsch-katholischen Kirche fehlgeschlagen sind, so hat es doch eine Zeit gegeben, wo man sich thatsächlich von Seiten der constituirten Gewalten der katholischen Kirche Deutschlands sehr wenig an das gemeine katholische Kirchenrecht kehrte, sondern dasselbe auf eigne Weise in wesentlichen Beziehungen umgestaltete und mit den veränderten Verhältnissen in Einklang zu setzen suchte.

Einen Beweis dafür liefert zu Ende des vorigen und zu Anfang des gegenwärtigen Jahrhunderts die Stellung, welche die einzelnen deutschen Bischöfe vielfach zu der Frage von den gemischten Ehen einnahmen.

Man muß in dieser Beziehung zunächst die Grundsätze feststellen, welche das gemeine katholische Kirchenrecht darüber aufstellt, und an denen man zu Rom unter allen Umständen festgehalten hat, wenigstens ist mir unter den unzähligen Fällen, die dort vorgelegen haben, kein einziger bekannt, hinsichtlich dessen eine Abweichung nachzuweisen wäre. Das gemeine katholische Kirchenrecht kommt hier in einer dreifachen Beziehung in Betracht. Es gehören danach zur Eingehung einer gemischten Ehe zunächst ganz dieselben formellen Requisite, wie zur Eingehung einer rein katholischen Ehe; es müssen also gemischte Ehen, um überhaupt gültig und rechtsbeständig zu sein, in der tridentinischen Form eingegangen werden, so gut wie rein katholische Ehen *); und es wird die Beobachtung der tridenti-

---

das, was Häusser a. a. O. S. 217 vom Emser Congresse sagt: „Aber auch die rechte Energie zur Durchführung einer so ernsten Sache war in diesem Kreise kaum zu finden: der Illuminatismus mit seiner kosmopolitischen Weltbildung, seiner vornehm gnädigen Toleranz, seinem literarischen Dilettantenthum, konnte wohl Leute wie Karl Theodor von Dalberg hervorbringen, aber nicht die Charaktere eines Hutten und Luthers, die das Vollbringen einer solchen Aufgabe erforderte."

*) Es lassen sich dafür zahlreiche Declarationen und Resolutionen der Congr. Conc. anführen; z. B. C. C. in c. Gedan. 4. Sept. 1677 (bei Richter und Schulte in der Ausg. des Tridentinum. Nr. 164): matrimonium inter catholicum et haereticam in loco, ubi Concilium Tridentinum erat publicatum, non tamen coram parocho catholico, est nullum. Aehnlich in C. C. in c. Ru-

nischen Formvorschrift bei gemischten Ehen katholischerseits um so mehr gefordert, als man bekanntlich denselben Anspruch gegenüber den rein protestantischen Ehen erhebt, die an Orten geschlossen sind, wo das betreffende Reformdecret des Tridentinums publicirt ist*). Sodann muß nun aber die Eingehung einer gemischten Ehe in dieser Form besonders erlaubt werden; freilich ausnahmsweise kann die Mitwirkung des Priesters auf dem Wege der Gewalt und der Ueberraschung herbeigeführt werden, und es ist die so geschlossene Ehe dann, was ihre formellen Erfordernisse betrifft, wenn auch unerlaubt, so doch gültig. In regelmäßigen Verhältnissen wird dagegen die passive Assistenz nur erlangt werden können auf Grund einer besondern Dispensation. Diese Dispensation kann, da es sich um ein allgemeines Kirchengesetz handelt, rechtsgültig nur ertheilt werden durch den Papst, sei es nun daß man sich wirklich darum nach Rom wenden muß, oder daß die einzelnen Bischöfe in ihren Facultäten dazu besonders bevollmächtigt sind. Jedenfalls hat der Papst die Normen festzustellen, auf Grund deren dispensirt werden soll, die Bedingungen anzugeben, welche erfüllt werden müssen. Diese Bedingungen sind verschieden nach Ort und Zeit; in streng katholischen Ländern, namentlich im Kirchenstaate werden solche Dispensationen gar nicht ertheilt**), in Deutschland gelten als die Bedingungen des gemeinen Kirchenrechts, die man in Rom stets festgehalten hat, die Erziehung aller Kinder im katholischen Glauben und die Sicherstellung des katholischen Theils vor Abfall. Selbst

---

remand 2. Maji 1676. — C. C. in c. Colon. 16. Dec. 1719. — C. C. in c. Mogunt. 21. Maji 1721. — C. C. in c. Paderb. 4. Aug. 1725. — C. C. in c. Colon. 17. Jan. 1728. — C. C. in c. Eystett. 21. Juni 1732.

*) C. C. in c. Colon. 26. Sept. 1602: haereticos quoque ubi decretum dicti capituli est publicatum, teneri talem formam observare, et propterea istorum etiam matrimonia absque forma Concilii, quamvis coram ministro haeretico vel magistratu loci contracta, nulla esse atque irrita. Außerdem C. C. in Colon. 26. Dec. 1719. — C. C. in c. Mogunt. 31. Maji 1721. — C. C. in c. Wormat. 7. Juli 1731.

**) Man vergleiche darüber den interessanten Fall, den Mejer, Propaganda, Th. II. S. 562 erzählt, wo selbst die Vermittlung des in Rom anwesenden Königs Ludwig von Bayern kein anderes Resultat herbeigeführt hat.

aber wenn nun bei dem Vorhandensein dieser Erfordernisse es zu einer Dispensation gekommen ist, so finden doch nur diejenigen Formenrequisite bei der Eingehung der Ehe Anwendung, die zur Rechtsbeständigkeit der Ehe absolut gehören, nicht aber werden daneben auch noch Ceremonien gebraucht, die zwar von der Sitte eingeführt sind, aber keinen streng juristischen Charakter haben, es findet also blos eine passive Assistenz statt, nicht aber eine Einsegnung und förmliche Trauung, die keine rechtliche Bedeutung hat, und worin außerdem eine positive Billigung liegen würde, die man vermeiden will *).

Von diesen Grundsätzen des gemeinen katholischen Kirchenrechts sind nun die deutschen Bischöfe auf eigne Hand vielfach abgewichen. Zunächst hat man in vielen Diöcesen die Nothwendigkeit einer Beobachtung der tridentinischen Formvorschrift für gemischte Ehen aufgegeben, und auch solche als rechtsgültig betrachtet, die allein vor den protestantischen Geistlichen eingegangen waren; es liegen dafür viele Beispiele vor, und es hat noch 1825 der Erzbischof von Köln Graf Spiegel die Erklärung abgegeben, daß die von einem akatholischen Prediger geschlossene Ehe als eine gültige betrachtet werden solle. Man ist sodann zweitens vielfach abgewichen von den Bedingungen, unter denen allein nach gemeinem katholischem Kirchenrecht eine Dispensation von dem Ehehindernisse der mixta religio ertheilt wird, man hat sich namentlich für die Erlaubtheit einer solchen Ehe auch in den Fällen erklärt, wo entweder die confessionelle Kindererziehung nach dem Geschlechte sich richten, oder sogar alle Kinder im protestantischen Glauben erzogen werden sollen. Es liegen dafür namentlich Beispiele aus der Münsterschen Diöcese vor, die schon früh im 18. Jahrhundert beginnen, und bis in's gegenwärtige hineinreichen**);

*) Darin weicht das gemeine katholische Kirchenrecht selbst in den dringendsten Fällen nicht ab, wie zwei Beispiele aus der frühern französischen Königsfamilie zeigen. Obgleich allen Erforderniſſen über Kindererziehung u. s. w. genügt war, so wurde doch sowohl die Ehe des Herzogs von Orleans mit der Prinzessin Helene von Mecklenburg, als die Ehe der Tochter Louis Philipps mit dem Könige Leopold der Belgier nur durch passive Assistenz an den Thüren von Notre-Dame vollzogen.

**) Ich verweise besonders auf das Münstersche Ritual von 1712, auf das

ganz in demselben Sinne sprachen sich aber noch 1830 zwei Männer aus, die nachher ein Verfahren in ganz anderm Sinne begonnen haben, der Erzbischof von Gnesen-Posen Martin von Dunin, der als damaliger Capitularverweser ein Attest darüber ausstellte, daß es nicht Sitte sei, bei der katholischen Trauung gemischter Ehen das Versprechen der katholischen Kindererziehung zu fordern, und ebenso wird in einem Statute des damaligen Generalvicars von Freiburg Hermann v. Vicari die katholische Kindererziehung nur als etwas Wünschenswerthes hingestellt, in der Weise, daß auch bei dem Mangel derselben die Eingehung stattfinden solle. Daß Wessenburg als Vicar von Constanz sich 1808 ähnlich, und ebenso die Frankfurter Conferenz von 1819 ausgesprochen hat, ist weniger interessant. Endlich war es in Deutschland ein ganz allgemeiner Brauch geworden, daß man sich bei der Schließung der gemischten Ehen nicht auf die passive Assistenz beschränkte, sondern daß man die kirchliche Trauung, die als gute kirchliche Sitte überall bei den rein katholischen Ehen stattfand, auch bei gemischten Ehen zur Anwendung brachte, und zwar nicht blos bei solchen, die hinsichtlich der Kindererziehung den strengen Anforderungen des katholischen Kirchenrechts entsprachen, sondern ohne Rücksicht darauf bei allen, wo es verlangt wurde.

Man wird nun aber bei völlig objectiver Würdigung der Sachlage kaum behaupten dürfen, daß auf diese Weise wirklich damals eine neue Rechtsbildung zu Stande gekommen sei; denn indem übrigens die ganze katholische Kirchenverfassung auf der Grundlage des Papalsystems beruhen blieb, danach aber die Rechtsbildung in diesen Angelegenheiten unzweifelhaft zur Competenz des Papstes gehörte, dem doch mindestens eine Aufsicht zustand, so kann in diesem einzelnen Falle, wo der Papst theils direct widersprach, theils die Vorgänge, die trotzdem stattfanden, ignorirte, nicht davon die Rede sein, daß sich wirklich neues katholisches Kirchenrecht gebildet habe. Es handelt sich also in dieser Beziehung nicht um Vorgänge rechtlichen,

---

Schreiben des Münsterschen Vicars Fürstenberg vom 9. Nov. 1804 (bei Roskovány, de matrimoniis mixtis, T. I. §. 32. 67) und auf einen Vertrag des Bischofs von Münster mit dem Grafen von Bentheim-Steinfurth 1716 (bei Hase, die beiden Erzbischöfe. Leipzig 1829).

sondern blos thatsächlichen Charakters, um eine sogenannte milde Praxis, um consuetudines toleratae. So verhält es sich namentlich mit der Anwendbarkeit der tridentinischen Formvorschrift auf gemischte Ehen, über welche neuerdings auf dem Boden der katholischen Kirche ein sehr heftiger Streit entbrannt ist. So anerkennenswerth nun aber auch das Bestreben sein mag, durch Hinwegräumen solcher Ungeheuerlichkeiten den Frieden unter den Confessionen zu begründen, und so sehr daher ein Aufgeben der betreffenden Bestimmungen von Seiten der dazu berechtigten rechtsbildenden Gewalten zu wünschen wäre, so wenig scheint es doch, daß ein solcher Wegfall auf die behauptete Weise bereits erfolgt sei; die Consequenz des katholischen Kirchenrechts steht auch einer solchen Annahme überall entgegen *). Am wenigsten scheint es mir protestantischerseits angemessen zu sein, sich ohne Weiteres für die Ansicht zu erklären, nach welcher eine solche Unanwendbarkeit bereits in das Recht der katholischen Kirche übergegangen sei, obgleich das häufig für echt protestantisch und das Gegentheil für ultramontan gehalten wird; während doch nichts der katholischen Kirche so schädlich sein möchte, als wenn man die Consequenzen ihres Systems bis zu den letzten Ausläufern aufdeckt, anstatt auf Kosten der Wahrheit die Gefahren, die von dort her drohen, absichtlich zu ignoriren.

Wenn aber überhaupt in den letzten anderthalb Jahrhunderten in Deutschland die Grundsätze des Papalsystems durch episcopalistische Einflüsse alterirt sind, so sind doch gegenwärtig diese Unregelmäßigkeiten wieder völlig beseitigt; das Papalsystem ist wieder in voller Ausdehnung zur Anerkennung gekommen, und wir haben dadurch rein wissenschaftlich betrachtet den Vortheil, uns für die Rechtsbildung der Gegenwart auf die Grundsätze stützen zu können, wie sie in den Decretalensammlungen zu einer detaillirten Ausbil-

---

*) Uhrig, System des Eherechts, Dillingen 1854. S. 443, und Uhrig, Zur Frage über die Ausdehnung der trid. Trauungsform auf die protest. und gemischten Ehen, Nördlingen 1855. — Dagegen Schulte, Handbuch des kathol. Eherechts, Prag 1855. Knopp, Anwendbarkeit der Vorschrift des Concils von Trient u. s. w., Regensburg 1855, und Knopp, Ueber das Wahre in der Schrift des Herrn Dr. Uhrig u. s. w., Regensburg 1855.

dung gekommen sind. Es hat sich dieser Umschwung der Verhältnisse an keinem Punkte klarer gezeigt, wie gerade in den Angelegenheiten der gemischten Ehen. Es ist hier nämlich in der That zu einer von dem gemeinen katholischen Kirchenrecht wesentlich abweichenden Rechtsbildung gekommen, aber nur auf Grund der Autorität des Papstes. Indem die Verhältnisse Deutschlands in dieser Beziehung wirklich einige thatsächliche Eigenthümlichkeiten darboten, so kam es nach längern Unterhandlungen zu dem bekannten Breve Literis altero vom 25. März 1830, worin wenigstens für einen Theil Deutschlands derjenige Zustand der Dinge herbeigeführt wurde, wie er auf Grund der berühmten Declaration Benedicts XIV. für die Niederlande zum Theil schon lange bestand. Es sollte danach nicht blos die Beobachtung der Tridentinischen Form für gemischte Ehen nicht nöthig sein, sondern es sollte sogar die passive Assistenz stattfinden dürfen, ohne alle Concessionen hinsichtlich der Kindererziehung, nur eine Einsegnung solle nicht gewährt werden. Wie sehr der Papst die Zügel der Regierung in der Kirche wieder übernommen hatte, sollte sich bald zeigen, als hinsichtlich der Anwendung des päpstlichen Breve die vier Bischöfe der kölnischen Kirchenprovinz zu einer Interpretation sich verstanden, die hinsichtlich der Einsegnung geradezu das Gegentheil von demjenigen bedeutete, was dort in völlig deutungsloser Weise festgesetzt worden war. Denn es kam darüber zu einem Streite zwischen Staat und Kirche, wobei innerhalb der Kirche nur ein einheitlicher Wille entschied, indem die Bischöfe sehr bald ganz von ihren frühern Ansprüchen zurücktraten.

Es handelt sich darum, das System der Rechtsbildung, wie es nun demgemäß in der Gegenwart herrscht, zu entwickeln.

II. Die Gegenwart.

1) Die Stellung der Laien zur Rechtsbildung.

Es besteht auch gegenwärtig die Scheidung der katholischen Kirche in ein collegium inaequale, in eine ecclesia regnans und obediens noch fort, so daß als das Subject der gesammten Kirchengewalt nach allen ihren Seiten hin einzig und allein der Clerus erscheint, während dagegen die Laien ohne jede active Theilnahme an derselben lediglich als Objecte derselben sich darstellen.

Die Laien sind auf diese Weise zunächst ausgeschlossen von der innern Kirchengewalt, von allen den Beziehungen, welche mit der Erlangung des Heils in unmittelbarem Zusammenhange stehen; denn sie sind nicht im Stande, das Heil selbst aus eigener Kraft zu erlangen, sondern es ist eine Vermittlung eines besonders befähigten Priesterthums, der Kirche im engern Sinne, dazu nothwendig. Sie stehen also der ganzen potestas ordinis in völliger Passivität gegenüber und vermögen weder die Sacramente selbst zu spenden, noch die Wahrheit der Lehre aus eigener Forschung sich anzueignen, weder die potestas ministerii, noch magisterii steht ihnen, auch nur potentiell, zu.

Aber ganz ebenso sind sie auch ausgeschlossen von der äußern Kirchengewalt, der jurisdictio, der potestas regiminis. In jeder Beziehung. Sie haben zunächst keinen Antheil an der gewöhnlichen Verwaltung, sie haben aber noch viel weniger mitzusprechen bei der Emanation neuer Normen; wie ihnen überhaupt jede Kirchengewalt fehlt, so fehlt ihnen noch ganz besonders jede rechtsbildende Kirchengewalt *).

Es ist indessen neuerdings von einem hervorragenden katholischen Kirchenrechtslehrer eine wesentlich andere Auffassung vorgetragen worden, wonach den Laien in keiner Weise eine so unter-

*) Es geht das mit solcher Nothwendigkeit aus dem Geiste der katholischen Kirche hervor, daß es kaum zu ausdrücklichen Aussprüchen gekommen ist; einige lassen sich aber doch dafür anführen; so c. 2. X. de judiciis 2, 1. (Conc. Rom. 1148) decrevimus, ut laici ecclesiastica tractare negotia non praesumant. c. 12. X. de rebus eccl. non alienand. 3, 13. (Conc. Lat. IV.) laici, quos obligandi manet necessitas, non auctoritas imperandi; aus den in unsere Lehre speciell einschlagenden Decretalentiteln möchte besonders zu verweisen sein auf c. 7. X. de constit. 1, 2, und c. 10 eod., beides Rescripte von Innocenz III. aus 1199; es war übrigens namentlich bei dem damaligen Verhältniß von Staat und Kirche wenig Grund, dergleichen besonders einzuschärfen; neuere Bestätigungen des Princips sind z. B. in den Aktenstücken enthalten, durch welche der westph. Friede cassirt und gegen die Beschlüsse des Wiener Congresses Protest erhoben ist.

geordnete Stellung zukäme, wie das nach unserer Darlegung der Fall sein würde. Es ist dort freilich in der Behauptung einer den Laien zustehenden Kirchengewalt nicht bis zu der Behauptung einer ihnen zustehenden Rechtsbildung fortgeschritten, indessen waltet doch eine wesentlich verschiedene, principielle Ansicht dabei ob. Und ich bin um so mehr genöthigt, in eine Widerlegung der dort vorgebrachten Argumente einzugehen, als die von uns hier vertheidigte Auffassung geradezu als ein protestantisches Mißverständniß bezeichnet ist *).

Walter behauptet zunächst eine Theilnahme der Laien an der innern Kirchengewalt, und zwar sowohl an dem Priesterthum im engern Sinne, als am Lehramt. Es berührt nun aber das, um was es sich hier handelt, nicht im Geringsten, wenn hinsichtlich der Betheiligung der Laien an der Priesterwürde hingewiesen wird auf eine geistigerweise stattfindende Mitwirkung, auf die Gemeinschaft des Gebets, durch welche sie in das innere geheimnißvolle Leben der Kirche mit eingreifen können, namentlich bei dem Meßopfer, und es braucht deshalb kaum erwähnt zu werden, daß noch dazu die Citate aus den Kirchenvätern einer ganz andern Entwicklungsphase angehören. Ebenso wenig wird dann ferner eine Theilnahme der Laien am Lehramt dargethan, indem auf den Einfluß hingewiesen wird, den das Geistesleben der Laienwelt auf die Gestaltung der kirchlichen Wissenschaft ausüben soll, denn das Maaß dieses Einflusses wird wieder einzig und allein durch den Clerus bestimmt, und es ist den Laien, um Conflicte zu vermeiden, nicht zu rathen, in zu energischer Weise hier einwirken zu wollen. Eine Theilnahme der Laien soll dann auch bestehn hinsichtlich der äußern Kirchengewalt, und zwar in einer dreifachen Richtung; was nun aber den ersten Punkt betrifft, den angemessenen Antheil bei den meisten Zweigen der äußern Kirchenzucht, so ist mir davon platterdings nichts bekannt, und vermisse ich gerade hier ungern einen Beleg. Mit mehr Grund möchte auf die Besetzung der Kirchen-

*) Walter, Lehrbuch des Kirchenrechts, 12. Aufl. §. 21. — Aehnlich erklären sich auch neuerdings Phillips I. §. 33 und Schulte I. S. 9., doch geschieht das bei weitem nicht so bestimmt, und es ließen sich namentlich von Phillips zahlreiche Aeußerungen im entgegengesetzten Sinne anführen.

ämter hingewiesen werden können, indessen das, was zunächst als Acclamation der Gemeinde hier angeführt wird, ist ein letzter Rest einer allerdings ganz andern, längst untergegangenen Ordnung der Dinge, der in die heutigen Zustände als ein Anachronismus hineinragt, außerdem nicht so beschaffen ist, um einen wahrhaften Antheil an der Kirchengewalt zu involviren; hinsichtlich des Patronatsrechts sodann ist allerdings bei den Laienpatronaten ein größerer Einfluß des Laienelements vorhanden, indeß abgesehn davon, daß das ganze Recht nach dieser Richtung hin doch blos ein Präsentationsrecht ist, so kommt doch dieser Einfluß den Laien nicht als solchen zu, sondern es sind das lediglich Abweichungen, wie sie überall bei noch so entschiedenen Grundprincipien in den concreten Verhältnissen nicht ganz zu vermeiden sind, besonders wenn der offenbare Nutzen dabei in's Spiel kommt; daß dann in diesem Zusammenhange auch auf das landesherrliche Nominationsrecht hingewiesen wird, möchte befremden, wenn nicht sogar in der Verkündigung des zu Ordinirenden von der Kanzel ein Antheil der Laien an der kirchlichen Aemterbesetzung gesehn würde, denn das zeigt doch, daß man in der That um Argumente in Verlegenheit war; nach dieser Theorie würden dann auch die Soldaten einen Antheil an der Besetzung von Officierstellen haben, da dergleichen im Tagesbefehl bekannt gemacht wird. Endlich sollen die Laien auch bei der Verwaltung des Kirchenvermögens betheiligt sein; es ist das jedenfalls das unverfänglichste Gebiet der Kirchengewalt; Alles beschränkt sich aber auf Rechnungsführung durch einzelne Laien zur größern Bequemlichkeit der Geistlichen, und ohne jedes Präjudiz.

Es stellt sich nach alle dem heraus, daß nur der Ausgangspunkt der Walterschen Betrachtung richtig war, die Bemerkung, daß die Gewalt des Clerus ihm nicht wie eine Herrschaft um seiner selbst willen verliehen sei; das ist nämlich insofern richtig, als keine Herrschaft in der Welt um ihrer selbst willen besteht; eine Herrschaft hört aber dadurch, daß sie zur Förderung großer Zwecke dienen soll, nicht auf eine Herrschaft zu sein. Daß es unrichtig ist, das Verhältniß von Clerus und Laien so aufzufassen, als ob der Clerus nur Rechte, die Laien nur Pflichten hätten, leuchtet ein, möchte aber auch kaum irgendwo so aufgefaßt sein. Im Ganzen bleibt es richtig, was Puchta in freilich etwas starkem Ausdruck über das Verfahren Walter's gesagt hat: „Neuere katholische Canonisten haben in der Weise einer Accommodation, welche vornämlich durch die Jesuiten herrschend geworden ist, behaupten wollen, auch den Laien stehe ein großer Einfluß auf die Verwaltung der Kirche offen" *). Indem der Drang nach Selbstverwaltung heute durch alle Gebiete des Lebens geht, so sucht man demselben auch hier möglichst Rechnung zu tragen, und wenn man nicht im Stande ist, dergleichen auch hier zu gewähren, so sucht man wenigstens den Glauben herbeizuführen, daß dergleichen bestände.

Wir müssen an dieser Stelle noch auf einen andern Punkt eingehn. Es wird nämlich vielfach behauptet, daß wenn auch die Laien nicht positiv bei der Rechtsbildung betheiligt wären, sie doch wenigstens in negativer Weise dabei in Betracht kämen, indem sie es durch anhaltenden Nichtgebrauch kirchlicher Rechtsnormen dahin bringen könnten, dieselben ihrer Geltung zu berauben, oder sie gar nicht in's Leben treten zu lassen. Schon Gratian faßte das Verhältniß in diesem Sinne auf; indem nämlich dort davon die Rede ist, daß der Inhalt der Gesetze feststände, nachdem sie publicirt seien, und daß de lege lata nicht mehr discutirt werden dürfe, so fährt er fort: leges instituuntur quum promulgantur, firmantur quum legibus utentium approbantur. Sicut enim moribus utentium in contrarium nonnullae leges hodie abrogatae sunt, ita moribus utentium ipsae leges confirmantur **); und führt dann diesen Satz, der zunächst ganz im Allgemeinen hinsichtlich der Rechtsbildung behauptet worden ist, mit besonderer Rücksicht auf kirchenrechtliche Verhältnisse näher aus. Seitdem sind dann dieselben Behauptungen unzählige Male in ähnlicher Weise wiederholt worden, selbst Benedict XIV. hat sich nicht frei davon erhalten ***), und unsere neueren Compendien sind voll davon. Trotzdem ist das Ganze ein Irrthum, und es zeigt sich hier wiederum, wie verhängnißvoll die

*) Puchta, Einleitung in das Recht der Kirche. S. 125.

**) Grat. D. 4. c. 3.

***) Benedicti XIV. de syn. dioec. Lib. 13. c. 5. n. 3.

kritiklose Benutzung des Decrets auf diese Lehre gewirkt hat. Ich behaupte die Unrichtigkeit der gewöhnlichen Ansicht aus einem doppelten Grunde; einmal scheint es mir, als ob nirgends eine feste Rechtsordnung würde bestehn können, wenn diejenigen, die derselben unterworfen sind, in jedem Falle die Wahl zwischen Annehmen und Ablehnen haben; dann aber finde ich dafür in den Quellen nicht den geringsten Anhaltspunkt, es existirt in dieser Beziehung rein gar nichts, — wenn man nicht etwa das Decret Gratians als Quelle ansehn will; damit verhält es sich in diesem Falle eigenthümlich genug. Es ist dort an jener Stelle von einer Einrichtung die Rede, wonach den Clerikern ein fünfzigtägiges Fasten geboten sein sollte, während die Laien an einem vierzigtägigen genug hätten, diese Vorschrift, obgleich sie vom Papste Telesphorus ausgegangen, sei nicht rechtsgültig geworden, weil sie nicht in das Leben übergegangen sei. Zufällig ist aber eine solche Vorschrift vom Papste Telesphorus nicht erlassen, sondern die Stelle, in welcher jener das verfügt haben soll, ist Pseudo-Isidorisch *), und es scheint überhaupt eine solche Verfügung nicht ergangen zu sein, wenigstens unterliegen die weiter dafür angeführten Excerpte aus Ambrosius und Gregor **) gleichfalls gerechten Bedenken hinsichtlich ihrer Echtheit, ganz abgesehn von andern Ausstellungen, die da noch zu machen wären. Es ist also gar kein solches Gesetz gegeben, es ist also auch kein Wunder, daß es nicht beobachtet ist, ein so weitgreifender Satz, wie der, den Gratian aufstellt, läßt sich also hierauf nicht gründen. Zuletzt liegt nun aber der gewöhnlichen Ansicht doch eine gewisse Wahrheit zu Grunde; so wenig es nämlich zu construiren ist, als ob die Unterthanen gleichsam erst durch Eingehung eines Vertrags der Rechtsbildung unterworfen würden, so daß sie die freie Wahl hätten, ob sie gehorchen wollten oder nicht, so hat doch der Inhaber der rechtsbildenden Gewalt die freiesten Befugnisse, seine Vorschriften durchzuführen oder sie zurückzunehmen; letzteres kann namentlich wegen thatsächlicher Hindernisse in der Durchführung nothwendig sein,

*) D. 4. c. 4.
**) D. 4. c. 5. 6.

und es kann dann die Zurücknahme stillschweigend auch dadurch erfolgen, daß auf die Durchführung nicht weiter gedrungen wird*).

2) Die Stellung des Clerus zur Rechtsbildung.

Wenn die Laien von aller Kirchengewalt ausgeschlossen sind, so hat nun ferner an der Seite derselben, auf die es hier ankommt, an der jurisdictionellen, regimentlichen nicht einmal der Clerus in seiner Gesammtheit Antheil, sondern nur einzelne hervorragende Glieder innerhalb desselben, die auch demgemäß allein einen Platz haben in der Hierarchie der Jurisdiction; es gehören dahin blos der Papst und die Bischöfe und die wenigen Andern, die wie Aebte zur Prälatur gehören, indem sie eine kirchliche Regierungsgewalt zu eigenem Recht ausüben; es gehören aber nicht dazu die untern Aemter der Priester und Diaconen, die blos Functionen hinsichtlich der innern Seite der Kirchengewalt haben, blos in der Hierarchie des Ordo ihre Stelle finden.

In folgender Weise ist nun die rechtsbildende Gewalt gegenwärtig zwischen diesen verschiedenen Organen vertheilt.

Es besteht zunächst im weitesten Umfange eine rechtsbildende Gewalt im Mittelpunkte, die selbst in den wichtigsten Dingen gegenwärtig nur ausgeübt wird durch den Papst allein, der sich dabei von den Cardinälen unterstützen läßt, ohne daß diese jedoch eine andere Stellung als die eines berathenden Staatsraths hätten; allgemeine Concilien zu berufen, ist völlig abgekommen; es besteht kein Unterschied von Gesetzen und Verordnungen. Diese vom Mittelpunkte ausgehende Rechtsbildung erstreckt sich sowohl auf das Ganze

*) So ungefähr spricht sich auch, obgleich etwas gewunden, Benedict a. a. O. aus, wenn er sagt: „Quamquam leges potissimum ecclesiasticae a populi acceptatione minime pendeant, attamen quum eaedem nunquam a populo recipiuntur, peccant quidem eas non recipientes, sed tandem desinunt obligare, quoniam praesumitur, nolle legislatorem cum maximo animarum dispendio suae legis vinculo diu irretitam tenere communitatem, quae nunquam passa est, se eo constringi. Es zeigt sich das auch in der weitern Ausführung, wo rücksichtlich des Zeitablaufs danach geschieden wird, ob der Gesetzgeber Kenntniß von der Nichtannahme seines Gesetzes hatte, oder nicht.

wie auf einzelne kirchliche Gebiete, und durch zahllose päpstliche Constitutionen allen möglichen Inhalts wird jährlich das Kirchenrecht fortgebildet, wenn auch nicht gerade große Aenderungen in den letzten Jahrhunderten vorgenommen sind, namentlich nicht im innern Kirchenrecht. Diese päpstlichen Constitutionen erscheinen bekanntlich in verschiedenen Formen als Bullen oder Breven, es hat indeß für unsere Lehre kein Interesse, darauf näher einzugehn. Die Geltung derselben hängt nur davon ab, daß sie vom Papste gehörig publicirt sind, nicht aber ist eine besondere Annahme von Seiten der einzelnen Bischöfe erforderlich*). In demselben Umfange, wie dem Papste die Gesetzgebung im Ganzen zusteht, übt er auch die Dispensationsgewalt aus.

Es findet sich daneben eine autonome Rechtsbildung kleinerer kirchlicher Kreise, die von den Provinzen abwärts bis zu den Bisthümern sich erstrecken, ohne daß die Pfarreien daran theil hätten, und die außerdem heute wie früher den kirchlichen Genossenschaften, besonders den Klöstern und Capiteln zusteht. Wenn in der rechtlichen Begrenzung dieser Befugnisse in den letzten Jahrhunderten Nichts geändert ist, so ist doch neuerdings darin eine thatsächliche Aenderung gegen früher eingetreten, daß von dieser Autonomie wiederum ein größerer Gebrauch gemacht worden ist, namentlich die Provinzialsynoden, welche in letzter Zeit in Abgang gekommen waren, sind gegenwärtig wieder neu belebt, und insofern zeigt es sich allerdings, daß das Streben nach Autonomie nicht blos dahin geführt hat, die Kirche im Ganzen als einen selbstständigen Kreis auf dem staatlichen Boden anzuerkennen, sondern daß auch innerhalb der Kirche eine größere Selbstthätigkeit einzelner Kreise wieder sich zu regen beginnt. In demselben Umfange, wie diesen autonomen Kreisen eine eigene Rechtsbildung zukommt, steht ihnen auch eine Dispensationsgewalt zu; hier aber sind die Befugnisse durch besondere päpstliche

*) Lange Erörterungen darüber finden sich neuerdings namentlich wieder bei Bonix; mir scheint die Entscheidung dieser Frage für das geltende Recht in der That ziemlich einfach zu sein, nur auf einem principiell entgegengesetzten Standpunkte, der aber heutzutage nicht der geltende ist, wäre ein Anderes zu behaupten.

Verleihungen über die eigentliche Competenz hinaus bedeutend erweitert, so daß den deutschen Bischöfen auf Grund ihrer Quinquennal-Facultäten eine sehr ausgedehnte mit ihrer sonstigen Rechtsbildungsgewalt nicht im Verhältniß stehende Dispensationsgewalt zukommt.

In allen diesen Fällen aber, wo eine autonome Rechtsbildung in Frage kommt, wird eine Controlle des nächst höhern Kirchenobern über dieselbe geübt. Es hat demgemäß zunächst der Bischof die Aufsicht auszuüben über die Capitelstatuten in seinem Sprengel; wenigstens möchte das nach der richtigen Ansicht anzunehmen sein*). Ueber die Rechtsnormen sodann, welche als Hirtenbriefe oder als Synodalstatuten vom Bischofe ausgehen, hat nicht der Erzbischof

*) c. 9. X. de consuet. 1, 4. Honorius III rescribirt darin an das Pariser Capitel: Quum consuetudinis hucusque longaevae non sit levis auctoritas, et plerumque discordiam pariant novitates, auctoritate vobis praesentium inhibemus, ne absque venerabilis fratris nostri episcopi vestri consilio et consensu immutetis ecclesiae vestrae constitutiones et consuetudines vestras approbatas, vel novas etiam inducatis, et quas forte fecistis irritas decernentes; wobei es interessant ist, daß die ursprüngliche Fassung des Honorius zu Gunsten eines strengern Aufsichtsrechts der Bischöfe von Raymund v. Pennaforte durch das Weglassen der Worte in ipsius episcopi praejudicium geändert ist. In der Glosse findet sich dann freilich das Gegentheil, wie schon bemerkt; si vero statuant super iis, quae non tangunt episcopum vel statum ecclesiae, sed sua singularia negotia: puta quod certis modis quotidianas oblationes distribuant vel his similia: satis potest dici, quod super his tenet ipsius capituli constitutio sine episcopo, alias licita et legitima. In den neuern Circumscriptionsbullen für Preußen, Bayern und die oberrheinische Kirchenprovinz ist dann aber die bischöfliche Bestätigung ausdrücklich gefordert, so heißt es namentlich in der Bulle De salute animarum vom 16. Juli 1821: Cuilibet similiter ex supradictis capitulis cathedralibus — ut ipsi capitulariter congregati — statuta, ordinationes et decreta, licita tamen et honesta — — sub praesidentia, inspectione et approbatione — episcoporum edere — — facultatem perpetuo concedimus et impertimus; so heißt es in der Bulle Provida sollersque v. 1821 unicuique autem ex memoratis capitulis, ut . . . quaecunque statuta, capitula et decreta, licita tamen et honesta — — sub respectivi pro tempore existentis Antistitis praesidentia, inspectione et approbatione condere atque edere . . . libere ac licite possint et valeant, licentiam et facultatem concedimus et impertimus. Man vergleiche übrigens Phillips III. §. 157. Eichhorn II. S. 32 ff. Richter §. 176.

oder das Provinzialconcil, sondern der Papst die Aufsicht, doch scheint es nicht, daß dergleichen in jedem einzelnen Falle vorgelegt werden muß*). Endlich über die Gültigkeit der Beschlüsse der Provinzialsynoden entscheidet der Papst, und es müssen diese regelmäßig bei der Congregation des Concils eingereicht werden; es kann indeß auch schon in andern Fällen die Concurrenz des Papstes eintreten, wenn nämlich auf dem Wege der Appellation ein solcher Fall an ihn gelangt, wie sich dafür in den Decretalen schon Beispiele finden.

Zweites Capitel.

Die Rechtsbildung hinsichtlich des Inhalts.

I. Im Allgemeinen.

1) Das Naturrecht.

Auch die Rechtsbildung, welche auf dem Boden der katholischen Kirche von jenen Organen ausgeht, gestaltet sich nicht nach dem Ungefähr eines blinden Zufalls, sondern es kommen dafür ebenso wie für die staatliche Rechtsbildung gewisse Principien in Betracht, welche den Inhalt derselben bestimmen.

Es erfolgt demgemäß die Bildung des katholischen Kirchenrechts zunächst in Uebereinstimmung mit dem Wesen der menschlichen Natur. In der That sind in der Einrichtung derselben gewisse Grundsätze enthalten, welche sich in irgend einer Weise bei der Regulirung des menschlichen Zusammenlebens aussprechen müssen, in denen die oberste Norm für alle Rechtsbildung enthalten ist. Diese Grundsätze waren zwar von jeher vorhanden und von einer gewissen Be-

*) Auch in dieser Beziehung ist die von Richter §. 174. Note 1. aus einem neuern päpstlichen Breve über den Würzburger Diöcesankatechismus angeführte Stelle interessant; es gehören hierher besonders die Worte: quae autem possunt jure proprio, possunt jure non supremo sed subordinato.

deutung für die Entstehung des Rechts, sie sind aber durch das Christenthum zu einer weitern Ausbildung und höhern Vollendung gebracht, und es ist in der christlichen Welt ernsthafter darauf ausgegangen, dieselben im Leben zu verwirklichen. Es ist das geschehen von Seiten der Staatsgewalten in den germanischen Ländern, es hat dann aber später, als diese Staatsgewalten sich in ihre Fragmente auflösten, die Kirche selbst diese Aufgabe übernommen, und es ist die Bedeutung des canonischen Rechts, einen großen Fortschritt in der europäischen Rechtsentwicklung dadurch herbeigeführt zu haben, daß das Rechtsleben auf den verschiedensten Gebieten einer Revision vom Standpunkte einer geläuterten christlichen Sittlichkeit aus unterworfen wurde. Es zeigt sich ein solcher Fortschritt vielleicht am wenigsten auf dem Gebiete des Privatrechts, welches seiner Natur nach am meisten einer Einwirkung in diesem Sinne entrückt ist, wo dergleichen vielmehr häufig genug als Sentimentalität erscheint, die gegenüber der Verwicklung der Lebensverhältnisse nicht bestehn kann; doch bleibt auch hier in der Aufhebung der Sklaverei, wie sie am Ende des Mittelalters erfolgte, ein Denkmal für die segensreiche Thätigkeit der Kirche bestehn. Das öffentliche Recht ist dann aber, wie ein einziger Blick namentlich auf das Strafrecht und den Proceß zeigt, ein ganz anderes geworden, seitdem es durch das Medium des canonischen Rechts hindurch gegangen war. Es geschahen diese Reformen theils durch die unmittelbare Einwirkung der Kirche, theils so, daß sie noch in einen Kampf dafür eintreten mußte, wie namentlich ein früher schon erwähnter Vorgang zeigt *).

Dieser Inbegriff ethischer Normen, die, ohne selbst Recht zu sein, für die Bildung des Rechts in maaßgebender Weise in Betracht kommen, mag man mit einem, freilich Mißverständnissen ausgesetzten Ausdrucke Naturrecht nennen. So ist wenigstens auch der mittelalterliche Sprachgebrauch gewesen, wie er namentlich im Decrete Gratians vorliegt; und wir haben um so mehr Veranlassung, auf die dort sich findende Darstellung des Verhältnisses des Natur-

*) Man vergleiche über das canonische Recht Walter, Lehrbuch des Kirchenrechts, Buch VIII.; und Rettberg, a. a. O. Bd. II. S. 729 ff.

rechts zum positiven Recht hier einzugehn, als dieselbe eine unversiegbare Quelle von Mißverständnissen aller Art gewesen ist.

Das Epochemachende von Gratians Decret zeigt sich gleich wieder darin, daß hier zum erstenmale eine solche Darstellung gegeben ist; in allen frühern ähnlichen Erscheinungen, die eben nur Quellensammlungen, nicht Quellenbearbeitungen waren, findet sich davon keine Spur.

Das menschliche Geschlecht, so beginnt die Darstellung des Decrets, werde durch zweierlei regiert, durch jus naturale und mores. Es ist nun bereits oben nachgewiesen, daß unter mores die Gesammtheit des positiven menschlichen Rechts begriffen sei. Es fragt sich daher, was unter jus naturale zu verstehn sei, wir wollen diesen Begriff nach allen seinen Beziehungen erörtern.

Was zunächst den Sprachgebrauch betrifft, so bedient sich Gratian selbst regelmäßig eben des Ausdrucks jus naturale, nur ein einziges Mal, um die Identität ausdrücklich festzustellen, kommt in einem seiner Dicta das Wort divina lex vor *); und es ist daher ganz im Geiste Gratians gedacht, wenn die Correctores Romani, gestützt auch auf die Mehrzahl der Handschriften, in der Ueberschrift gesetzt haben, de jure naturae et humanae constitutionis, nicht aber de jure divinae et humanae constitutionis; einerlei nun ob die Ueberschrift wirklich von Gratian herrührt oder nicht. Es kommen dann in den Belegstellen, deren sich Gratian bedient, die Ausdrücke leges divinae, jus divinum vor **), auch fas ***), und wie mir scheint, wird auch mit veritas und ratio vielfach dasselbe bezeichnet †).

Dies jus naturale hat nun nach der Auffassung des Decrets, was zunächst seine Entstehung betrifft, eine doppelte Quelle. Als solche erscheint zunächst die Bibel, und zwar sowohl das alte als das neue Testament; es hat demgemäß das jus naturale nicht

*) Grat. D. 1. c. 1.

**) Isidor in D. 1. c. 1. und Augustin in D. 8. c. 1. 2; D. 9. c. 1.

***) Isidor in D. 1. c. 1. und Grat. das.

†) D. 8. c. 4. 5. 6. 7. 8. 9.

etwas specifisch Christliches, sondern eine allgemeine moralische Beschaffenheit *). Wenn aber die Bibel als Quelle des Naturrechts zu betrachten ist, so hat man das, wie nach einigen Unterbrechungen weiter ausgeführt wird, nicht so zu verstehen, als ob nun Alles, was irgendwie in der Bibel stände, zum jus naturale gehöre; es sei vielmehr zwar das jus naturale in der Bibel enthalten, es sei aber darum nicht Alles, was in der Bibel stehe, jus naturale, es müsse eine Scheidung von Ewigem und Vergänglichem vorgenommen werden, von praecepta moralia und mystica; eine Erörterung, die im Einzelnen zu seltsamen Materien geführt hat **). Neben der Bibel wird dann aber als Quelle des Naturrechts angeführt die menschliche Natur ***). Es besteht indeß in dem Inhalte beider Quellen eine Identität; die sittlichen Grundsätze, um die es sich hier handelt, werden also in der vorchristlichen und in der christlichen Zeit als in wesentlicher Uebereinstimmung befindlich angenommen †); wenn

*) Grat. D. 1, c. 1. Jus naturale est, quod in lege et evangelio continetur, quo quisque jubetur alii facere, quod sibi vult fieri, et prohibetur alii inferre, quod sibi nolit fieri. Unde Christus in evangelio: Omnia quaecunque vultis, ut faciant vobis homines, et vos eadem facite illis. Haec est enim lex et prophetae.

**) Grat. D. 6. faßt sein Schlußresultat dahin zusammen: His itaque respondetur. In lege et in evangelio naturale jus continetur; non tamen quaecunque in lege et evangelio inveniuntur, naturali juri cohaerere probantur. Sunt enim in lege quaedam moralia praecepta, ut: non occides, quaedam mystica, utpote sacrificiorum praecepta, ut de agno et alia similia his. Moralia mandata ad naturale jus spectant, atque ideo nullam mutabilitatem recepisse monstrantur. Mystica vero quantum ad superficiem a naturali jure probantur aliena, quantum ad moralem intelligentiam inveniuntur sibi annexa; ac per hoc, et si secundum superficiem videantur esse mutata, tamen secundum moralem intelligentiam mutabilitatem nescire probantur.

***) Isidor D. 1. c. 1. Divinae leges natura constant; und Grat. D. 5. §. 1. und D. 6. §. 1., wenn er sagt: coepit ab exordio rationalis creaturae etc.

†) Grat. D. 9. Quum ergo in naturali jure nihil aliud praecipiatur, quam quod Deus vult fieri, nihilque vetetur, quam quod Deus prohibet fieri; denique quum in canonica scriptura nihil aliud quam in divinis legibus inveniatur, divinae vero leges natura consistant, patet, quod quaecun-

auch in der weitern Entwicklung der mittelalterlichen Rechtsphilosophie sehr bald eine Richtung sich geltend machte, wonach eine solche Identität nicht mehr bestand, indem schon Thomas von Aquino in der Speculation weiter hinaufgestiegen war *).

Das Naturrecht, welches auf diese Weise entsteht, hat dann weiter nach der Gratianschen Theorie die Bedeutung, ohne selbst Recht zu sein, einen ewigen Maaßstab für die Bildung des positiven Rechts zu gewähren. Das Naturrecht ist demnach auf der einen Seite nicht selbst Recht; vielmehr herrscht hinsichtlich der positiven Normirung der äußern menschlichen Lebensverhältnisse nach dem Naturrecht tabula rasa; es besteht auf naturrechtlichem Standpunkte sowohl in der vorchristlichen, wie in der christlichen Welt eine Gemeinsamkeit aller Dinge **); es ist nach Naturrecht nicht verboten, über einen fremden Acker zu gehn ***). Erst auf dem Standpunkte des positiven menschlichen Rechts, als die Menschen anfingen, zusammen zu wohnen, kann man von einem wirklichen Eigenthum sprechen †). Es folgt nun zwar daraus, daß es nach Naturrecht kein Eigenthum giebt, durchaus nicht, daß es überhaupt keins geben soll, da das Naturrecht eben nicht selbst Recht ist; auf der andern Seite soll es aber doch maaßgebend sein bei der Bildung des Rechts, es hat nicht blos den Primat der Zeit, sondern auch den der Würde ††); es soll alles positive Recht mit diesen Vorschriften in möglichste Uebereinstimmung

---

que divinae voluntati, seu canonicae scripturae contraria probantur, eadem et naturali juri inveniuntur adversa.

*) Stahl, die Philosophie des Rechts, Bd. I. S. 56 ff., wo sich das in ausgezeichneter Weise ausgeführt findet.

**) Grat. D. 8. Jure naturali omnia sunt communia omnibus, quod non solum inter eos servatum creditur, de quibus legitur, multitudinis autem credentium erat cor unum et anima una, verum etiam praecedenti tempori a philosophis traditum invenitur. Unde apud Platonem illa civitas justissime ordinata traditur, in qua quisque proprios nescit affectus.

***) Isidor D. 1. c. 1.

†) Grat. D. 8. hoc meum est, illud alterius; Augustin D. 8. c. 1. haec villa mea est, haec domus mea, hic servus meus.

††) Grat. D. 5. Naturale jus inter omnia primatum obtinet tempore et dignitate.

gesetzt werden, man soll sich also bei der positiven rechtlichen Gestaltung des Eigenthums immer daran erinnern, daß Gott die ganze Erde besitzt, und daß er aus demselben Schlamme den Armen und den Reichen gemacht hat*). Es kommt das in Betracht für alle Rechtsbildung, mag sie in den Formen der Gewohnheit oder des Gesetzes zu Tage treten, wie das in jeder dieser Richtungen von Gratian besonders ausgeführt wird**). Und es gilt nicht blos für die Rechtsbildung im Ganzen, sondern es ist das auch ganz consequent die oberste Norm für die Handhabung der Dispensationsgewalt***).

Es mag an dieser Stelle gestattet sein, auf den außerordentlichen Einfluß hinzuweisen, den das Decret Gratians, wie überhaupt, so auch mit dieser Theorie auf das gesammte Mittelalter ausgeübt hat. Namentlich steht die erste wissenschaftliche Bearbeitung des deutschen Rechts, wie sie uns im Sachsenspiegel vorliegt, in diesen Dingen ganz unter der Herrschaft jener ersten Bearbeitung des canonischen Rechts; und noch mehr als der Sachsenspiegel selbst, die erste literarische Erscheinung, die sich an denselben angeknüpft hat, die Glosse. Der Sachsenspiegel selbst läßt hauptsächlich nur an einer berühmten Stelle, wo die Rechtmäßigkeit der Sklaverei er-

*) Augustin D. 8. c. 1.

**) Die Ausführung beginnt D. 8. wo Gratian ganz allgemein den Satz an die Spitze stellt: Dignitate vero jus naturale simpliciter praevalet consuetudini et constitutioni. Quaecunque enim vel moribus recepta sunt vel rescriptis comprehensa, si naturali juri fuerint adversa, vana et irrita habenda sunt. Es wird das nun in D. 8. speciell mit Rücksicht auf die Gewohnheit gezeigt, und es heißt am Schlusse desselben: Liquido igitur apparet, quod consuetudo naturali juri postponitur. Es wird das dann in D. 9. speciell mit Rücksicht auf das Gesetz gezeigt, indem der an die Spitze gestellte Satz: quod autem et constitutio naturali juri cedat multiplici auctoritate probatur durch eigenthümliche Beispiele erläutert wird. Zu seinem Ausgangspunkte zurückkehrend, faßt dann am Schlusse von D. 9. Gratian sein Resultat dahin zusammen: Constitutiones ergo vel ecclesiasticae vel saeculares, si naturali juri contrariae probantur, penitus sunt excludendae.

***) Grat. D. 13. c. 1. Item adversus naturale jus nulla dispensatio admittitur. D. 14. c. 2. Consuetudinis autem vel constitutionis rigor nonnunquam relaxatur.

örtert wird, die Grundzüge jener Theorie durchblicken*); es werden bei dieser Gelegenheit schroff entgegengesetzt die Wahrheit und die Gewohnheit; und es wird für die Wahrheit ebenso wohl hingewiesen auf die Natur des Menschen, die Gott nach seinem Bilde gemacht hat, wie auf die Bibel alten und neuen Testaments, nicht blos um die Gründe, welche man aus der Bibel für die Sklaverei angeführt hat, zurückzuweisen, sondern um die Unrechtmäßigkeit der Sklaverei positiv durch die Bibel darzuthun. Die Hauptstelle, die aus der Glosse hierfür in Betracht kommt, ist die Ausführung zum Textus prologi; hier findet sich nämlich, obgleich nicht die geringste Veranlassung dazu durch die zu glossirende Stelle gegeben ist, eine Deduction, die nicht blos in ihrem Gedankeninhalt, sondern in ihrer Wortfassung dermaaßen mit der Gratianischen Darstellung übereinstimmt, daß man Johann von Buch wohl nicht Unrecht thut, wenn man gradezu sagt, daß er sie abgeschrieben hat.

Noch mehr; es findet sich in der Glosse bereits die theoretische Rechtfertigung zu der spätern Verdammung der vierzehn Artikel des Sachsenspiegels durch den Papst. Es wird nämlich an der Stelle, wo im Texte selbst in einer mehr beiläufigen Bemerkung die Selbstständigkeit der deutschen Rechtsentwicklung gegenüber den Eingriffen der kirchlichen Gewalten gewahrt wird**), weitläufig ausgeführt, nicht blos, daß alles Recht auf dem Glauben beruhe, sich damit in Uebereinstimmung befinden müsse, wie der Sachsenspiegel selbst als ein Product einer solchen, im christlichen Geiste angestellten Revision des deutschen Rechts angesehen wird***), sondern es wird weiter behauptet, daß der Papst dasjenige Organ sei, welches über das Vorhandensein dieser Erfordernisse im Rechte zu entscheiden habe; indem es heißt: „wisse daß der bapst jede recht und privilegium auffheben mag, wo sie wider der seelen seeligkeit und gemein erbar-

*) Sachsensp. III. 42.

**) Sachsensp. I. 3. §. 3. wende de paves ne mach nen recht setten, da he unse lantrecht oder lenrecht mede ergere.

***) Glosse zu Sachsensp. I. 18. „darzu behielten sie alle ihr recht, wo sie wider die christliche en und wider den glauben nicht waren.“

keit sein.“ Diesem principiellen Zugeständniß gegenüber ist es dann nur von geringer Bedeutung, wenn nun, um zu einer Uebereinstimmung mit der glossirten Stelle zu gelangen, mehr thatsächlich bemerkt wird, es befinde sich das deutsche Recht in solcher Uebereinstimmung, und es habe deshalb der Papst keine Veranlassung, sich einzumischen; denn die Entscheidung darüber steht doch auf diesem Standpunkte endgültig nicht dem Glossator, sondern dem Papste zu.

Ganz in Uebereinstimmung mit diesen Grundsätzen ist denn auch später bei der Verurtheilung der vierzehn Artikel verfahren worden; es wird überall davon ausgegangen, daß sie im Widerspruch mit der divina lex, dem evangelium, den moralia statuta divinae legis, der lex naturae sich befänden; es sind das die Gesichtspunkte, von denen Klenkok selbst ausgegangen ist, wie sich aus allen von ihm, in dieser Angelegenheit ergangenen Schriftstücken ergiebt, und zu denen sich dann auch der Papst in seiner Bulle bekannt hat*); demgemäß werden denn auch bei den einzelnen, in Frage kommenden Artikeln jedesmal bestimmte Bibelstellen citirt, mit denen sie sich angeblich in Widerspruch befinden sollen.

2) Die Rationabilität.

Die Principien, welche das Naturrecht für die Entstehung des Rechts bietet, haben doch verhältnißmäßig nur eine geringe Bedeutung, es werden nur die Spitzen der Rechtsinstitute davon berührt, und manche ganze Disciplinen, wie namentlich das eigentliche Kirchenrecht, haben damit wenig zu thun.

Es kommen vielmehr für die Bestimmung des Inhalts der kirchlichen Rechtsbildung andere Momente in Betracht, deren Gesammtheit den Begriff der Rationabilität bildet, ein Ausdruck, der schon im römischen Rechte vorkommt, der sich in den lateinischen Rechtsquellen des Mittelalters unzählige Male in allen möglichen

---

*) Man vergleiche darüber die oben citirte Abhandlung Homeyer's und die dort angeführte Literatur, namentlich Scheidt, bibl. Goett. hist., z. B. S. 102 ff.

Wendungen findet, und der uns aus den deutschen Quellen in Uebertragungen, wie gut und löblich, entgegentritt.

Es fragt sich nun, worin die Forderung, daß die Rechtsbildung rational sein solle, eigentlich bestehe; wir wollen in dieser Beziehung die Aussprüche unserer Rechtsquellen zusammenstellen.

Die Rationabilität tritt in einer doppelten Bedeutung zu Tage.

Es muß zunächst alles Kirchenrecht sich in Uebereinstimmung befinden mit dem kirchlichen Dogma; gewiß so natürlich wie möglich; denn wenn jede innere religiöse Ueberzeugung mit Nothwendigkeit zu einer äußern Gemeinschaft führt, jede äußere Gemeinschaft aber eine Organisation, ein Recht haben muß, wie das der Natur der Sache nach nicht anders sein kann, so ergiebt sich doch von selbst, daß die Beschaffenheit dieser Rechtsordnung nothwendig unter dem Einflusse der Glaubensgrundlage stehen muß; und in der That, die Geschichte der Kirchenverfassung zeigt uns, daß die Epochen in der Entwicklung des Dogmas immer auch Epochen in der Entwicklung der Verfassung herbeiführen.

Indem nun aber die Rücksicht auf das Dogma wieder nur den obersten Instituten und Normen ihren Inhalt giebt, dagegen auf die eigentliche Durchbildung des Details des Kirchenrechts ohne Einfluß bleibt, so kommen dafür nun eine Reihe anderer Momente in Betracht, deren Inbegriff in einem engern eigentlichen Sinne rationabilitas genannt wird. Es würde vergeblich sein, hier eine Aufzählung derselben zu versuchen, es gehört die Kenntniß davon weniger in das Kirchenrecht, als in die Kirchenpolitik, und es ist die schwere Aufgabe der kirchlichen Gesetzgebung, die Summe der in jedem Falle in Frage kommenden Verhältnisse zu erkennen und danach zu handeln. Dagegen wird es hier die Aufgabe sein, diejenigen Quellenstellen hier aufzuführen, die in den einschlagenden Decretalentiteln sich finden, und aus denen sich eine nähere Anschauung des Begriffs der Rationabilität ergiebt.

Es kommen in dieser Hinsicht zunächst drei Stellen aus dem Titel de constitutionibus in den Decretalen Gregors IX. in

Betracht, die es mit dem Inhalte von Capitelstatuten zu thun haben *).

1) Am besten leuchten die dabei geltenden Grundsätze ein aus einem Rescript Innocenz III., aus dem Jahre 1198, welches gemeinsam an den Erzbischof von Sens (Departement der Yonne) und den Bischof von Troyes (Departement der Aube) erlassen ist, und welches in seinem ganzen Umfange lautet:

c. 6. X. de constitutionibus 1, 2 **).

„Quum omnes unum corpus simus in Christo, singuli autem alter alterius membra, non debent majores minoribus, aut seniores junioribus invidere, sed omnes, qui in una ecclesia uni Domino famulantur, pari gaudeant libertate, quum pondus et pondus, mensura et mensura, utrumque abominabile sit apud Deum, et evangelicus paterfamilias pari mercede primos vineae suae operarios remuneraverit et extremos. Verum ad audientiam nostram pervenit, quod dilecti filii, Trecenses canonici propriis inhiantes commodis, et aliorum profectibus invidentes, novum fecerunt in Trecensi ecclesia constitutum, ut eis tam in praesentia sua, quam in absentia reditus suos ex integro percepturis, qui in eadem ecclesia post illam constitutionem fuerunt, vel de cetero fuerint instituti, reditus ex ea in absentia non percipiant, sed tunc solum, quum in ea fuerint residentes; quum secundum Trecensis ecclesiae consuetudinem omnes in hoc consueverunt esse pares. Statuerunt etiam, ut quum singulis praebendis annexae sint vineae, ipsis suas dum vixerint possidentibus, vineae decedentium ad successores non transeant, sed proventus earum inter singulos dividantur. Quum igitur, quod quisque juris in al-

*) Aehnliche Entscheidungen finden sich bei Benedict XIV. l. c. Lib. 11. c. 2. 4. 9. 10. 12. 13. Man vergleiche auch den Decretalentitel de his, quae fiunt a majori parte capituli 3, 11.

**) Die Stelle ist folgendermaaßen summirt: Non valet constitutio collegii in damnum aliquorum vel commodum aliorum, cessante rationabili causa. Vel sic: Absque rationabili causa non potest major pars capituli tollere consuetudinem, utilitatem privatam nutriendo.

terum statuit, ipse debeat uti eo, et sapientis dicat auctoritas „patere legem, quam tu ipse tuleris", fraternitati vestrae per apostolica scripta mandamus, quatenus antiquos canonicos junioribus, et juniores in perceptione fructuum tam praebendarum quam vinearum coaequetis antiquis, secundum priorem consuetudinem, usque ad tempus praedictae constitutionis servatam, vel secundum rationabilem institutionem in posterum observandam; illos per districtionem ecclesiasticam percellentes, si qui duxerint resistendum."

2) c. 9. X. de constit. (Innocenz III. an den Bischof von Clugny 1198.)

Wenn es sich in der vorigen Stelle besonders darum handelte, daß nicht eine Ungleichheit irgend welcher Art in den Einkünften der Kanoniker stattfinden sollte, die durch allerhand sinnreiche Mittel herbeizuführen man bestrebt war, so wird hier eine Rechtsbildung zurückgewiesen, nach welcher ein für allemal die Zahl der Stellen in einem Capitel fest normirt sein sollte, vielmehr soll bei allen solchen Festsetzungen vorbehalten werden: „nisi in tantum excrescerent ecclesiae facultates, quod pluribus possent sufficere competentes." Die Einkünfte sollen nicht als Selbstzweck angesehn werden, sondern nur Mittel zum Zwecke sein.

3) c. 12. X. de constit. (Honorius III. an den Bischof und Cantor von Chalons.)

Es liegt hier sogar ein Fall vor, wo die Zahl der Kanoniker oder Prälaten ohne allen Grund verringert ist, „ut sic in temporalibus magis abundent, propriis commodis inhiantes;" eine derartige Rechtsbildung aber wird ihres Inhalts wegen zurückgewiesen, „nolentes divini numinis minui cultum hujusmodi occasione in ecclesia ipsa, sed potius augmentari.

Es sind sodann für den Begriff Rationabilität wichtig fast sämmtliche Stellen aus dem Titel de consuetudine, nicht blos in den Decretalen Gregors IX., sondern namentlich auch im Sextus.

1) c. 2. X. de consuet. 1, 4. (Innocenz III. an den Erzbischof und das Capitel von Lyon 1198.)

Eine Rechtsbildung, wonach die Besitzübertragung einer abwesenden Sache ohne reale Apprehension in der Form der scotatio vorgenommen wird, erscheint als rational, und kann aufrecht erhalten werden.

2) c. 3. X. de consuet. 1, 4. (Innocenz III. an den Bischof von Poitou.)

Als irrational gilt dagegen eine Rechtsbildung, wonach in causis ecclesiasticis das Urtheil von Laien gefällt werden würde, mit andern Worten, das germanische Gerichtsverfahren mit der Betheiligung des Volks am Urtheil widerspricht der kirchlichen ratio; eine solche consuetudo wird „minus rationabilis" genannt, „quae canonicis obviat institutis;" es soll vielmehr verfahren werden, „sicut ordo postulat rationis."

3) c. 4. X. de consuet. 1, 4. (Innocenz III. an den Vicar von Constantinopel 1199.)

Als irrational gilt eine Rechtsbildung, wonach Priester, die den bischöflichen ordo nicht haben, befähigt sein sollen die jura ordinis reservata des Bischofs, namentlich die Firmung vorzunehmen; eine solche Gewohnheit ist zu verwerfen, „sui erroris fomentum solam consuetudinem praetendentes, quum diuturnitas temporis peccata non minuat, sed augmentet, quae tanto graviora existunt, quanto infelicem animam diutius detinent alligatam."

4) c. 5. X. de consuet. 1, 4. (Innocenz III. an den Decan und das Capitel von Mans 1205.)

Als irrational gilt eine Rechtsbildung, wonach eine einzelne Kirche von der bischöflichen Gewalt in der Weise eximirt wäre, daß sie dem Interdicte des Bischofs entgegen, feierlichen Gottesdienst abhalten könne; „quod ex superbia potius ad hoc, quam ex causa rationabili duceretur;" „nos igitur, cognito quod ex tali consuetudine, si qua foret, disrumperetur nervus ecclesiasticae disciplinae, ipsam de consensu fratrum nostrorum penitus duximus irritandam, quum non consuetudo, sed corruptela potius sit censenda."

5) c. 6. X. de consuet. 1, 4. (Innocenz III. an den Bischof von Ely 1208.)

Es wird hier allerdings kein bestimmter Fall entschieden, sondern es wird hinsichtlich eines neu eingesetzten Präcentor an der Londoner Kirche nur im Allgemeinen gesagt, er solle diejenige dignitas einnehmen, „quam, rationabilibus et approbatis consuetudinibus ecclesiae salvis, sine praejudicio alieno poterit obtinere," und die Wahl zwischen den verschiedenen Einrichtungen in dem englischen Rechte gelassen.

6) c. 7. X. de consuet. 1, 4. (Innocenz III. an das Kloster von Corvey 1208.)

Als irrational gilt eine Rechtsbildung, wonach ein Abt eines Klosters ohne Erlaubniß seines Obern seine Stellung vertauschen und ohne weitere Confirmation blos auf die Wahl hin sein Amt in dem neuen Kloster antreten könne; „quum igitur haec non tam consuetudo, quam corruptela merito sit censenda, quae profecto sacris est canonibus inimica, ipsam mandamus de cetero non observari."

7) c. 8. X. de consuet. 1, 4. (Innocenz III. an den Decan von Salisbury 1209.)

Als rational darf dagegen eine Rechtsbildung angesehen werden, wonach ein Kloster genöthigt ist, sich aus dem gremium eines bestimmten andern Klosters einen Abt zu wählen.

8) c. 9. X. de consuet. 1, 4. (Honorius III. an die Stadt Rupella.)

Als irrational muß eine Rechtsbildung gelten, wonach die eheliche Gütergemeinschaft bis dahin ausgedehnt ist, daß ein verschwenderischer Mann freie Disposition und eine ehebrecherische Frau noch Antheil daran habe; solche consuetudines sind abusivae, juri contrariae, gegen die salus und utilitas.

9) c. 1. de consuet. in 6to, 1, 4. (Bonifacius VIII.)

Als irrational gilt eine Rechtsbildung, wonach derselbe Kanonikus zwei Dignitäten, Personate oder Präposituren innehaben könne; eine solche Gewohnheit wird für eine corruptela erklärt, „inimica sacris canonibus, et quae de ambitionis radice processerit, . . quum unum officium vix digne valeat aliquis adimplere."

10) c. 2. de consuet. in 6to, 1, 4. (Bonifacius VIII.)

Als irrational gilt eine Rechtsbildung, wonach eine Appellation vom bischöflichen Official an den Bischof selbst gestattet wäre, denn zwischen beiden besteht eine Personeneinheit, indem die Gerichtsbarkeit des Officials nicht eine delegirte, sondern eine mandirte ist; „non putamus illam consuetudinem, quantocunque tempore de facto servatam, consonam rationi, .. ne ab eodem ad se ipsum, quum sit idem auditorium utriusque, appellatio interposita videatur."

11) c. 3. de consuet. in 6to, 1, 4. (Bonifacius VIII.)

Als rational gilt eine Rechtsbildung, wonach in seiner Strafgewalt der Bischof nicht gebunden ist an den Rath seines Capitels.

12) c. un. de consuet. in Extr. comm. 1, 1. (Johannes XXII.)

Als völlig irrational gilt endlich eine Rechtsbildung, wonach der Papst in seiner Machtvollkommenheit, überall hin Legaten zu entsenden, beschränkt werden sollte; „nos hujusmodi consuetudinem non tam irrationabilem, quam nonnunquam animarum saluti contrariam, detrahentemque apostolicae potestati, auctoritate apostolica penitus reprobantes, legatos ipsos ab omnibus, cujuscunque praeeminentiae, conditionis aut status fuerint, debere admitti decernimus, nec eos praetextu cujusvis consuetudinis impediri posse a quoquam."

Es ist hier um so weniger möglich, einen erschöpfenden Begriff der Rationabilität aufzustellen, als derselbe nur ganz im Allgemeinen überall den gleichen Inhalt hat, übrigens aber nach Zeiten und Völkern sich richtet. Es ist zwar an sich ganz richtig, wenn Gratian als die innern Erfordernisse einer jeden Rechtsnorm aufstellt die Eigenschaften der honestas, justitia, possibilitas, convenientia, und sich dafür auf jene Stelle des Isidor beruft, die nachher in so viele mittelalterliche Rechtsquellen als theoretische Verzierungen übergegangen ist *). Aber so sehr dies für alle Zeiten und unter allen

*) D. 4. c. 2. Erit autem lex honesta, justa, possibilis, secundum naturam, secundum patriae consuetudinem, loco temporique conveniens, necessaria, utilis, manifesta quoque, ne aliquid per obscuritatem in captionem contineat, nullo privato commodo, sed pro communi civium utilitate conscripta. Bekannt ist z. B. das Vorkommen dieser Sätze im jütischen Low.

Umständen maaßgebende Eigenschaften für alle Arten von Rechtsnormen sein werden, so versteht es sich doch von selbst, daß sich bei praktischen Vorgängen auf dem Gebiete der Rechtsbildung damit wenig wird anfangen lassen. Erst indem man tiefer in das Detail der zu regulirenden Verhältnisse eingeht, ergeben sich Grundsätze, wie sie für die praktische Gestaltung der Dinge wirklich maaßgebend sind; hier aber ist dann zu gleicher Zeit einleuchtend, daß der Begriff der Rationabilität kein absoluter ist, sondern nur ein relativer. Jene Verhältnisse, um deren äußere Regulirung es sich handelt, sind verschieden nach Zeiten und Völkern; es gilt das für das Recht überhaupt, aber auch für das Kirchenrecht insbesondere, und es ist auch die kirchliche ratio eine andere in verschiedenen Zeiten und Zuständen, bedingt durch die umgebenden Verhältnisse. So kann zunächst etwas, was zu einer Zeit sehr rational war, sehr irrational sein zu einer andern, und das Kirchenrecht ist im Großen und Ganzen zu jeder Zeit das Product aus der Summe der äußern Verhältnisse. Aber selbst in derselben Zeit ist die ratio, welche die kirchliche Rechtsbildung regelt, nicht eine und dieselbe. Man muß vielmehr einen regelmäßigen und einen unregelmäßigen Zustand der Dinge von einander unterscheiden; aus der Summe der regelmäßigen Verhältnisse geht das regelmäßige Kirchenrecht hervor, das jus commune; dagegen entspricht gewissen unregelmäßigen Zuständen eine eigenthümliche ratio, und auf dieser beruht das jus singulare; das jus singulare ist gerade deshalb in einem besondern Grade rational, weil die Eigenthümlichkeiten der Zustände darin ihren selbstständigen Ausdruck finden. Dies jus singulare kommt besonders in Betracht für gewisse Gegenden, namentlich für solche, in denen die Bekehrung erst eben stattgefunden hat; es herrscht eine ganz andere ratio in der rechtlichen Behandlung der Provinzen der Propaganda als in der Rechtsbildung, die für die Provinzen des heiligen Stuhls in Anwendung kommt *). Es können aber auch für Gegenden, die nicht zum Rechtsgebiete der Propaganda gehören, Rechtsnormen nothwendig werden, die von dem gewöhnlichen katholischen Kirchen-

*) Mejer, Propaganda, Bd. II. S. 201 ff., bes. S. 528 ff.

rechte abweichen, namentlich dann, wenn die Staatsgewalten gewissen Forderungen der Kirche entgegentreten, oder wenn sich eine episcopalistische Strömung geltend macht. Es ist dann interessant zu beobachten, bis zu welcher Grenze in ihren Concessionen die oberste rechtsbildende Gewalt der katholischen Kirche gehn zu können glaubt, wie weit Abweichungen von der gewöhnlichen kirchlichen ratio stattfinden können, wie weit also gewissen Zeitforderungen, die sich irgendwo geltend machen, Rechnung getragen werden soll. Dergleichen wird sich besonders in neuerer Zeit an dem Verhalten des Papstes gegenüber der französischen Revolution und der napoleonischen Herrschaft zeigen lassen, aber auch frühere Vorgänge, wie der Abfall der englischen Kirche, das Verhalten gegenüber der griechischen kommen dafür in Betracht. Etwas ganz anderes ist es natürlich, wenn auf Grund solcher Verhältnisse nicht neue Rechtsnormen erfolgen, sondern blos ein zeitweises Ignoriren stattfindet, welches vom kirchlichen Standpunkte aus eine thatsächliche, nicht aber eine rechtliche Bedeutung hat.

II. In der Anwendung auf die äußere Rechtsbildung.

So sehr nun aber auch die normale kirchliche Rechtsbildung hinsichtlich ihres Inhalts mit den Forderungen der Rationabilität sich im Einklange befinden muß, so kommt doch dies Moment für eine juristische Lehre von der kirchlichen Rechtsbildung nur in untergeordneter Weise in Betracht.

Es ist nämlich die kirchliche ratio keineswegs ein Moment, dessen Forderungen in jedem Augenblick nach allen Seiten hin klar wären; im Gegentheil, auch wenn man sich hinsichtlich des Ausgangspunkts durchaus mit einander in Uebereinstimmung befindet, so können doch die Ansichten darüber, was nun in einem gegebenen Falle nach Maaßgabe der Verhältnisse der ratio entspricht, in verschiedenster Richtung aus einander gehn. Wenn es nun aber demgemäß ein Spiritualismus ist, zu glauben, daß die ratio ohne weitere Vermittlung gleichsam von selbst sich auspräge*), wie die Pflanze aus dem Saamen, wenn vielmehr es wesentlich ankommt auf die Auffassung, welche bei den rechtsbildenden Organen über die Rationabilität besteht, so leuchtet von selbst ein, daß die Rücksicht auf die Principien, welche den Inhalt der Rechtsbildung bestimmen, wieder ganz zurücktritt hinter die Rücksicht auf das Subject der Rechtsbildung. Man wird dabei unwillkürlich an einen Vorgang in der französischen Deputirtenkammer erinnert, als Guizot in einer Bekämpfung der Volkssouveränetät derselben eine „souverainété de raison“ entgegenstellte, die statt dessen herrschen solle, und nun Odilon Barrot schlagend erwiderte, man käme damit nicht von der Stelle, denn es komme doch nun Alles auf ein Organ an, welches entscheiden müsse, was in einem concreten Falle der raison entspreche, was nicht.

Demgemäß tritt nun für die äußere Rechtsbildung gar keine Rücksicht auf das Moment der Rationabilität in dem Falle hervor, wenn es sich um Rechtsnormen handelt, die von dem höchsten rechtsbildenden Subjecte, von dem Träger der obersten Kirchengewalt ausgegangen sind; dieselben sind vielmehr an sich rational, oder was dasselbe sagen will, sie sind dem Erfordernisse der Rationabilität entzogen. Es ist eben keine äußere Autorität weiter da, welche in verbindlicher Weise ein Urtheil darüber abgeben könnte, daß etwas sich in Widerspruch mit der kirchlichen ratio befände. Das Urtheil darüber steht nur der Geschichte zu, den spätern Päpsten im Verhältniß zu ihren Vorgängern, was aber nicht so zu verstehn ist, als ob in jeder spätern Abänderung ein verwerfendes Urtheil über den Inhalt der frühern Rechtsbildung enthalten wäre, denn es kann etwas in einer frühern Zeit ein durchaus adäquater Ausdruck für die damals obwaltenden Verhältnisse gewesen sein, während eine spätere Zeit, nachdem die Zustände andere geworden sind, andere rechtliche Normen fordert. Alles, was in dieser Beziehung geschehn kann, sind Vorstellungen, welche namentlich von Seiten derer, die

---

*) Einem solchen Spiritualismus huldigt Isidor in D. 1. c. 5. §. 2. Porro si ratione lex constat, lex erit omne jam, quod ratio e constiterit.

mit der Ausführung der betreffenden Rechtsnormen beauftragt sind, also besonders von den Bischöfen in den Fällen erwartet werden, wo dieselben glauben, daß der Inhalt der betreffenden Norm den eigenthümlichen Verhältnissen ihrer Diöcese nicht entspreche; sie sollen dann „petitiones" einreichen, in denen die „propriae rationes provinciarum" auseinander gesetzt werden müssen, und denen stattgegeben wird, „si justis rationibus innixae comperiantur" *); und es wird das besonders dann erwartet, wenn es sich um päpstliche Rescripte handelt, die auf Grund einer einseitigen Darstellung erlassen sind **), in welchem Falle oft sogar in sehr energischen Ausdrücken eine Zurücknahme einer frühern Verordnung, und eine ausdrückliche Mißbilligung der in derselben enthaltenen Grundsätze erfolgt ***).

Erst wenn es sich um die Rechtsbildung kleinerer Kreise handelt, kann von einer wahrhaften Bedeutung des Erfordernisses der Rationabilität die Rede sein, und erst hier ist in der Rechtsbildungshoheit, welche den höhern kirchlichen Gewalten zusteht, die Möglichkeit gegeben, die Rücksicht auf den Inhalt der Rechtsbildung zu einem äußern bindenden Ausdrucke gelangen zu lassen. In der That gehören auch alle die Fälle, hinsichtlich deren im corpus juris von den Momenten der Rationabilität die Rede ist, solchen autonomen Rechtskreisen an; es sind namentlich Capitelstatuten, für welche dieselbe verlangt wird, es sind aber auch die Gewohnheiten einzelner Bisthümer auf allen möglichen Gebieten des kirchlichen Rechtslebens.

---

*) Benedict XIV. l. c. Lib. 9. c. 8.

**) c. 5. X. de rescriptis 1. 3. (Alexander III. an den Erzbischof von Ravenna.) Aut mandatum nostrum devote et reverenter adimpleas, aut per literas tuas, quare adimplere non possis, sufficientem et rationabilem causam praetendas, quia nos patienter sustinebimus, si non feceris, quod prava nobis fuerit insinuatione suggestum.

***) c. 10. X. de rescriptis 1, 3. (Lucius III.) Quod quantum sit contrarium Deo et sacris canonibus inimicum, nemo ambigit, qui vel modicam notitiam canonicae institutionis apprehendit. Tales itaque literas a cancellaria nostra non credimus prodiisse, vel si forte prodierint, conscientiam nostram, quae diversis occupationibus impedita singulis examinandis non sufficit, effugerunt.

Indem nun so für die autonome Rechtsbildung die Rationabilität als äußeres Erforderniß in einem ganz besondern Sinne geltend gemacht wird, so lassen sich doch wiederum gar keine Momente angeben, nach denen innerlich das Vorhandensein einer derartigen Rationabilität beurtheilt werden könnte, es kommt hier vielmehr Alles auf die Auffassung der höhern rechtsbildenden Gewalt an; und inwiefern es dieser gelingt, in ihrer Einwirkung auf die autonome Rechtsbildung die kirchliche ratio wirklich zur Geltung zu bringen, dafür fehlt es wieder an jeder äußern Garantie. Es ist in dieser Beziehung namentlich unrichtig, wenn oft behauptet wird, daß eine solche Rechtsbildung kleinerer Kreise, oder wie sie häufig genannt wird, die particuläre Rechtsbildung, zwar Lücken ausfüllen dürfe, daß sie aber nicht im Stande sei, neue Normen auch da entstehen zu lassen, wo bereits solche von den höhern Gewalten ausgegangen seien; in beiden Beziehungen unterliegt sie vielmehr der Controlle einer höhern Gewalt, die theils darüber wacht, daß die etwaigen Lücken auf eine rationale Weise ausgefüllt werden, theils in besondern Fällen gestattet, daß von sonstigen Rechtsnormen abgewichen werde.

Drittes Capitel.

Die Rechtsbildung hinsichtlich der Form.

I. Gesetz und Gewohnheit im Allgemeinen.

Die äußerliche Manifestation der Rechtsbildung geschieht auch auf dem kirchlichen Gebiete in einer doppelten Weise. Es wird nämlich entweder der auf rechtliche Festsetzungen gerichtete Wille des Trägers der Rechtsbildung in der Form des Gesetzes zu einer bestimmten äußern Fassung gebracht, oder es beherrscht dieser Wille, ohne irgend welche Formulirung erlangt zu haben, die Verhältnisse des Lebens. Es ist dabei ganz gleichgültig, ob eine schriftliche Abfassung stattgefunden hat, es ist das ein ganz äußerliches Merkmal ohne jedes weitere Interesse; es kann Gesetze geben, die niemals aufgeschrieben sind, wenigstens nicht bei ihrer Abfassung, und es kann auf der andern Seite Gewohnheiten geben, die schon früh in schriftliches Gewand gekleidet sind; Alles kommt darauf an, ob ein besonderer Act der rechtsbildenden Gewalt nachzuweisen ist oder nicht.

Es versteht sich auch hier ganz von selbst, daß das Gesetz die bei weitem vollkommenste Art der Manifestation des Rechtsbewußtseins ist, denn es erstreckt sich dabei die menschliche Geistesthätigkeit auch auf den Abschluß der Rechtsbildung, während die Gewohnheit auch hier eine in ihren Elementen stecken gebliebene Rechtsbildung ist, der es an der letzten Vollendung fehlt. Es hat sogar den Anschein, als ob manche Rechtsnormen und Rechtsinstitute sich gar nicht anders bilden könnten, als indem eine bewußte Thätigkeit des Trägers der Rechtsbildung dabei stattfindet. Die Gewohnheit ist einfach ein Nothbehelf, der zur Vollständigkeit des Rechtszustandes in untergeordneten Dingen nicht ganz entbehrt werden kann. Die Gewohnheit hat ihre Vortheile für die Selbstständigkeit eines Rechtszustandes, führt dagegen große Nachtheile hinsichtlich der Rechtssicherheit herbei.

Indessen abgesehen von dem Wünschenswerthen einer gewohnheitsmäßigen Rechtsbildung, und wie es sich auch mit der Werthschätzung des Gewohnheitsrechts verhalten möge, so steht doch auf kirchlichen Gebieten wenigstens so viel außer Zweifel, daß, was das thatsächliche Vorkommen der Gewohnheit betrifft, sie als die Ausnahme neben dem Gesetze erscheint; überall ist alles Wichtige gesetzlich fixirt, und die Gewohnheit bezieht sich vorwiegend nur auf die Rechtsbildung kleinerer Kreise. Und wenn nun ein solches Verhältniß zwischen Gesetz und Gewohnheit zu allen Zeiten stattgefunden hat, so doch namentlich jetzt; man würde daher, wenn es sich um eine Darstellung des gegenwärtigen Rechtszustandes handelt, ohne große Lücken damit zu Stande kommen, wenn man von der Gewohnheit dabei ganz abstrahirte; in der That ist das auch die Methode unserer Systeme des Kirchenrechts.

Zuletzt muß auch für die kirchliche Rechtsbildung die Behauptung aufgestellt werden, daß es unrichtig ist, wenn dieselbe so gut wie ganz aufgelöst wird in eine Theorie des Gewohnheitsrechts. Es muß im Gegentheil davon ausgegangen werden, daß es eine eigene Theorie des Gewohnheitsrechts gar nicht giebt, indem die gesammte Rechtsbildung bis zu dem Augenblicke, wo sie entweder als Gesetz oder als Gewohnheit sich manifestirt, ganz denselben Grundsätzen unterliegt, und daß der ganze Unterschied, der hier in Betracht kommt, lediglich auf die Form sich bezieht. Wie aber die Erfordernisse von Gesetz und Gewohnheit wesentlich dieselben sind, so sind es auch die Wirkungen.

II. Die Erfordernisse der Gewohnheit.

1) Hinsichtlich des Subjects.

Es hat die Gewohnheit zunächst nichts Eigenthümliches hinsichtlich des Subjects, sie ist vielmehr in dieser Beziehung ganz denselben Grundsätzen unterworfen, wie auch das Gesetz. Namentlich besteht in dieser Beziehung für die Gewohnheit keine größere Licenz, als für das Gesetz; es giebt demgemäß keine Gewohnheiten an sich, bei denen es auf einen bestimmten Träger gar nicht ankäme, sondern es wird überall nach der Competenz eines Trägers der Rechtsbildung gefragt. Es können deshalb kirchliche Gewohnheiten überhaupt nicht entstehn durch Laien, denen es an jeder Kirchengewalt fehlt, sie können aber selbst durch den Clerus nur entstehn nach Maaßgabe der Berechtigung der einzelnen clericalen Organe, und es können Gewohnheiten in den Capiteln und Klöstern nur in denselben Grenzen erfolgen, wie auch Gesetze. Das Zurückführen der Gewohnheiten auf bestimmte Träger der Rechtsbildung findet aber blos in dem Sinne statt, daß der betreffende Consens nicht als expressus und personalis, sondern blos als legalis und juridicus angenommen wird*); es kann demgemäß sehr wohl sein, daß eine Gewohnheit in einem Bisthum oder anderswo ihrer thatsächlichen Existenz nach auf einem Handeln der Pfarrer oder gar der Parochianen beruht, es kann das aber nur gleichsam als ein Vorschlag angesehn

*) Benedict XIV. l. c. Lib. 13. c. 5. n. 5.

werden, der erst dadurch rechtliche Bedeutung erlangt, daß der Träger der Rechtsbildung in dem betreffenden Kreise sich stillschweigend oder ausdrücklich mit den fraglichen Rechtsnormen einverstanden erklärt.

2) Hinsichtlich des Inhalts (Rationabilität).

Es hat dann aber die Gewohnheit ebensowenig etwas Eigenthümliches hinsichtlich des Inhalts, und es kommt das Erforderniß der Rationabilität für Gewohnheiten in gar keiner andern Beziehung in Betracht als auch für Gesetze. Es findet sich demgemäß dieses Erforderniß nicht für allgemeine Gewohnheiten, für solche, die auf die höchste Kirchengewalt zurückgeführt werden müssen*), ebenso wenig wie es sich für Gesetze, die von der höchsten Gewalt ausgegangen sind, findet. Dagegen findet es sich für alle Rechtsnormen, die ihrer Entstehung nach einem autonomen Kreise angehören, und hier nicht blos für Gewohnheiten**), sondern ebenso gut für Gesetze. Es geht das zunächst auf das Unzweideutigste hervor aus jenen drei Stellen, in denen Capitelstatuten wegen ihres Inhalts von dem geistlichen Obern cassirt wurden***), es finden dabei ganz dieselben Erwägungen statt, wie nachher in den andern Fällen, wo die autonome Rechtsnorm, um deren Inhalt es sich handelt, eine Gewohnheit war, und in einer derselben wird der Ausdruck rationabilis geradezu gebraucht†); es findet aber so wenig eine Begünstigung dieser autonomen Gesetze vor Gewohnheiten autonomer Kreise statt, daß in allen drei Fällen ausdrücklich gesagt wird, der bisherige Rechtszustand, um dessen Abänderung durch das fragliche Gesetz es sich handelt, habe lediglich auf Gewohnheit beruht. Es läßt sich weiter dafür verweisen auf eine Stelle ††), in der es sich um ein Gesetz handelt, welches zu Ungunsten der Kirche von

*) In keiner der zahlreichen Stellen, wo von der Rationabilität von Gewohnheiten die Rede ist, liegen allgemeine Gewohnheiten zu Grunde.

**) Alle Gewohnheiten, von denen die Rationabilität erörtert wird, gehören der autonomen Rechtsbildung an.

***) c. 6. 9. 12. X. de constit. 1, 2.

†) c. 6. X. de constit. 1, 2.

††) c. 7. X. de constit. 1, 2.

Laien ausgegangen ist, und welches nicht blos zurückgewiesen wird, sondern welches statt „constitutio“ genannt wird „destitutio, destructio“, ganz ähnlich wie häufig gesagt wird, es sei etwas nicht eine „consuetudo“, sondern eine „corruptela“. Besonders schlagend scheint mir dann endlich für die behauptete Gleichstellung von Gesetz und Gewohnheit hinsichtlich des Erfordernisses der Rationabilität ein Rescript Bonifacius VIII. zu sein*), in dem es heißt: quia tamen locorum specialium et personarum singularium consuetudines et statuta, quum sint facta et in facto consistant, licet probabiliter ignorare: ipsis dum tamen sint rationabilia . ., denn es geht daraus doch auf das deutlichste hervor, daß das Erforderniß sich auf alle autonome Rechtsbildung beziehe, mag dieselbe nun in den Formen des Gesetzes oder der Gewohnheit auftreten**).

Wenn trotzdem die gemeine Meinung der Rechtsgelehrten seit Jahrhunderten dahin gegangen ist, daß die Rationabilität ein dem Gewohnheitsrechte eigenthümliches Moment wäre, so möchte ein doppeltes Motiv zusammengetroffen sein, um ein solches Mißverständniß gegenüber der unzweideutigen Ansicht der Quellen herbeizuführen. Es möchte zunächst die unrichtige Ansicht dabei maaßgebend gewesen sein, nach welcher die Gewohnheit hinsichtlich des Subjects gar keinen Anforderungen unterworfen sei, vielmehr in dieser Beziehung ziemlich wild wachse, so daß denn auf irgend eine andere Weise für ein Kriterium gesorgt werden müßte, wodurch die dieser Art der Rechtsbildung eigenthümliche Gefährlichkeit abgewandt oder doch eingeschränkt werden könnte; ganz natürlich, indem man in jener Beziehung die größte Freiheit statuirte, kam man in dieser Beziehung zu unnatürlichen Beschränkungen. Dazu kam dann, daß allerdings eine oberflächliche Betrachtung der Quellen einer derartigen Annahme Vorschub leisten konnte, da es richtig ist, daß in den Decretalentiteln über die Gewohnheit die Erwähnung dieses Erfordernisses häu-

---

*) c. 1. de constit. in 6to, 1, 2.

**) Interessant ist auch die Fassung der Summe: nova constitutio principalis tollit primam contrariam, quamvis id non exprimat; speciales consuetudines et statuta rationabilia non tollit, nisi id exprimat.

figer ist, als in denen über die Gesetze. Man übersah dabei nur zweierlei; einmal daß alle jene Gewohnheiten, bei denen das fragliche Erforderniß ausgedrückt war, autonomen Kreisen angehörten; dann aber, daß bei Gesetzen autonomer Kreise eine solche fortwährende Einschärfung dieses Erfordernisses weniger nothwendig war, nicht blos, weil eine bewußtere Reflexion bei ihrer Entstehung stattfindet, und also eine Rücksicht auf die kirchliche ratio bestimmter in Betracht gezogen werden kann, sondern auch weil die Gesetze leichter zur Kunde der höhern rechtsbildenden Gewalten kommen, indem ja oft eine Vorlage derselben ausdrücklich bestimmt ist, und also diese Rücksicht schon auf diese Weise ihre Erledigung findet.

Endlich mag hier noch ein Punkt erwähnt werden, auf dessen weitere Geltendmachung ich jedoch verzichten will, den ich nur zur Abweisung von möglichen Einwürfen berücksichtigen muß. Nach dem Sprachgebrauche, den wir im Mittelalter kennen gelernt haben, bedeutete der Ausdruck Gewohnheit nicht blos Gewohnheitsrecht im engern Sinne, sondern auch Recht überhaupt. Es könnte daher das Erforderniß der ratio, welches hinsichtlich einer consuetudo geltend gemacht wird, einen Bezug haben auf Recht überhaupt. Noch mehr; die Gewohnheit kommt besonders nur vor innerhalb kleinerer Kreise, an vielen Stellen heißt offenbar consuetudo nichts anderes, als das Recht kleinerer Kreise; und es könnte demgemäß wiederum die rationabilitas, welche von einer consuetudo gefordert wird, sich beziehn auf das Recht kleinerer Kreise überhaupt, ganz ohne weitere Rücksicht darauf, ob dasselbe als Gesetz oder als Gewohnheit sich manifestirt hätte.

3) Hinsichtlich der Form (legitima praescriptio).

Erst in der Art und Weise der äußern Manifestation der Rechtsbildung tritt ein Unterschied von Gesetz und Gewohnheit zu Tage. Es ist das Eigenthümliche der Gewohnheit, daß die Rechtsnormen, ohne eine bestimmte Formulirung erhalten zu haben, unmittelbar aus den Handlungen sich ergeben. Es muß demgemäß bei jeder Gewohnheit, damit dieselbe zu Stande komme, irgend ein Zeitablauf stattgefunden haben.

Es ist nun aber eine Singularität der Gewohnheit im katholischen Kirchenrecht, daß dieser Zeitablauf ein vom Gesetze ein für alle Mal festgesetzter ist, so daß für die außerordentliche Verschiedenheit der Fälle gar keine verschiedenartige Behandlungsweise vorliegt, sondern daß überall für das Vorhandensein oder Nichtvorhandensein eines Gewohnheitsrechts dieselbe mechanische Regel entscheidet, die also für den Rechtssatz, um den es sich handelt, bald einen zu großen, bald einen zu geringen Zeitablauf fordern wird.

Das Erforderniß dieses bestimmten Zeitablaufs für die Gewohnheit des katholischen Kirchenrechts wird in den Quellen bezeichnet als legitima praescriptio, so wenigstens kommen die Worte in andern Wendungen vor, wenn auch die substantivische Form sich nicht findet. So wenig nun die rationabilitas Anspruch darauf hat, als ein Erforderniß zu gelten, welches dem kirchlichen Gewohnheitsrechte eigenthümlich wäre, indem vielmehr alles autonome Kirchenrecht, ja alles autonome Recht überhaupt dieser Forderung unterliegt, so sehr muß doch in der legitima praescriptio ein wahres Requisit des kirchlichen Gewohnheitsrechts gesehn werden, wodurch sich sogar das kirchliche Gewohnheitsrecht von dem sonstigen Gewohnheitsrecht unterscheidet.

Es fragt sich nur, was man unter dem Erforderniß der legitima praescriptio zu verstehn hat. Es ist in dieser Beziehung zunächst darauf hinzuweisen, daß die Aufstellung dieses Erfordernisses einer verhältnißmäßig spätern Zeit angehört. Noch im Decrete Gratians findet sich davon keine Spur, es stehn da blos jene Stellen aus dem römischen Recht, in welchen von einer longa consuetudo die Rede ist, worunter man sowohl in den römischen Verhältnissen wie auch damals blos eine unbestimmte Zeit verstand. Wie es nun auch mit der Doctrin des 12. Jahrhunderts beschaffen gewesen sein mag, jedenfalls ist Innocenz III. der erste gewesen, der die longitas temporis in eine legitima praescriptio verwandelt hat, aber es handelt sich in den Entscheidungen, die von ihm ausgehn, doch immer nur um einzelne Fälle, die mannigfachen Zweifeln Raum lassen, zu einer principiellen Vorschrift ist es erst gekommen unter Gregor IX. bei der Emanation der Decretalensammlung. Das caput 11. X. de consuet. 1, 4. ist eins von denen, die erst ihre Entstehung der Codification selbst verdanken, die blos abgefaßt sind, um in dunkeln Fragen die Entscheidung klar zu machen. Es stellt sich nun weiter diese Stelle heraus als eine Paraphrase der l. 2. C. quae sit longa consuet., welche in's Decret wörtlich aufgenommen war *), und worin, wie es scheint, der Ausdruck longaeva consuetudo durch legitima praescriptio erklärt wird; es heißt nämlich:

Licet etiam longaevae consuetudinis non sit vilis auctoritas, non tamen est usque adeo valitura, ut vel juri positivo debeat praejudicium generare, nisi fuerit rationabilis et legitime sit praescripta.

Eine weitere Erklärung des Ausdrucks legitima praescriptio findet sich dann in den Quellen nirgends, indeß man hat allen Grund, darin nicht einen beliebigen Zeitablauf, sondern die bestimmte Verjährungsfrist des römischen Rechts zu sehen. Es kommt dafür zunächst in Betracht der Umstand, daß auch von den Bearbeitern des römischen Rechts in damaliger Zeit das longum tempus der römischen Quellen in diesem Sinne gedeutet wurde, es kommt dann dazu, daß damals die engste Verbindung in der wissenschaftlichen Bearbeitung des römischen und des canonischen Rechts bestand; und eine solche Uebertragung dieser römischen Zeitbestimmung auf ganz fremdartige Verhältnisse hatte zuletzt so wenig etwas Fremdartiges, daß es vielmehr der damaligen Zeitrichtung, die nirgends zwischen öffentlichen und Privatrechtsverhältnissen zu scheiden wußte, ganz und gar entsprach.

Von zwei Seiten her ist es bis auf die neueste Zeit bestritten worden, daß die Gewohnheit des katholischen Kirchenrechts den römischen Verjährungsfristen unterworfen sei.

Von der einen Seite her ist es nämlich geleugnet, daß die betreffenden Stellen, in denen von der Präscription einer Gewohnheit die Rede sei, sich überhaupt auf Gewohnheit bezögen, indem hier unter Gewohnheit nicht objectives, sondern subjectives Recht ver-

*) D. 11. c. 3.

standen wäre, so daß es sich nicht um die Entstehung neuer Rechtssätze, sondern blos um den Erwerb von Rechten, um Rechtsanwendung auf dem Boden der bestehenden Rechtsordnung handle. Obgleich man hoffen konnte, daß diese Ansicht nach den vorzüglichen Ausführungen von Puchta *) und Phillips **) für immer widerlegt sei, so ist sie doch neuerdings von einem so hervorragenden katholischen Kirchenrechtslehrer wie Schulte unter Anwendung eines großen wissenschaftlichen Apparats wiederum vertheidigt worden ***). Die Untersuchung bewegt sich hier offenbar auf einem sehr unsichern Boden, denn es können über die Grenzen von subjectivem und objectivem Recht in einzelnen Fällen sehr wohl Zweifel bestehn. Um so mehr muß dann aber eine Methode zurückgewiesen werden, welche gerade von den Schwierigkeiten, die in dieser Beziehung bestehn, lebt. In der That beruht das ganze Verfahren, welches Schulte neuerdings angewandt hat, einfach darauf, daß er die einzige Stelle, auf die es wirklich ankommt, insofern sie in unserm Titel steht und eigends zu diesem Zweck abgefaßt ist, möglichst hintansetzte, dagegen andere Stellen, in denen nur beiläufig bei andern Gelegenheiten von der consuetudo die Rede ist, ganz unberechtigt in den Vordergrund stellt. Mir scheint es nicht, als ob in irgend einer jener Stellen unter consuetudo ein subjectives Recht zu verstehn sei, aber wenn man auch in allen jenen Stellen consuetudo als subjectives Recht fassen wollte, so würde doch das caput ult. de consuet. immer noch ein ungelöstes Räthsel bleiben.

Von einer andern Seite her ist es dann freilich anerkannt worden, daß Gewohnheit einfach Gewohnheit sei, es ist aber behauptet, daß trotzdem die Gewohnheit den römischen Verjährungsfristen nicht unterworfen sei, weil der Ausdruck legitima praescriptio nicht den römisch technischen, sondern einen andern harmlosern Sinn habe, und nur soviel bedeute, wie longa consuetudo. Es scheint mir das nun aber so völlig willkürlich zu sein, daß selbst die Autorität

*) Puchta, das Gewohnheitsrecht, Th. II. S. 93 ff., bes. S. 279 ff.

**) Phillips, Kirchenrecht, Bd. III. S. 741 ff.

***) Schulte, das katholische Kirchenrecht, Th. 1. §. 38.

Savigny's, der neuerdings diese Ansicht beiläufig aufgestellt hat *), derselben nicht viele Anhänger hat gewinnen können.

Man wird also trotz mancher Unklarheiten, die in der Beschaffenheit der Quellen liegen, doch an der Ansicht festhalten müssen, die seit dem dreizehnten Jahrhundert in der Wissenschaft und Praxis die vorherrschende gewesen ist; und man wird alle Versuche, die hin und wieder unternommen worden sind, um die kirchenrechtlichen Gewohnheiten dieses Erfordernisses zu entledigen, nur betrachten dürfen als gutgemeinte Bemühungen, das katholische Kirchenrecht von einer im Mittelalter entstandenen Absurdität zu befreien, die in den Quellen indeß zu fest begründet ist, als daß sie bei allen Angriffspunkten, die sich darbieten, ernsthaft in Frage gestellt werden könnte.

Nur die Bemerkung möge hier noch gestattet sein, daß sich das Erforderniß jenes bestimmten Zeitablaufs blos auf die Gewohnheit im katholischen Kirchenrechte bezieht, nicht aber auf das Gewohnheitsrecht überhaupt, auch in den Ländern nicht, wo eine sogenannte Reception des canonischen Rechts stattgefunden hat. Denn wenn dasjenige richtig ist, was oben bei der Kritik der bisherigen Lehren auf den ersten Seiten dieser Schrift gesagt ist, so gehört das canonische Recht nicht zu den Quellen, aus denen die Grundsätze für die deutsche staatliche Rechtsbildung zu entnehmen sind. Trotzdem wäre es nicht unmöglich, daß Savigny sich gerade aus dem Grunde gegen das Erforderniß der Präscription im canonischen Rechte erklärt hat, um dasselbe nicht für die heutige Rechtsbildung Deutschlands in Anwendung bringen zu müssen; freilich hat Savigny die Geltung der fremden Rechte in dieser Beziehung principiell in Abrede gestellt, wir haben indessen gesehn, daß er trotzdem fortwährend unter der Herrschaft der Idee ihrer Geltung auch in diesen Fragen stand.

III. Die Wirkungen der Gewohnheit.

Wie das Gewohnheitsrecht in den Erfordernissen dem Gesetze gleichsteht, so findet auch in den Wirkungen keine Verschiedenheit

*) v. Savigny, System des heutigen römischen Rechts, Bd. I. S. 155. 427.

statt; eine eigene Theorie des Gewohnheitsrechts giebt es auch in dieser Beziehung nicht. Die Gewohnheit hat also ganz dieselbe Kraft wie ein Gesetz, und kommt nicht nur zur Geltung in solchen Fällen, wo ein Gesetz in der fraglichen Richtung nicht existirt, sondern sie vermag auch ein bestehendes Gesetz aufzuheben; sie hat derogatorische Bedeutung so gut wie supplirende und confirmatorische, und alle die Unterscheidungen von consuetudines contra, praeter, secundum legem, die von der Schule erfunden sind, haben in dieser Beziehung nicht die geringste Bedeutung. Es ist auch dafür wieder völlig entscheidend das cap. ult. de consuet., denn indem dort vorgeschrieben ist, eine Gewohnheit solle dem positiven Recht nicht derogiren, wenn sie nicht rationabilis und legitime praescripta sei, so versteht sich doch nun von selbst, daß eine Gewohnheit, der diese Eigenschaften innewohnen, in der That diese Bedeutung habe; und wenn noch der geringste Zweifel bestehn sollte, so ist wenigstens Benedict XIV. in ausdrücklicher Bezugnahme auf jene Stelle ganz derselben Ansicht gewesen, indem er sagt*): Nihil magis tritum, quam legem quamlibet humanam etiam canonicam posse contraria consuetudine, quae sit rationabilis et legitime praescripta, abrogari.

Indessen damit diese Gleichstellung von Gesetz und Gewohnheit stattfinden könne hinsichtlich der Wirkungen, so ist nun auch unbedingt erforderlich, daß eine Gleichstellung auch wirklich stattfinde hinsichtlich der Erfordernisse. In dieser Beziehung muß aber wiederum das entschiedenste Gewicht darauf gelegt werden, daß nur diejenigen Gewohnheiten gleiche Kraft wie die Gesetze haben, die auch wirklich demselben rechtsbildenden Kreise angehören. Es können daher päpstliche Gesetze nur durch allgemeine Gewohnheiten aufgehoben werden, und nicht durch die Gewohnheiten kleinerer Kreise, eine jede Gewohnheit ist nur innerhalb ihres Kreises einem Gesetze gewachsen; und nur insofern die weit meisten Gewohnheiten kleinern Kreisen angehören, ja die autonome Rechtsbildung eine wesentlich gewohnheitsmäßige ist, mag gesagt werden dürfen, daß die Gewohn-

*) Benedict XIV. l. c. Lib. 12. c. 8. n. 8.

heiten gegenüber von Gesetzen, die dann als allgemeinere Gesetze genommen werden, keine Kraft haben. Hinsichtlich der Rechtsnormen, die demselben Kreise angehören, kommt es nur darauf an, welches die spätere ist, während auf die Natur derselben als Gesetz oder als Gewohnheit nichts ankommt. Dagegen versteht es sich keineswegs von selbst, daß die Normen, die von höhern rechtsbildenden Gewalten ausgehn, auch ohne Weiteres den Rechtssätzen kleinerer Kreise derogiren, sondern es ist hier zu Gunsten dieser Rechtsbildung ausdrücklich bestimmt, daß das nur der Fall sein soll, wenn es in dem allgemeinen Gesetze speciell erwähnt wird *). Indem nun dergleichen bei allgemeinen Gewohnheiten allerdings nicht möglich ist, so sind diese freilich nicht im Stande, Rechtsnormen kleinerer Kreise, sei es nun, daß sie auf Gesetz oder auf Gewohnheit beruhen, außer Wirksamkeit zu setzen.

Schon früh ist in diese Lehre Verwirrung gebracht worden; und man wird nicht irre gehn, wenn man die Schuld der mangelhaften Bearbeitung derselben bis auf die Gegenwart wiederum dem Decrete Gratians zuschreibt, wo in der D. 11. u. 12. gerade diese Fragen besonders ungenügend dargestellt sind. Es mag hier zum Schlusse noch eine Probe der Methode stehn, nach welcher die Bearbeitung dort erfolgt ist. Gratian beginnt seine Theorie über die Wirkungen der Gewohnheit mit dem Lehrsatze: quod vero legibus consuetudo cedat, Isidorus testatur; in der zum Belege angeführten Stelle des Isidor, der hier außerdem nicht die geringste Autorität haben würde, steht dann aber weiter Nichts als: pravum usum lex et ratio vincat; es ist also nicht von Gewohnheit und Gesetzen an sich, sondern blos von einer schlechten Gewohnheit im Verhältniß zu einem rationalen Gesetze die Rede. Es folgt dann eine Stelle aus einem Briefe des Papstes Nicolaus I. an den griechischen Kaiser Michael, worin einfach gesagt wird, daß päpstliche Gesetze nicht durch Gewohnheiten, die deutlich genug als particuläre charakterisirt

*) z. B. c. 1. de constit. in 6to 1, 2; c. 1. X. de rescript. 1, 3. — Benedict XIV. l. c. Lib. 1. c. 1. n. 15.

werden*), aufgehoben werden sollen; worin also wiederum kein Beleg für jenen Satz liegt. Die folgende Stelle ist theils pseudo-isidorisch, theils handelt es sich darin nur um eine Ermahnung eines Papstes an die orientalischen Bischöfe, in Uebereinstimmung mit den Lehren und Einrichtungen der Apostel zu leben; das Wort consuetudo kommt nur in der Summe vor. Endlich steht dann in diesem Zusammenhange das bekannte Constantinische Rescript, das hier zunächst wieder ohne jede formelle Autorität ist, das dann aber auch deshalb nicht hierher gehört, weil es, wenn auch in seinem Sinne bestritten, doch nach der Meinung der Meisten wieder nur ausdrücken soll, daß eine irrationale Gewohnheit gegenüber einem rationalen Gesetze nichts ausrichte. Aus dem Allen wird dann von Gratian nochmals der Schluß gezogen: Quum vero nec sacris canonibus nec humanis legibus consuetudo obviare monstratur inconcussa servanda est. Indem dann die folgende Stelle wieder gar nichts enthält, was die Summe besagt, so folgen zunächst Allgemeinheiten und Erörterungen zu Gunsten des Primats. Dergleichen dauert bis zum Ende der D. 11. und setzt sich in die folgende Distinction hinein fort, und wird durch die verschiedenartigsten Excerpte des heterogensten Inhalts weiter ausgeführt.

*) D. 11. c. 2. proprias tantum sequendo voluntates.

Zweite Abtheilung.

Die Rechtsbildung der protestantischen Kirche.

Einleitung.

Die Kritik der bisherigen Lehren.

In einem ganz besondern Grade muß das Ungenügende der bisherigen wissenschaftlichen Bearbeitung gerade für das protestantische Kirchenrecht behauptet werden.

Aus einem doppelten Grunde.

Es fehlte hauptsächlich von vornherein an der richtigen Methode, indem man ganz ähnlich wie bei der Theorie der staatlichen Rechtsbildung, statt aus den Grundsätzen der Verfassung und den Vorgängen des wirklichen Lebens eine derartige Lehre zu entwickeln, eine unter ganz andern Verhältnissen entstandene dabei zu Grunde legte, und während man auf staatlichem Gebiete das römische Recht auch in diesen Dingen recipirte, hinsichtlich der protestantischen Rechtsbildung das katholische Kirchenrecht beibehielt; in einer zwar maaßvollen Anwendung, ohne daß große Differenzen zwischen Theorie und Praxis entstanden wären, aber doch so, daß man sich jeder Möglichkeit beraubte, eine völlig entsprechende Theorie zu gewinnen.

Ueberhaupt aber ist es bisher in der Literatur des protestantischen Kirchenrechts zu einer umfassenden Behandlung dieser Lehre noch gar nicht gekommen; es giebt keine einzige literarische Erscheinung, in der das auch nur versucht wäre, es giebt höchstens Monographien über einzelne Fragen, die an ihrer Stelle berücksichtigt werden sollen. Wie sehr das protestantische Kirchenrecht in seiner ganzen wissenschaftlichen Ausbildung hinter dem katholischen zurücksteht, so ist doch zu bedenken, daß dort die Bearbeitung seit tausend Jahren von allen europäischen Völkern unternommen ist, während die Cultur des protestantischen Kirchenrechts erst seit drei hundert Jahren wesentlich nur von den Deutschen in Angriff genommen ist.

Erster Abschnitt.

Das göttliche Recht.

Erstes Capitel.

Die principielle Verwerfung desselben.

Es ist das Grundprincip des Protestantismus, daß die Rechtfertigung der Menschen vor Gott nicht geschehen kann durch eigene Kräfte, Verdienste und Werke, daß sie vielmehr nur geschehen kann durch den Glauben an Christus, der durch seinen Tod die Sünden der Menschen gesühnt hat *). „Von diesem Artikel," heißt es, „kann man nicht weichen oder nachgeben, es falle Himmel und Erde, oder was nicht bleiben will; und auf diesem Artikel stehet Alles, was wir wider den Papst, Teufel und Welt lehren und leben; darum müssen wir des gar gewiß sein und nicht zweifeln, sonst ist es Alles verloren, und behält Papst und Teufel und Alles wider uns den Sieg und Recht" **).

Indem nun die Rechtfertigung allein aus dem Glauben das

*) Conf. Aug. Art 4. Item docent, quod homines non possint justificari coram Deo propriis viribus, meritis et operibus, sed gratis justificentur propter Christum per fidem, quum credunt se in gratiam recipi et peccata remitti propter Christum, qui sua morte pro nostris peccatis satisfecit.

**) Schmalk. Art. P. II. Art. 1. — Luther, ausführliche Erklärung der Epistel an die Galater, 1535, bei Walch, Ausg. von Luthers Werken, Th. VIII. S. 1512 ff.; auch Auslegung des Matth. Cap. 15, und Johannes Cap. 6. 7. 8. (Walch, Th. VII. S. 364 ff. 2378.)

Grundprincip des Protestantismus ist, so haben alle äußern Handlungen und Gebräuche, welcher Art sie auch seien, auf die Rechtfertigung keinen unmittelbaren Einfluß, eine Consequenz, die in den Bekenntnißschriften und Aeußerungen der Reformatoren in den verschiedensten Wendungen zum Ausdrucke gebracht wird, indem es heißt, Christus sei nicht ein Gesetzgeber, sondern blos ein Lehrer gewesen, und wie man zu keines Menschen Testament einen Zusatz machen solle, so noch viel weniger zu Christi, der blos ein Evangelium, nicht aber eine nova lex hinterlassen habe; dergleichen Aeußerlichkeiten wie Messe, Fegfeuer, Wallfahrten, Brüderschaften, Reliquien, Ablaß, Heiligenverehrung, wodurch die Gewissen bedrückt würden, und wodurch man suche Seligkeit zu erlangen, seien gegen das Evangelium, wie das Wasser gegen das Feuer, das heiße mit des Teufels Lehre das Evangelium unterdrücken; und wie nun einst Christus und die Apostel gegenüber den jüdischen Ceremonialgesetzen die christliche Freiheit geltend gemacht hätten, indem sie frei hindurchgegangen seien, und in der Verwerfung des Sabbats, der Fasten, der Beschneidung die jüdischen Fabeln durchhauen hätten, wie Alexander den gordischen Knoten, so müßte es heute wiederum geschehen, nachdem das Papstthum in den jüdischen Irrthum von der Nothwendigkeit äußerer Werke zurückgefallen sei *).

Das Alles bezieht sich nun namentlich auch auf den äußern Organismus der Kirche, auf das Recht, welches also demgemäß nicht eine innere Bedeutung, sondern nur eine äußere hat, welches ohne irgend welche Beziehung auf die Rechtfertigung nur für die äußere Ordnung in Betracht kommt, welches auf keinem Punkte göttlichen Ursprungs ist, sondern in seinem ganzen Umfange auf freier menschlicher Thätigkeit beruht. Die Ceremonien sind, um in

*) Man vergleiche namentlich Apol. Conf. Art. 15., außerdem die Artikel aus dem zweiten Theil der Augsb. Conf., und die entsprechenden aus der Apologie, besonders Conf. Aug. Art. 26. 27. 28. Apol. Conf. Art. 23. 24. Sodann Schmalk. Art. P. II. Art. 2. 3. 4. Catech. major. P. I. S. 400. (Müller, symb. Bücher.) Form. Conc. P. I. Art. 10; P. II. Art. 10. Endlich Luther in der Form. missa. 1523. (Richter, Kirchenordnungen, Bd. I. S. 5.) und Deudsche Messe, 1526. (I. S. 35.)

der Sprache der Reformationszeit zu reden, nichts als auswendiger Tand, nur um Friedens willen eingeführt, damit, wenn die ganze Gemeinde zusammenkomme, wie schon Paulus gesagt habe, Alles ordentlich zugehe, und nicht Jeder seinen Gesang und Gebet auf eigene Hand anfange, denn Gott sei ein Gott der Ordnung, nicht der Unordnung, die Ordnungen seien aber nicht Seelenstricke für die Conscientien, sondern willkürliche Dinge, von denen die christliche Freiheit unberührt bliebe *).

Indem nun demgemäß die Freiheit der menschlichen Rechtsbildung auf dem Gebiete des protestantischen Kirchenrechts eine absolute ist, sich beziehend auf das Größte wie auf das Kleinste, so ist es zunächst möglich, daß in den verschiedenen Ländern ganz verschiedene kirchliche Einrichtungen bestehn. Wenn es auch gut sei, dergleichen einmüthig zu halten, so sei es doch wie im weltlichen Regimente, wo die eine Stadt andere Gebräuche habe als die andere; die Einigkeit der Kirche werde durch derartige Verschiedenheiten so wenig berührt, wie durch die Verschiedenheit der Länge der Tage, den Unterschied der deutschen und französischen Kleidung, indem beide Moden vor Gott gerecht machen könnten; Gleichheit könne nicht überall

*) Conf. Aug. Art. 15. 26. 28. Apol. Conf. Art. 15. 27. 28. — Besonders klar ist das ausgesprochen in den Eingängen und Schlußworten der Kirchenordnungen, namentlich in folgenden: Stralsunder KO. 1525. I. 23. „nene unnödig gades deenst mit gewissen gesüngen edder andern vthwendigen dhonde schall in der Kerken bestädigt werden, dat de lude leren, dat in solken butenwendigen dhonde nen christendhom nicht steit.“ Landesordn. f. d. Herzogthum Preußen. 1525. I. 28. — Unterricht für die Visit. u. Pfarrh. im Kurfürst. Sachsen. 1528. I. 82 ff. Hess. KO. 1532. I. 162 ff. Brandenb.-Nürnb. KO. 1533. I. 176 ff. Clev. KO. 1533. I. 218. Wittenb. KO. 1533. I. 220. Würtemb. KO. 1536. I. 226 ff. Hannov. KO. 1536. I. 273 ff. Casseler KO. 1539. I. 295. Brandenb. KO. 1540. I. 323. Hall. KO. 1541. I. 339 ff. Schlesw.-Holst. KO. 1542. I. 353 ff. KO. f. Calenb. u. Gött. 1542. I. 362. Wittenb. KO. 1542. I. 367. Pomm. KO. 1542. II. 1 ff. Hall. KO. 1543. II. 14 ff. Preuß. KO. 1544. II. 64 ff. Ratzeb. KO. 1544. II. 78. Meckl. KO. 1552. II. 115 ff. Würtemb. KO. 1553. II. 131. Wittgenst. KO. 1555. II. 160. Magdeb. KO. 1562. II. 228 ff. Pomm. KO. 1563. II. 229 ff. Pomm. Syn. Stat. 1574. II. 386 ff. und ganz besonders Kursächs. KO. 1580. II. 401 ff. 440 ff.

bestehn, weil nicht überall die Gelegenheit gleich sei*). Ja es wird sogar vielfach noch weiter gegangen; wenn es auch an sich recht gut sei, die christliche Freiheit zu Gunsten der christlichen Einigkeit zu beschränken, so sei doch jetzt noch eine große Gefahr vorhanden, daß Unverständige dann in dergleichen wesentliche Stücke des Gottesdienstes sähen; man möge also an der Ungleichheit der Ceremonien nicht Anstoß nehmen, im Gegentheil, man solle sich dabei der christlichen Freiheit erinnern; es wird geradezu gesagt, daß es bedenklich sei, schon jetzt das ganze Lebensgebiet der Augsburgischen Confession hinsichtlich des äußern Organismus einheitlich zu gestalten**). In der That ist denn auch von dieser Möglichkeit einer particulären Entwicklung in weitestem Umfange auf dem Boden der wirklichen Verhältnisse Gebrauch gemacht worden, denn abgesehn davon, daß man in den ersten Zeiten vielfach die Beibehaltung der katholischen Kirchenverfassung mit Papstthum und Episcopat für möglich hielt, so zeigt ein Blick auf die Consistorialverfassung in Deutschland, auf die Episcopalkirche in England, auf die presbyterial-synodalen Ordnungen in Schottland und Holland, auf den gemischten Verfassungstypus endlich, wie er in jüngster Zeit in Deutschland zur Geltung gekommen ist, daß die Verschiedenheit der Rechtsbildung sich bis in die wichtigsten Verhältnisse des Rechtslebens erstreckt.

In gleicher Weise gilt die vollste Freiheit der geschichtlichen Entwicklung für die Rechtsbildung jedes einzelnen Landes; dieselbe richtet sich nicht blos nach den Eigenthümlichkeiten des Orts, sondern auch der Zeit, und ohne daß die alten Kirchenordnungen des sechszehnten Jahrhunderts nach der Auffassung der Reformationszeit auf irgend einem Punkte als Tafeln göttlichen Gesetzes gegolten hätten, so findet sich in den Schlußsätzen der weit meisten in einer ausdrücklichen Clausel die Möglichkeit einer spätern Abänderung ausgesprochen, die durchaus in keine Grenzen irgend welcher Art eingeschränkt ist. Es verhielt sich damit ganz so, wie es Luther in einer berühmten Stelle

---

*) Conf. Aug. Art. 7. Apol. Conf. Art. 7. 8. Brandenb. KO. 1540. I. 323. Meckl. KO. 1552. II. 115 ff. Magdb. Vis. Art. 1562. II. 228.

**) Kursächs. KO. 1580. II. 401 ff.

ausgesprochen hat *): „Summa dieser vnd aller ordnunge ist also zugebrauchen, das wo eyn misbrauch daraus wird, das man sie flux abthu, vnd eyne andere mache, gleych wie der künig Ezechias die eherne schlange, die doch Gott selbs befohlen hatte zumachen, darumb zubrach vnd abthat, das die Kinder Israel derselbigen misbrauchten, denn die ordnungen sollen zu fodderung des glaubens vnd der liebe dienen, vnd nicht zu nachteyl des glaubens. Wenn sie nu das nicht mehr thun, so sind sie schon thot vnd abe, vnd gelten nichts mehr, gleych als wenn ein gute muntze verfelscht, vmb des misbrauchs willen auffgehoben vnd geendert wird, odder als wenn die newen schuch alt werden vnd drucken, nicht mehr getragen, sondern weggeworfen vnd andre gekaufft werden. Ordnung ist eyn eußerlich ding, sie sei wie gut sie will, so kan sie ynn misbrauch geratten, dann aber ists nicht mehr eyn ordnung, sondern eyn vnordnung, darumb stehet vnd gilt keyne ordnung von jhr selbs etwas, wie bisher die Bäpstliche ordnungen geachtet sind gewesen, sondern aller ordnungen leben wirde krafft vnd tugent ist der rechte brauch, sonst gilt sie vnd taugt gar nichts, Gotts geist vnd gnade sey mit vns allen. Amen."

Diese Entwicklungsfähigkeit findet auch durchaus keine Grenze an den Symbolen. Denn wenn auch der Glaube das entscheidende Moment des Protestantismus ist, so sagen doch die Schmalkaldischen Artikel, daß nur die heilige Schrift Glaubensartikel festsetzen kann, sonst Niemand, nicht einmal ein Engel. Die Thätigkeit der Kirchengewalten in der Aufstellung von Glaubensbekenntnissen hat nur eine äußere Bedeutung, insofern die jedesmalige Auffassung darin bezeugt ist, an die sich, so lange sie in äußerer Geltung bleibt, die Organe des kirchlichen Lebens zu halten haben. Es steht aber Nichts im Wege, daß nicht eine ganz neue Auffassung der in der Bibel enthaltenen dogmatischen Gedanken sich geltend machen sollte, ohne daß eine Scheidung von wesentlichen und unwesentlichen Lehren durchzuführen sein möchte, von denen die erstern einen nicht zu beseitigenden Charakter hätten; denn wenn man sich auch darüber einigen könnte, zu denselben diejenigen zu rechnen, die entweder in den öcu-

*) Luther, deudsche Messe und Ordenung d. Gottesdiensts. 1526.

menischen Symbolen enthalten sind, oder in denen sich das „kirchenbildende Princip" der Reformation bethätigt *), so ist doch der letztere Ausdruck wieder von einer solchen Weite und Unbestimmtheit, daß praktisch die zu Recht bestehende höchste Kirchengewalt auch in diesen Dingen die freieste Gewalt hätte. Inwiefern die seit der Reformation schon stattgefundenen Veränderungen des symbolischen Bestandes der Kirche, inwiefern namentlich die sogenannte Consensus-Union, wo sie zu Recht besteht, innerhalb dieser Schranken sich gehalten hat, wird sich aus eben dem Grunde gar nicht entscheiden lassen. So sehr nun aber auch die rechtliche Befugniß zu dergleichen principiell der bestehenden Kirchengewalt eingeräumt werden muß, so sehr ist doch auf der andern Seite zuzugeben, daß erfahrungsmäßig nur in Zeiten tiefer kirchlicher Gährung solche Veränderungen vor sich gehn, und daß sie meist als Katastrophen des kirchlichen Lebens erscheinen, denen gegenüber die bestehende Kirchengewalt nur eine untergeordnete Stellung einnimmt.

Auch das geistliche Amt ist dem Strome dieses geschichtlichen Lebens auf keine Weise entzogen; und wenn in der That mit Rücksicht auf dasselbe in den Symbolen an ein Paar Stellen von einem jus divinum die Rede ist **), so bezieht sich das einfach auf das Institut an sich, und das geistliche Amt ist danach nur in dem Sinne göttlich, wie die Ehe und wie der Staat es sind; es ist nämlich nur erforderlich, daß in irgend einer Weise für die Spendung der Sacramente und die Predigt des Evangeliums gesorgt werde, ohne daß im Entferntesten eine bestimmte Art der Besorgung dieser Functionen als nothwendig betrachtet würde, und es giebt so wenig eine concrete göttlich vorgeschriebene Gestaltung des Amts, wie es eine bestimmte göttliche Staatsform, ein göttlich normirtes Eherecht giebt ***). Es ist kaum noch nöthig, auf die Eigenthümlichkeit des mittelalterlichen Sprachgebrauchs hinsichtlich des göttlichen Rechts hinzuweisen,

---

*) Richter, Kirchenrecht, S. 368.

**) Conf. Aug. Art. 28. Apol. Conf. Art. 13.

***) Hinsichtlich der Ehe ist das gesagt Apol. Conf. Art. 13. 23., hinsichtlich des Staats Art. 16.

und darauf, daß an der Hauptstelle, die hier in Betracht kommt, der Unterschied der geistlichen und weltlichen Sphäre dargelegt werden soll, in welchem Zusammenhange dann gesagt wird, in geistlichen Dingen hätten die Bischöfe allerdings ein Amt nach dem Evangelium, seu ut loquuntur de jure divino. Es kann also das geistliche Amt im Laufe der Zeit die verschiedensten Formen annehmen, und es kann sogar aufhören ein ständiges zu sein, denn es wird doch dieses Mangels wegen den Quäkern nicht das Fehlen eines wesentlichen Elements zum Vorwurfe gemacht werden. Wenn nun gar auf Grund jener symbolischen Aeußerungen eine besondere clericale Befähigung für die protestantischen Geistlichen unter völliger Hintansetzung des allgemeinen Priesterthums hat behauptet werden sollen, so hat mit dergleichen die Wissenschaft Nichts weiter zu thun; es ist jedenfalls ehrlicher, mit Leo das Nichtvorhandensein von dergleichen als einen Mangel des Protestantismus zu bedauern, und die Symbole an dieser Stelle einer Verbesserung für fähig und bedürftig zu halten*).

Es ist zuletzt noch hervorzuheben, daß wie im Großen und Ganzen die protestantische Rechtsbildung mit vollster Freiheit zu Werke geht, so auch im Einzelnen keinerlei Schranken gesetzt sind, an denen die Dispensationsgewalt ihre Grenze fände; es giebt in der That im ganzen protestantischen Kirchenrecht keine einzige Bestimmung, hinsichtlich deren nicht die allgemeine Möglichkeit einer Abweichung im einzelnen Falle behauptet werden müßte, und so wenig vielleicht gegenüber von manchen Rechtssätzen materielle Gründe zu dergleichen regelmäßig vorhanden sein mögen, so kann doch an sich auch z. B. von der Trauung dispensirt werden, was namentlich dann geschieht, wenn es sich um eine Wiederverheirathung rechtsgültig Geschiedener handelt**); und darauf beruht auch die Zuläs-

*) Die zahllose Literatur über die Amtsfrage findet sich zum großen Theile bei Höfling, Grundsätze der evang.-luth. Kirchenverfassung, 3te Auflage, Erlangen 1853.

**) Man vergleiche darüber die interessanten Gutachten von Puchta, Twesten und Stahl in Richter und Jacobson, Zeitschrift für das Recht und die Po-

sigkeit und Möglichkeit einer sogenannten Gewissensehe deutscher protestantischer Landesherrn, denen die höchste Kirchengewalt zusteht, und die, wie sie Andere dispensiren können, auch sich selbst dispensiren dürfen, wobei es für die Frage der Gewissensehe nur zweifelhaft bleibt, ob sie es auch stillschweigend können, oder ob es in einer förmlichen Urkunde ausgesprochen sein muß *); an sich liegt nach alledem auch gar kein Grund vor, warum nicht die höchste Kirchengewalt von den Ehehindernissen der Verwandtschaft, auch von den allernächsten, dispensiren könnte.

Zweites Capitel.

Die theilweise Beibehaltung desselben.

I. Im Allgemeinen.

So sehr nun aber auch der Grundsatz der Rechtfertigung allein aus dem Glauben als das oberste Princip des Protestantismus sich darstellt, so kommt doch daneben dem Worte Gottes eine hohe Bedeutung zu, insofern jenes Princip gerade durch Forschen in den heiligen Büchern gefunden ist, und der Inhalt des Glaubens in ihnen enthalten sein soll. Es ist auf diese Weise in der Uebertreibung einer großen Wahrheit dahin gekommen, das Princip der Reformation zu spalten, neben das materielle ein formelles zu stellen, und diesem ohne durch jenes gehörig regulirt zu werden, eine selbstständige Bedeutung beizulegen, während es in bestimmter

---

litik der Kirche, Leipzig 1847, von denen die beiden ersten sich, und namentlich Puchta sehr überzeugend, in unserm Sinne aussprechen, während Stahl allerdings die entgegengesetzte Ansicht vertheidigt.

*) Unter den zahlreichen Erörterungen, welche der Bentinksche Erbfolgestreit über die Frage der Gewissensehe hervorgerufen hat, nimmt einen hervorragenden Platz ein der Aufsatz von Wilda im 4ten Bande der Zeitschrift für deutsches Recht, 1840.

Unterordnung gehalten werden müßte. Man hat demgemäß bei Aeußerlichkeiten, die in der Bibel sich fanden, häufig eine innere Nothwendigkeit angenommen, und man ist auf diesem Wege namentlich zur Construction eines göttlichen Rechts in einzelnen Beziehungen gelangt.

Zwar die Symbole hatten sich so klar wie möglich über diesen Punkt ausgesprochen; ganz erfüllt von der Rechtfertigung allein aus innern Momenten, weisen sie die Nothwendigkeit auch der biblischen äußern Vorschriften entschieden zurück. Zunächst hinsichtlich des alten Testaments, wo solche Vorschriften höchst zahlreich sich finden, indem gesagt wird, das ganze Gesetz Mosis mit allen seinen Reinigkeiten und Unreinigkeiten gehe uns nichts an, und gegenüber allen jüdischen Ceremonialgesetzen auf christliche Freiheit verwiesen wird *). Dann aber auch ebenso hinsichtlich des neuen; man erblickt namentlich in den kirchenrechtlichen Vorschriften des Apostels Paulus lediglich das älteste Kirchenrecht, ohne daß dasselbe eine besondere Bedeutung in Anspruch nehmen dürfte, und man sieht in dem Vorhandensein einer Presbyterial-Synodalverfassung in der Bibel kein Motiv, dieselbe auch damals im Rechtsleben zur Geltung zu bringen.

Dagegen liegen nun aber von Seiten der Reformatoren die widersprechendsten Aeußerungen vor. Denn was zunächst das alte Testament betrifft, so ist zwar im Allgemeinen eine principiell richtige Erkenntniß von der Nichtverbindlichkeit der dortigen Rechtsvorschriften vorhanden, namentlich bei Luther, nicht blos in jenen Predigten, die er 1527 zu Wittenberg über das erste Buch Mosis gehalten hat, „um der Rottengeister willen ihren Träumen zuvorzukommen, auf daß sie nicht den gemeinen Mann durch Mosen verführten," wo in allen möglichen drastischen Wendungen der Satz

---

*) Conf. Aug. Art. 28. Apol. Conf. Art. 23. 24. Neque aliud est ille cultus missarum et reliqua politia papae, quam κακοζηλία leviticae politiae male intellectae. Catech. major. S. 400: Est externa quaedam res, sicut omnes aliae veteris testamenti constitutiones. Man vergleiche von den Kirchenordnungen Hall. KO. 1526. I. 40. Brandenb.-Nürnb. KO. 1533. I. 176. 185. Hannov. KO. 1536. I. 237. Nördl. KO. 1538. I. 286. Würtemb. 1553. II. 131 ff.

durchgeführt wird, daß das alte Testament in dieser Hinsicht einfach ein jüdisches Gesetzbuch sei, „der Juden Sachsenspiegel," dessen Inhalt man nur so zur Anwendung bringen solle, wie auch den Inhalt des römischen Rechts, indem schöne Exempel darin seien, äußerlich Land und Leute fein und ordentlich zu regieren*), sondern derselbe Standpunkt findet sich auch inne gehalten in der Auslegung des zweiten Buchs Mosis, wo gewarnt wird, daß man nicht aus Christus einen Moses, aus dem Evangelium ein Gesetzbuch machen sollte, denn man sei nicht unter Moses aus Egypten geführt, wo vielmehr auf jenen andern Lehrer verwiesen wird, der nicht wie Moses zwinget und schrecket, sondern Gnade anbeut, tröstet, hilft und errettet; man solle nicht in die Schrift hineinplumpen, wie der Bauer in die Stiefeln**); endlich kommt in dieser Beziehung noch in Betracht eine Correspondenz zwischen dem Kurfürsten Johann Friedrich von Sachsen einerseits, Luther und Melanchthon andrerseits, als man 1524 in dortigen Landen unter Berufung auf das mosaische Recht das römische Recht hatte abschaffen wollen; namentlich Melanchthon hat sich damals sehr unzweideutig dahin ausgesprochen, „ebenso als frei ist, Schweinefleisch zu essen und nicht zu essen, also ist auch frei, nach des Mosis Gesetz zu richten oder nicht zu richten***). Diese principielle Nichtverbindlichkeit des mosaischen Rechts bezieht sich auch nach der Ansicht der Reformatoren nicht blos auf die Judicial- und Ceremonialvorschriften, sondern ebensogut auf die zehn Gebote, die als mosaische Vorschriften uns gar nichts angehn, und nur insofern uns verbinden, als darin natürliches Recht enthalten ist; die praktische Consequenz daraus ist die Verwerfung des dritten Gebots†). Trotz dieser principiell richtigen Erkenntniß waren

*) Walch, Th. III. S. 2—18.

**) Walch, Th. III. S. 1504. 1544. 1553. 1563. 1575. 1606. 1620. 1786. vergl. S. 2118.

***) Walch, Th. X. S. 398—406.

†) Außer den bisher citirten Stellen der Lutherischen Schriften kommt dafür noch besonders in Betracht die Schrift wider die himmlischen Propheten, 1525. (Walch, Th. XX. S. 204.): „Mit diesem Spruch (Ap. Gesch. XV. 10.) hebt Petrus auf den ganzen Moses mit allen seinen Gesetzen. Ja, sprichst du,

nun aber die Reformatoren doch sehr weit davon entfernt, dieselbe allerwärts consequent zur Anerkennung zu bringen. Und zwar möchte ein doppelter Grund dabei obgewaltet haben. Es möchte zunächst dafür in Betracht kommen jene Scheu gegenüber dem Worte Gottes, über die Luther selbst sich einmal ausspricht, wenn er mit Rücksicht auf die Weigerung der antiochenischen Christen, von der Beschneidung abzulassen, sagt: „und solches war auch kein Wunder nicht; denn es hat freilich in aller Menschen Herzen ein sehr großes Ansehn, wenn sie Gottes Gesetz mit Namen nennen hören; und wenn auch gleich ein Heide, der von Gottes Gesetz sein Lebenlang Nichts erfahren hat, höret, diese Lehre ist Gottes Gesetz, der Himmel und Erde geschaffen hat, kann es nimmermehr fehlen, er muß dadurch beweget werden; wie könnte es dann möglich sein, daß diejenigen nicht sollten beweget werden, und über Gottes Wort aufs Strengste halten, so von Jugend auf ihr ganzes Lebenlang darin erzogen und gewohnt sind, und denen es also eingebildet, daß es ihnen durch Mark und Bein geht?" *) Von nicht minderer Wichtigkeit dürfte dann aber eine rechtsphilosophische Ansicht gewesen sein, jene oben schon angedeutete Theorie des Naturrechts, die aus dem Mittelalter her sich damals noch erhalten hatte, und unter deren Einflusse namentlich Melanchthon stand. Man ist danach ganz erfüllt von der Existenz eines positiven Naturrechts, indem man annimmt, daß es Rechtsvorschriften gebe, die unmittelbar von Gott selbst bei der Schöpfung in die menschliche Natur gelegt seien; und man wird nun auf die Weise hinsichtlich der Verbindlichkeit der mosaischen Vorschriften schwankend, daß weiter angenommen wird, einige davon seien durch Moses mit besonderer Klarheit dargelegt; man gelangt

---

das wäre wohl wahr von den Ceremonien und Judicialibus, d. h. was von äußerlichem Regiment und Gottesdienst Moses befiehlt, aber die 10 Gebote sind ja nicht aufgehoben, darin Nichts von Ceremonien und Judicialibus steht. Hierauf antworte ich, ich weiß fast wohl, daß dies ein gemeiner alter Unterschied ist, denn aus den 10 Geboten fließen und hangen alle andern Gebote in dem ganzen Moses."

*) Luther in der Erklärung der Epistel an die Galater Cap. 2. (Walch, Th. VIII. S. 1708 ff.)

auf diese Weise zu der Verbindlichkeit mosaischer Vorschriften, ohne geradezu die christliche Freiheit gegenüber dem Judenthume dadurch zu beeinträchtigen; da schon vor Moses eine naturrechtliche Offenbarung an alle Völker ergangen sein soll, unter deren Einfluß auch gerade Moses stehe *).

Auf diese Weise ist es nun allerdings im Laufe der Zeit dahin gekommen, daß von den rechtsbildenden Gewalten einzelnen Rechtsinstituten und Rechtsnormen, die in der Bibel sich finden, im alten sowohl wie im neuen Testamente, wenn auch von letztern bei den Reformatoren weniger die Rede war, eine Bedeutung beigelegt ist, wonach sie die Eigenschaften eines göttlichen Rechts besitzen, wonach sie namentlich der Freiheit menschlicher Rechtsbildung entrückt, in absoluter Unveränderlichkeit unberührt von den Einflüssen des Orts und der Zeit dastehn.

Indessen es fehlte doch der Construction eines solchen göttlichen Rechts auf protestantischem Gebiete überall an den Vorbedingungen; es fehlte namentlich an einem besonders befähigten, göttlich inspirirten Priesterthum, von welchem eine unfehlbare Erklärung darüber ausgehn könnte, in welchen Beziehungen und in welchem Umfange die Rechtsnormen der Bibel eine derartige Natur hätten. Es ist so zu einem völlig willkürlichen Herausheben einzelner Punkte gekommen, es hat ein wahrhaft dilettantisches Verfahren stattgefunden, dem gegenüber das radicale Vorgehn der Widertäufer wenigstens das Verdienst hat, eine erkennbare Methode zu besitzen, indem man sich dort nicht scheute, ein Rechtssystem, welches für ein halbbarbarisches semitisches Volk entstanden war, auf germanische Verhältnisse wörtlich zu übertragen. Indem also diese Beibehaltung biblischer Rechtsvorschriften in jener Bedeutung lediglich eine principlose Accommodation an unklare Vorstellungen war, so konnte es nicht fehlen, daß man, je reiner sich der Protestantismus entwickelte, immer

*) Interessant sind in dieser Hinsicht besonders Melanchthons loci communes in den Abschnitten über jus naturale, lex divina, jus morale, hinsichtlich deren sich der Standpunkt in den verschiedenen Bearbeitungen im Ganzen gleich bleibt, nur wird die Behandlung ausführlicher. (Corpus Reformat. Vol. XXI. Brunsvigae 1854.)

mehr davon zurückkam. Gegenwärtig gehört der ganze Standpunkt nur noch der Geschichte an, höchstens in einigen reformirten Kirchen außerhalb Deutschlands steht es noch anders damit; es soll übrigens nicht geleugnet werden, daß zur völligen Verwerfung des göttlichen Rechts in Deutschland auch der sogenannte Indifferentismus sein Theil beigetragen habe.

II. Im Einzelnen.

1) Die Verfassung einiger reformirter Kirchen außerhalb Deutschlands.

Es ist ein doppelter Grund gewesen, der es verursacht hat, daß in einigen Gebieten der reformirten Kirche außerhalb Deutschlands die Normen, welche sich in der Apostelgeschichte und den paulinischen Briefen hinsichtlich der Kirchenverfassung fanden, und aus denen allerdings die Grundzüge eines presbyterischen Organismus zu Tage treten, als unabänderliche Vorschriften eines göttlichen Rechts betrachtet sind.

Es dürfte dafür zunächst der Umstand in Betracht kommen, daß jene hohe Bedeutung, welche der Bibel als dem formalen Principe der Reformation beigelegt wird, auf reformirter Seite gerade einen ganz besonders energischen Ausdruck gefunden hat, in Folge dessen in den reformirten Symbolen die Artikel über die Schrift voranstehn, während in den lutherischen nur beiläufig davon die Rede ist, und Melanchthon anfangs gar keinen locus über die Schrift gehabt hat, in Folge dessen dann namentlich auch in liturgischer Beziehung ein möglichst enger Anschluß an den Wortlaut der Bibel zu Tage tritt, wie sich das in der Form des Abendmahls zeigt, in der Beibehaltung der Oblaten, in der Verwerfung der Bilder, Taufsteine, Orgeln und aller Festtage, die nicht ausdrücklich in der Bibel vorkommen *).

*) Max Goebel, die religiösen Eigenthümlichkeiten der luth. und ref. Kirche. Bonn 1837. Nitzsch, prakt. Theologie. Bd. I. S. 402—464.

Es muß aber noch ein anderes Moment in Betracht gezogen werden, welches sogar als das eigentlich treibende anzusehn ist, denn es findet sich die Begründung der Kirchenverfassung auf ein göttliches Recht nur da, wo diese besondern Verhältnisse vorhanden sind.

Ueberall wo die reformirte Kirche bei ihrem Entstehn und Bestehn den Beistand und Schutz der Staatsgewalten gefunden hat, ist sie hinsichtlich der Verfassung ganz unbedenklich in dieselbe enge Verbindung mit dem Staate eingetreten, wie auch die lutherische Kirche. Es ist demgemäß für die reformirte Kirche Deutschlands, mit Ausnahme der niedersächsischen Conföderation, überall zum landesherrlichen Kirchenregimente gekommen, und es findet sich selbst in denjenigen reformirten Kirchenordnungen, die am meisten mit ausländischen Einflüssen zusammen hängen, in keiner Weise ein dogmatisches Bedenken gegen dasselbe*). Ebenso ging in der Schweiz die kirchliche Verfassungsgestaltung in enger Verbindung mit der politischen Entwicklung vor sich, und obgleich die Kirchenverfassung, welche sich auf diese Weise ergab, manche Aehnlichkeiten mit der in der Bibel sich findenden ältesten Organisation aufwies, so wird doch höchstens die Thatsache dieser Uebereinstimmung constatirt, ohne daß es in bestimmter Weise zu einer Behauptung der Nothwendigkeit einer solchen Verfassung gekommen wäre**).

---

*) KO. d. ausl. Gemeinde zu Frankfurt. 1557. II. 149. Acta synod. Wesal. 1568. II. 310 ff. Schlüsse der Syn. v. Emden. 1571. II. 339 ff. Am meisten finden sich Andeutungen einer dogmatischen Nothwendigkeit bei der radicalen Umgestaltung der kirchlichen Verfassungsverhältnisse, wie sie auf der Homberger Synode in Angriff genommen war; cf. Reform. eccl. Hassiae, 1526. I. 56 ff.; so wenig aber über andere Dinge ein Einfluß der Homberger Synode auf die spätere hess. Verfassungsgeschichte nachzuweisen ist, so wenig auch hierin; namentlich kann das richtige Princip nicht gut klarer und besser in's Licht gesetzt werden als in der Hess. KO. v. 1532; wenn dann in Hess. O. f. Kirchenzucht v. 1539 und der Hess. KO. v. 1566 allerdings das Institut der Aeltesten als in der Bibel befindlich erwähnt ist, so ist das nichts als eine einfache Notiz ohne die Tendenz, eine dogmatische Nothwendigkeit behaupten zu wollen.

**) Catech. Genev. (Niemeyer, collectio confessionum in ecclesiis reformatis publicatarum, Lipsiae 1840.) p. 168. Conf. Helv. prior. p. 109. 110.

Vielfach ist nun aber der reformirten Kirche das Schicksal zu Theil geworden, als Kirche unter dem Kreuze sich erst in einem schweren Kampfe gegen eine feindselige Staatsgewalt eine rechtliche Existenz erringen zu müssen; die Propaganda des Protestantismus unter den romanischen Nationen des westlichen Europa wurde fast nur von reformirter Seite, besonders von Genf her, unternommen. Indem so die Kirche auf sich selbst angewiesen war, ist es sehr natürlich ganz von Innen heraus zu einem presbyterial-synodalen Organismus gekommen, und indem weiterhin die Kirche als eine eigne Lebensordnung mit selbstständigen Organen sich gegen die Angriffe der Staatsgewalt sicher stellen mußte, so lag es in den Verhältnissen, diese bestimmte Verfassung als auf dogmatischer Nothwendigkeit beruhend hinzustellen. Man wird also sagen können, daß nicht die Annahme eines göttlichen Rechts das Erste, und die Verfassung das Zweite war, sondern umgekehrt, daß die Verfassung zunächst ohne wesentliche Einwirkung der Bibel sich gebildet hatte, daß aber, um sie in ihrem Bestande zu schützen, eine Berufung auf die Bibel erfolgte, in der sich Anklänge daran fanden, und die überhaupt nach reformirter Auffassung eine Norm auch für die Verfassungsverhältnisse sein konnte.

Es soll das an den einzelnen reformirten Kirchen nachgewiesen werden *). Was zunächst die Verhältnisse der reformirten Kirche Frankreichs betrifft, so findet sich zwar in der fidei expositio, verfaßt von Zwingli 1531, die dem Könige Franz I. überreicht werden sollte, von einem göttlichen Rechte noch Nichts **), in der Confessio Gallicana dagegen ist ein solches in Bezug auf die Kirchenverfassung klar in Anspruch genommen. Es wird zwar davon ausgegangen, daß das Gesetz durch Christus aufgehoben sei, und daß

---

113. 118. Conf. Helv. post. Art. 1. 4. 12. 17. 24. 27. Ordonnances de Genève. (Richter, I. 342 ff.)

*) Jacobson, über die Gründe der Verschiedenheit der luth. u. ref. Kirchenverfassung (Deutsche Zeitschrift für christl. Wissenschaft und christl. Leben. Jahrg. III. 1852. S. 391 ff.) Bei aller Uebereinstimmung in den Grundgedanken habe ich im Einzelnen vielfach abweichen müssen.

**) Zwinglii fidei expositio. 1531. (Niemeyer, S. 53 ff.)

darum alle äußerlichen Werke, wie Heiligencultus, Mönchsgelübde, Wallfahrten, Eheverbote, Fasten, ceremonialgesetzliche Beobachtung gewisser Tage fallen müßten, weil man sonst glauben könne, dadurch Heil zu erwerben*); trotzdem wird aber eine angeblich von Christus selbst eingerichtete Kirchenverfassung als nothwendig behauptet**), indem ganz offen gegenüber dem Könige das Bestreben zu Tage tritt, sich auf allen Punkten mit Gottes Wort zu identificiren***), ein Standpunkt, der indessen später sehr bald wieder aufgegeben wurde, indem schon auf den Nationalsynoden von 1614 und 1631 die Zulassung auch der übrigen Protestanten zum Abendmahl erfolgt ist.

Im engsten Zusammenhange mit der Confessio Gallicana steht die Confessio Belgica, und es findet sich hier ziemlich gleichlautend der Satz ausgesprochen, daß Gott selbst eine Verfassung vorgeschrieben habe, und daß diese ohne einen Unterschied von wesentlichen und unwesentlichen Einrichtungen zu statuiren, im ganzen Umfange beobachtet werden müsse †); es scheint indeß, daß man auch in Holland schon früh von der Strenge dieser Auffassung zurückgekommen ist, wie namentlich die Vorgänge auf der Dortrechter Synode in diesem Sinne gedeutet werden können.

Ganz ähnlich verhält es sich endlich auch mit der Auffassung

---

*) Conf. Gallic. Art. 23. 24.

**) Conf. Gallic. Art. 25. Credimus, quoniam non nisi per evangelium fimus Christi compotes, oportere sacram et inviolabilem εὐταξίαν ejus auctoritate in ecclesia sancitam conservari .. Art. 29. Credimus veram Dei ecclesiam gubernari debere ea politia sive disciplina, quam Dominus noster Jesus Christus sancivit, ita videlicet, ut in ea sint pastores, presbyteri sive seniores, et diaconi.

***) Schon die Ueberschrift drückt das aus: Confession de foy, faitte d'un commun accord par les Français, qui désirent vivre selon la pureté de l'evangile de notre seigneur Jésus-Christ; besonders kommt dafür in Betracht das Schreiben an den König.

†) Conf. Belg. Art. 30. Credimus veram hanc ecclesiam debere regi ac gubernari spirituali illa politia, quam nos Deus ipse verbo suo edocuit, nimirum ut sint in ea pastores et ministri, qui pure et concionentur, et sacramenta administrent; sint quoque seniores et diaconi, qui presbyterium seu ecclesiae senatum constituant. Vergl. die KO. d. Niederländer in London. 1550. II. 99 ff.

der Kirche Schottlands; und zwar will es mir im Gegensatz zu Jacobson scheinen, als ob dieser Standpunkt schon in der entschiedensten Weise in dem ersten der drei schottischen Bekenntnisse zum Ausdruck gekommen sei, in der Confessio Scoticana von 1568, wo zu den Eigenschaften der wahren Kirche außer dem Evangelium und den Sacramenten auch noch gerechnet wird die Disciplin nach dem Worte Gottes *). Das ist dann festgehalten, aber weniger klar ausgesprochen von der Generalis Scoticana confessio von 1581, und endlich ist das auch der Standpunkt der Westminster Confession von 1647, wenn auch freilich die entschiedensten Stellen bei der schließlichen Redaction nicht in den Text aufgenommen sind **).

Eigenthümlich ist sodann noch die Gestaltung dieser Verhältnisse in England. Aus den Bekenntnißschriften der englischen Kirche läßt sich zunächst eine oft behauptete Göttlichkeit der episcopalen Verfassung in keiner Hinsicht erweisen; weder in den 42 Artikeln Eduards VI., noch in den 39 Artikeln, auf welche jenes erste symbolische Buch bei einer Revision unter Elisabeth reducirt wurde, findet sich die geringste Spur von dergleichen ***). Erst in der

*) Scotic. conf. fidei. 1568. Art. 18. Postremo loco est disciplina ecclesiastica recte administrata, sicut Dei verbum praescribit, ad reprimendum vitium et virtutem fovendam. Art. 25. Dei verbum vere praedicatum, et sacramenta recte administrata, atque disciplina secundum Dei verbum in executione missa. Es braucht kaum erwähnt zu werden, daß es damit nicht im Widerspruch steht, wenn an einer andern Stelle der Confession von einer Veränderlichkeit der Kirchenverfassung die Rede ist, indem gar nicht behauptet ist, daß dieselbe ihrem ganzen Umfange nach in Gottes Wort vorgeschrieben sei; vergl. Art. 20. Non quod eandem in omnibus politiam eundemque prorsus in singulis caeremoniis ordinem pro omnibus aetatibus temporibus et locis constitui posse arbitremur: nam ut caeremoniae ab hominibus inventae tantum sunt temporales: ita et possunt et debent mutari; cum potius superstitiones pati vel fovere, quam ipsarum usu ecclesiam Dei aedificare inveniuntur.

**) General. Scot. conf. 1581. (Niemeyer S. 357.) Conf. fidei Westmonast. 1647, bes. Cap. 25, sodann auch Cap. 21. §. 7. Cap. 24. §. 4. Cap. 30. §. 31.

***) Eduardi VI. articuli XLII. (Niemeyer S. 598.) Traditiones atque caeremonias easdem non omnino necessarium est esse ubique, aut prorsus consimiles, nam et variae semper fuerunt et mutari possunt pro regionum et morum diversitate, modo nihil contra Dei verbum instituatur; außerdem

zweiten Hälfte des sechszehnten Jahrhunderts macht sich dann in der englischen Kirchengeschichte eine Tendenz bemerkbar, wonach der Episcopat, der ursprünglich aus menschlichen Zweckmäßigkeitsgründen beibehalten war, auf eine dogmatische Nothwendigkeit basirt werden sollte. Es ist hier einerlei, ob dies Bestreben aus katholisirenden Gelüsten hervorgegangen sei, oder ob man blos eine Abwehr des Presbyterialismus darin zu suchen habe, der so mit seinen eignen Waffen bekämpft sein würde *); so viel steht indeß fest, daß niemals in der englischen Kirche eine förmliche Sanction über die Divinität der episcopalen Verfassung erfolgt ist, und daß dergleichen also nur eine Ansicht in der englischen Kirche ist, nicht aber die Ansicht der englischen Kirche; auch die Anhänger der strengen Meinung sagen doch nicht, daß die Dissenters, weil ihnen etwas Wesentliches fehle, vom Seelenheil ausgeschlossen seien.

2) Die Ehescheidung **).

Das neue Testament hat über die Ehescheidung ganz bestimmte Vorschriften; zwei davon sind nach den Evangelien durch Christus selbst erfolgt, die eine in der sogenannten Bergpredigt, die andere auf Befragen der Pharisäer, sie gehn beide übereinstimmend dahin, daß nur wegen Ehebruchs eine Ehescheidung solle stattfinden können ***). Daran schließt sich dann aber noch eine Erörterung des

S. 593. 596. — Articuli XXXIX. Art. 34, wo an die eben citirte Stelle folgender Satz angehängt ist: Quaelibet ecclesia particularis sive nationalis authoritatem habet instituendi mutandi aut abrogandi caeremonias aut ritus ecclesiasticos: modo omnia ad aedificationem fiant.

*) Man vergleiche darüber besonders Richard Hooker, ecclesiastical polity, neu herausgegeben, Oxford 1843, 8 vol., dessen Verfasser damals der strengsten Partei angehörte, der aber doch nichts weniger als entschieden auftritt.

**) Richter, Beiträge zur Geschichte des Ehescheidungsrechts in der evangelischen Kirche, Berlin 1858; Hauber, die Grundsätze der evangelischen Kirche über Ehescheidung in dem ersten Jahrhundert nach der Reformation (Jahrb. f. deutsche Theologie, Bd. II. 1857. S. 209 ff.), und Laspeyres (Dr. A. P. S. Leyser) in der Hallischen Allg. Lit. Zeitung, 1843. Bd. II. Nr. 79—85. Nr. 129—134. Bd. III. Nr. 172—177.

***) Matth. Cap. 5. V. 31. 32. Es ist auch gesagt, wer sich von seinem Weibe scheidet, der soll ihr geben einen Scheidebrief. Ich aber sage euch,

Apostels Paulus in dem ersten Briefe an die Corinther über einen einzelnen sehr detaillirten Fall; es wird dabei vorausgesetzt, daß der eine von zwei Ehegatten zum Christenthum übergetreten sei, und hier nun der ungläubig gebliebene Gatte die Ehe nicht fortsetzen wolle; unter diesen Umständen hält der Apostel eine Scheidung für gerechtfertigt, erklärt aber mit einigem Nachdruck, daß diese Entscheidung auf seine eigne Autorität hin erfolge, nicht aber auf die von Christus *).

Es ist nun bekannt, wie auf Grund dieser Stellen die katholische Kirche ein göttliches Gebot einer völligen Unauflöslichkeit des ehelichen Bandes angenommen hat.

Die Stellung der protestantischen Kirche zu diesen Schriftstellen hat gewechselt, indem dieselben anfangs eine Bedeutung als göttliches Recht nicht hatten, die sie dann aber im siebzehnten Jahrhundert gewannen, um sie im Laufe des achtzehnten wieder zu verlieren.

Was zunächst die symbolischen Bücher betrifft, so gehn die wichtigsten derselben auf die ganze Materie gar nicht ein; erst in den Schmalkaldischen Artikeln wird im Allgemeinen gesagt, daß eine

---

wer sich von seinem Weibe scheidet (es sei denn um Ehebruch), der macht, daß sie die Ehe bricht, und wer eine Abgeschiedene freiet, der bricht die Ehe. — Cap. 19. V. 8. 9. Moses hat euch erlaubt zu scheiden von euren Weibern um eures Herzens Härtigkeit willen; von Anbeginn aber ist es nicht so gewesen. Ich aber sage euch, wer sich von seinem Weibe scheidet (es sei denn um der Hurerei willen) und freiet eine andere, der bricht die Ehe. Und wer die Abgeschiedene freiet, der bricht auch die Ehe. Vergl. Marcus Cap. 10. V. 11. Lucas Cap. 16. V. 18.

*) 1. Cor. Cap. 7. V. 10 — 15. Den Ehelichen aber gebiete nicht ich, sondern der Herr, daß das Weib sich nicht scheide von dem Manne; so sie sich aber scheidet, daß sie ohne Ehe bleibe, oder sich mit dem Manne versöhne, und daß der Mann das Weib nicht von sich lasse. Den Andern aber sage ich, nicht der Herr: So ein Bruder ein ungläubiges Weib hat, und dieselbige läßt sich gefallen bei ihm zu wohnen, der scheide sich nicht von ihr. Und so ein Weib einen ungläubigen Mann hat, und er läßt sich gefallen bei ihr zu wohnen, die scheide sich nicht von ihm .. So aber der Ungläubige sich scheidet, so laß ihn sich scheiden. Es ist der Bruder oder die Schwester nicht gefangen in solchen Fällen; im Frieden aber hat uns Gott berufen.

Scheidung zulässig wäre*), zu einer symbolischen Normirung der Scheidungsgründe ist es aber nirgends gekommen.

Ebensowenig haben aber die Reformatoren in jenen Bibelstellen ein absolut verpflichtendes göttliches Gesetz für die äußere Rechtsordnung gesehn. Denn was zunächst Luther betrifft, so war er so weit davon entfernt, hierin etwas ein für allemal Festgesetztes zu erkennen, daß er in dem Jahrzehnt von 1520 bis 1530 vier verschiedene Standpunkte innegehabt hat, und zwar in der Weise, daß kein einziger ganz genau dem Wortlaute der Bibel entsprach; denn schon 1520 in der Schrift von der babylonischen Gefangenschaft, wo sich Luther angeblich in Uebereinstimmung mit der Bibel befunden haben soll, wird doch der singuläre Fall, den Paulus im Auge hatte, auf eine völlig unzulässige Weise generalisirt, indem das, was Paulus hinsichtlich des Ungläubigen statuirt hatte, auf Alle übertragen wird, die blos dem Namen nach gläubig sind, woraus sich bereits eine Desertion in weiter Ausdehnung ergab; nachher ging dann aber Luther noch weiter, zunächst 1822 in der Schrift vom ehelichen Leben, wo die bösliche Verlassung in jener unnatürlichen Erweiterung erscheint, daß nicht blos Davonlaufen, sondern auch beharrliche Absonderung darunter verstanden wird, und wo dann neben der böslichen Verlassung in diesem weiten Sinne auch noch die Verweigerung der ehelichen Pflicht als Scheidungsgrund aufgeführt wird, sodann in der Auslegung des ersten Corintherbriefs, wo auch Zorn und Unlust erwähnt werden; es hat dann nachher zwar wieder eine Restriction stattgefunden, und in der Schrift von Ehesachen 1530 werden angeblich allein Ehebruch und Desertion als gültige Scheidungsgründe zugelassen, letztere aber wieder in einer ganz neuen Definition, die auf der einen Seite enger, auf der andern aber weiter gegen früher ist, auch werden daneben noch andere Gründe angedeutet. Jedenfalls aber spricht Luther gerade in dieser Zeit

---

*) Schmalk. Art. Anhang. De potestate et jurisdictione episcoporum: Injusta etiam traditio est, quae prohibet conjugium personae innocenti post factum divortium. Cf. Catech. major. Praec. ad decal. 9. 10. Form. Conc. Art. 12. No. 15. Conf. Helv. pr. 1536. Art. 27.

und gerade mit Rücksicht auf die Ehescheidungsfrage es aus, daß Christus hierin Nichts ordne als ein Jurist oder Regent in äußerlichen Dingen, sondern als ein Prediger, der die Gewissen unterrichtet; und es wird die Fest'etzung der einzelnen Scheidungsgründe recht ausdrücklich in das Ermessen der Obrigkeit, der Juristen, weiser Leute gestellt, mit der bestimmten Befugniß, in ihrer Normirung auch über das Evangelium hinauszugehn *). Wo möglich noch entschiedener als Luther ist dann in diesen Dingen Melanchthon, der zunächst in einer Ausdehnung, wie sie nur je im Rechtsleben Anerkennung gefunden hat, die Möglichkeit der Ehescheidung statuirt, wonach nicht blos Insidien und Sävitien, sondern sogar Calamitäten gewisser Art in Betracht kommen würden, weshalb es mir durchaus nicht fremdartig erscheint, ihm die Autorschaft jener Abhandlung über Ehescheidung zuzuschreiben, die „zur Zeit des Anfangs des Evangelii abgefaßt" bei Sarcerius vom heiligen Ehstand abgedruckt ist; der aber dann außerdem dazu fortgegangen ist, die Frage in ihrer ganzen Tiefe zu fassen, und noch bestimmter, wie das durch Luther geschehn ist, den Unterschied von Gesetz und Evangelium gerade bei dieser Gelegenheit geltend zu machen **). Ebenso äußert sich auf reformirter Seite zunächst Zwingli, indem er geltend macht, man müsse nicht in jüdischer Weise an Worten kleben, der Ehebruch dürfe blos betrachtet werden als minima causa, in der Weise, daß alle causae similes und graviores darunter begriffen seien; und ganz ähnlich, indem er in den Vorschriften Christi nur ein Princip sieht, welches analoge Ausdehnung duldet, der Schüler

---

*) Luther im Commentar zur Bergpredigt, 1533; Auslegung des Matth. 1538.

**) Melanchthon, tract. de conjug., 1551. Etsi autem aliqui rejiciunt hanc legem et concedunt eam ab evangelio dissentire, tamen hi non recte intelligunt discrimen legis et evangelii; et quum expresse dicat dominus in politia Moysi divortia permissa esse propter duritiem cordis, significat aliam esse gubernationem hominum sanabilium, qui sunt membra ecclesiae et volunt obtemperare evangelio, aliam politiam impiorum et contumacium, qui frena legum pati nolunt.

Zwingli's, Bullinger*). Es sind unter allen Reformatoren nur zwei gewesen, die sich für eine ceremonialgesetzliche Bedeutung jener Stellen ausgesprochen haben, Calvin und nach ihm Beza.

Indem wir uns nun zu den Kirchenordnungen wenden, so müssen die verschiedenen Perioden von einander geschieden werden. In der ersten Zeit findet sich die Verbindlichkeit jener biblischen Festsetzungen hier in keiner Weise ausgedrückt; in sehr vielen und zwar in den bedeutendsten und umfassendsten Kirchenordnungen aus den ersten Jahrzehnten der Reformationszeit ist es, was sehr häufig übersehn wird, überhaupt nicht zu einer Normirung des Eherechts, wenigstens nicht der Ehescheidungsgründe gekommen, und in einer großen Anzahl anderer hat wenigstens keine selbstständige Festsetzung hierüber stattgefunden, es wird vielmehr einfach auf das römische Recht verwiesen**), oder es wird, was noch öfter der Fall ist, unter Verzicht auf irgend welche positive Bestimmung Alles in das Ermessen des Richters gestellt, oder spätern obrigkeitlichen Anordnungen überlassen***). Sehr bald ist aber eine eigne selbstständige Regulirung auf dem Boden der Kirchenordnungen allerdings erfolgt, und zwar in der Weise, daß Ehebruch und bösliche Verlassung als die regelmäßig vorkommenden Gründe sich herausstellen, so daß man in ihnen ein materiell gemeines Recht sehen könnte. Indessen findet sich doch nun wiederum in einer großen Anzahl der betreffenden Kirchenordnungen nicht die geringste Andeutung darüber, daß diese Festsetzung aus dogmatischer Nothwendigkeit, mit Rücksicht auf ein göttliches Recht erfolgt sei, die Regulirung, wie sie hier stattgefunden hat, ist eben einfach ein Erzeugniß der freien menschlichen Rechtsbildung†).

---

*) Zwingli, Comment. zu Matth. Cap. 19. V. 9. Bullinger, von Ehesachen, 1540.

**) Brandenb. KO. 1540. I. 330. Hüttenb. KO. 1555. II. 163. Pfälz. Ehe-O. 1563. II. 257.

***) Zürcher Chorg.-O. 1525. I. 22. Kursächs. Instr. f. d. Visit. 1527. I. 81. Baseler KO. 1529. I. 126. Soest. KO. 1532. I. 167. Hannov. 1536. I. 277. Pfälz. Ehe-O. 1554. II. 146. Gosl. Conf.-O. 1555. II. 166. Braunschw.-Grubenh. KO. 1581. II. 455.

†) Lübeck. KO. 1531. I. 148. Pomm. KO. 1535. I. 250. Würtemb.

In andern ist dagegen eine Beziehung auf die Bibel und die Annahme eines göttlichen Rechts unverkennbar*); ohne daß es indeß am Ende des sechszehnten Jahrhunderts bereits zu einem festen Abschlusse in dieser Beziehung gekommen wäre; es zeigt sich vielmehr vielfach ein Schwanken, indem man zwar von dem Bestreben geleitet wurde, sich auf die beiden schriftmäßigen Gründe zu beschränken, es aber gegenüber den Anforderungen des wirklichen Lebens nicht durchzuführen wagte**). Ganz etwas Singuläres ist es, wenn sich einige Kirchenordnungen auf Ehebruch beschränkt haben, und wenigstens die Desertion nur im engsten Wortverstande zulassen***), oder wenn sie gar ohne alles Weitere auf die Bibel verweisen †); es sind das ganz charakteristisch solche, die auch im Großen und Ganzen in einem etwas eigenthümlichen Verhältnisse zum göttlichen Rechte stehn. Es ist nun weiterhin richtig, daß man während des siebzehnten Jahrhunderts immer bestimmter dazu fortgeschritten ist, in den Vorschriften der Bibel ein unabänderlich zu haltendes göttliches Recht, eine ceremonialgesetzliche Norm zu sehn ††); es darf aber ebensowenig außer Acht gelassen werden, daß man doch auch damals, zu einer Zeit, wo man nicht daran dachte, im Großen und Ganzen von diesen Normen abzugehn, im Einzelnen von denselben dispensirt hat; und es ist doch klar, daß in dem Augenblicke, wo Cabinetsscheidungen, ohne sich an die beiden Gründe zu kehren, möglich wurden, von der Existenz eines wirklichen göttlichen Rechts auf diesem Punkte nicht mehr füglich die

---

Ehe-O. 1537. I. 280. Würtemb. Ehe-O. 1553. II. 130. Braunschw.-Wolf. (Calenb.) KO. 1569. II. 320. Brandenb. Consf.-O. 1573. II. 382 ff.

*) Lipp. KO. 1538. II. 499. Pfälz. Ehe-O. 1554. II. 146.

**) Niedersf. KO. 1585. II. 471; es handelt sich dort besonders um Sävitien und Insidien, von denen man anerkennt, daß sie in Gottes Wort nicht als Scheidungsgründe vorkommen; nach endlosen Erwägungen scheint man aber doch endlich zu dem Schlusse gekommen, daß zwar nicht „wegen eines weinigen sawren strausses oder Ehelichen vngewitters" geschieden werden soll, aber wohl „wo Alles vmbsonsten", „aus vnumgenglicher not."

***) Renov. eccl. Nordling. 1525. I. 20. Gosl. KO. 1531. I. 156. KO. f. d. Niederl. in London 1550. II. 115. Frankf. KO. 1554. II. 157.

†) Reform. eccl. Hassiae 1526. I. 60.

††) Kursächs. Ehe-O. 1623. Küneb. KO. 1643. Magdeb. Ehe-O. 1662.

Rede sein kann. In der That sind diese Abweichungen im Einzelnen, die schon zu Ende des siebzehnten Jahrhunderts vorkommen, nur die Anfänge einer Entwicklung gewesen, welche im achtzehnten überhaupt von den biblischen Scheidegründen sich lossagte. Man wird aber, ohne sich leichtsinniger Prophezeiungen schuldig zu machen, behaupten dürfen, daß diese Auffassung, wie sie gegenwärtig zu Recht besteht, auch für die Zukunft die herrschende bleiben wird, und daß die Reaction, welche gegenwärtig hie und da zu Tage tritt, nicht stark genug sein wird, um die Verhältnisse des Lebens umzugestalten. Diese reactionäre Strömung der Gegenwart hat in neuester Zeit einen beredten Ausdruck gefunden aus dem Munde eines Mannes, der an der Spitze der preußischen separirten Lutheraner steht; mit anerkennenswerther Offenheit geht Huschke in jener Schrift davon aus, es sei nicht zu verkennen, daß man schon in der Reformationszeit nicht mit der Energie wie bei Glaubenslehren höhern Ranges, worüber die Symbole sich ausgesprochen hätten, in die Schriftlehre der Ehescheidungen eingedrungen sei, er giebt zu, daß schon die ältere Lehre, wenn er auch ihrem nüchternen Sinne alle Anerkennung zu Theil werden läßt, vielfach gefehlt habe, daß namentlich der sogenannten böslichen Verlassung im Verhältniß zu den Aussprüchen des Herrn ihre Achillesferse geblieben sei; und er fordert nun auf das Entschiedenste eine unmittelbar verpflichtende Rechtskraft des neuen Testaments, wobei unter seinen Händen mit Evangelium und Episteln umgesprungen wird, wie mit Codex und Novellen, denn es ist ihm unzweifelhaft, daß jede gesunde Auslegung, die nicht wage dem Munde der Wahrheit Talleyrand'sche Grundsätze über Zweck und Natur der Sprache beizumessen, dahin kommen müsse, hier wirkliche Rechtsvorschriften anzunehmen *).

*) Huschke, Was lehrt Gottes Wort über Ehescheidung? Leipzig und Dresden 1860. Man vergleiche außerdem die Verhandlungen über die Einsegnung geschiedener Ehegatten auf der 1856 in Berlin versammelten kirchlichen Conferenz, wo in Denkschriften, Referaten und Reden ein reiches Material vorliegt. (Actenstücke aus der Verwaltung des evangelischen Oberkirchenraths. Bd. IV. S. 318—489.)

3) Die ehehindernden Verwandtschaftsgrade.

a) In Deutschland.

Unter den so zahlreichen Rechtsvorschriften des alten Testaments finden sich bekanntlich auch solche, welche auf das Verbot der Ehe wegen zu naher Verwandtschaft sich beziehn. Sie zeichnen sich durch Nichts vor den sonstigen Vorschriften des Pentateuch aus, da in Folge der durchgängigen theokratischen Auffassung hier ebenso wie in jeder andern Beziehung die Gottheit selbst als die unmittelbare gesetzgebende Gewalt erscheint. Sie zeichnen sich auch nicht etwa aus durch eine hohe innere Vollendung, im Gegentheil, sie lassen namentlich in formeller Hinsicht manches zu wünschen übrig, die Aufzählung der einzelnen verbotenen Fälle erfolgt in concreter namentlicher Aufzählung, ohne daß man schon zur Abstraction der Gradesbestimmung gelangt wäre, das Ganze hat daher etwas Unbeholfenes, Elementares, so daß leicht Mißverständnisse entstehn können; auch in materieller Beziehung kann wenigstens das zu Bedenken Veranlassung geben, daß, wo im Allgemeinen ein Verbot einer Ehe sich findet, unter besondern Umständen eine Eheschließung als positiv geboten erscheint *).

Trotzdem ist es dahin gekommen, daß durch diese Vorschriften, und zwar viel entschiedener als durch die Vorschriften des neuen Testaments über die Ehescheidung, die Freiheit der menschlichen Rechtsbildung eine Zeit lang beeinträchtigt ist, indem man ein göttliches Recht in ihnen erblickte.

Es ist dies gerade der Punkt, wo bereits die Reformatoren ihrem Grundsatze der Unverbindlichkeit alttestamentlicher Normen untreu wurden, indem ein Zweifel unter ihnen wesentlich nur darüber bestand, ob die göttlich verbotenen Fälle nach Graden oder nach Personen berechnet werden sollten.

Indessen die Kirchenordnungen nehmen diesen Standpunkt noch während des ganzen sechszehnten Jahrhunderts nicht ein; viele der bedeutendsten aus der ersten Zeit haben wieder gar keine Fest-

*) 3. Mos. Cap. 18. V. 6—18. und 3. Mos. Cap. 20. V. 17 ff.

setzungen über diesen Punkt, selbst wenn sie im Allgemeinen auf das Eherecht sich erstrecken, und z. B. auf den elterlichen Consens Gewicht legen, so die Kursächsische Instruction, der Kursächsische Unterricht, die Kirchenordnungen der norddeutschen Städte, wie Braunschweig, Hamburg. Wo aber eine Normirung über die ehehindernden Verwandtschaftsgrade in den Kirchenordnungen sich findet, da ist eine solche auch regelmäßig aus freier menschlicher Rechtsbildung heraus erfolgt, und zwar sind überall nach Verwerfung des canonischen Rechts die römisch rechtlichen Normen dabei maaßgebend gewesen, so daß die Reception des römischen Rechts damals auch auf dies Gebiet ausgedehnt wurde, indem entweder einfach darauf verwiesen wurde, oder eine materielle Uebereinstimmung zwischen dem Inhalte des römischen Rechts und dem Inhalte der Kirchenordnung stattfand: hin und wieder wird beiläufig eine Identität des römischen Rechts und des göttlichen Rechts behauptet *). Es ist ganz ausnahmsweise, wenn statt dessen einzelne Kirchenordnungen das mosaische Recht zu Grunde legen, es wird sich aber in allen diesen Fällen ausdrücklich dagegen verwahrt, als ob dadurch die christliche Freiheit beeinträchtigt würde, indem vielmehr nur auf Grund dieser völligen Freiheit die Annahme des mosaischen Rechts erfolgt ist**).

Gegen Ende des sechszehnten Jahrhunderts tritt aber immer mehr in den Kirchenordnungen eine Ansicht zu Tage, wonach aller-

---

*) Pomm. KO. 1535. I. 250. Würtemb. KO. 1537. I. 280. Brandenb. KO. 1540. I. 330. Meißn. Vis.-Absch. 1540. I. 321. Schlesw.-Holst. KO. 1542. I. 356. Kalenb.-Gött. KO. 1542. I. 365. Hamburg. KO. 1539. I. 320. Pomm. KO. 1542. II. 12. Läneb. KO. 1543. II. 55. Bergedorf. KO. 1544. II. 77. Ritzebüttler KO. 1544. II. 79. Würtemb. Ehe-O. 1553. II. 129. Sächs. Gen.-Art. 1557. II. 181. Hess. KO. 1557. II. 505. Pfälz. Ehe-O. 1563. II. 257. Braunschw.-Wolf. KO. 1569. II. 321. Lipp. KO. 1571. II. 308. Brand. Cons.-O. 1573. II. 376. Lüneb. KO. 1575. II. 399. Kursächs. KO. 1580. II. 408. 420. 443. Hoya. KO. 1581. II. 458. Braunschw.-Grubenh. KO. 1581. II. 455. Straßb. KO. 1598. II. 482.

**) Hannov. KO. 1536. I. 277. (Urbanus Regius), und wörtlich gleichlautend Lipp. KO. 1538. II. 499., letztere ist gerade eine derjenigen, die sich am entschiedensten gegen die Existenz eines göttlichen Rechts aussprechen; interessant ist der Zusatz Melanchthons, der aber die Geltung des mosaischen Rechts in einem andern Sinne gefaßt wissen will.

dings den Vorschriften des mosaischen Rechts in Lev. 18. die Bedeutung eines wahren göttlichen Rechts beigelegt wird, von dem weder im Einzelnen noch im Ganzen eine Abweichung möglich ist. Es findet sich diese Auffassung zuerst in der Mecklenburger Consistorialordnung von 1570, wo es heißt: „in Ehesachen soll in denen fellen, welche in heiliger göttlicher schrifft gemeldet vnd decidirt sehn, allein den Gottlich schrifft in verfassung der vrteil geuolget werden,“ sie findet sich dann weiter in der Hessischen Reformation von 1572, in der Niedersächsischen Kirchenordnung von 1585, und auf das Allerunzweideutigste in der Preußischen Consistorialordnung von 1584, indem dort geradezu gesagt wird, nicht blos die Juden, sondern insgemein alle Menschen auf Erden seien an diese Bestimmungen gebunden, nicht weniger als an das sechste Gebot, und es habe Niemand Recht und Gewalt, er sei wer er wolle, wider dasselbe zu excipiren und zu dispensiren, „denn es ist nicht eines Menschen, sondern des großen Gottes Gebot und Ordnung;“ eine gleiche Entwicklung zeigt sich ferner in Würtemberg, zuerst zu Anfang des siebzehnten Jahrhunderts in Bidembach's Tractatus de causis matrimonialibus, der die Ansichten der damaligen Praxis wiedergibt, und dann in der dritten Würtembergischen Eheordnung von 1657, wo eine Dispensation des Landesherrn in allen mosaischen Fällen für unstatthaft erklärt wird; außerdem in Sachsen auf Grund eines Mandats von den verbotenen Graden 11. Mai 1623 und des Rescripts vom 23. Februar 1627, weshalb denn auch bei Karpzow die Indispensabilität aller im Gesetze Mosis verbotenen Fälle behauptet wird und ein Gefühl der Sicherheit sich kundgiebt gegenüber der katholischen Kirche, die in einigen dieser Fälle Dispensation zuläßt; endlich in den Braunschweig-Lüneburgischen Landen scheint diese Auffassung erst ziemlich spät durchgedrungen zu sein, indem für die Gebiete der jüngern Linie die Indispensabilität dieser Fälle erst durch eine Verordnung vom 7. October 1675, für die Gebiete der ältern sogar erst durch eine Verordnung von 1695 eingeführt ist *).

*) Meckl. Cons.-O. 1570. II. 328 ff. Hess. Ref. 1572. II. 353. Niedersächs. KO. 1585. II. 472. Preuß. Cons.-O. 1584. II. 464. — v. Wächter,

Indessen bevor noch diese Anschauung in allen Gebieten zur vollen Herrschaft gelangt war, begann man bereits anderswo dieselbe an einzelnen Punkten zu bekämpfen und die Freiheit der menschlichen Rechtsbildung auch in diesen Dingen wieder herzustellen. Es handelt sich dabei zunächst, und zwar ist das eine Entwicklung, die noch dem siebzehnten Jahrhundert angehört, um einen einzelnen Fall, um die Ehe mit der Schwester der verstorbenen Frau, indem man behauptete, daß dieser Fall nicht unter die bei Moses verbotenen gehöre, daß vielmehr, wenn es dort heiße: „du sollst auch deines Weibes Schwester nicht nehmen, neben ihr ihre Schaam zu blößen, ihr zuwider, weil sie noch lebet," einfach ein Verbot der Polygamie in diesem besondern Falle ausgesprochen sei. Trotzdem ist man nur mit der größten Behutsamkeit und unter den sorgfältigsten Erwägungen dazu fortgegangen, solche Ehen zu erlauben; und ohne hier die darüber entstandene umfangreiche polemische Literatur, in der die Namen Buchholz, Havemann, Faber, Strauß, und später Götze und Kettner am häufigsten uns begegnen, der wohlverdienten Vergessenheit entreißen zu wollen, so sei es nur gestattet, auf eine cause celèbre der damaligen Zeit hinzuweisen, bei der auf einem engen Raume alle Differenzen zu Tage treten; es handelt sich dabei um die Verheirathung des regierenden Fürsten von Oettingen mit einer Schwester seiner verstorbenen Frau, einer Prinzessin von Würtemberg, über deren sittliche und rechtliche Erlaubtheit sich die Betreffenden auf die ängstlichste Weise zu vergewissern suchten, es kam demgemäß, nachdem vorher zahllose Gutachten aller möglichen juristischen

---

Handbuch des im Königreich Würtemberg geltenden Privatrechts, Bd. I. S. 102. 173. 416 ff., und Hauber, Recht und Brauch der evang.-luth. Kirche Würtembergs. Bd. II. Stuttgart 1856. S. 1—30; dort ist auch im Anhange S. 206 ff. der Tractat Bidembach's abgedruckt. — Bened. Carpzovii opus defin. eccl. seu consist. Lipsiae 1649, bes. L. II. tit. 5. def. 76. 87. und tit. 7. def 109. 110. 111. 112. 113. Weber, syst. Darstellung des im Königreich Sachsen geltenden Kirchenrechts, Th. I. Abth. 1. S. 18 ff. Th. II. Abth. 3. S. 1123 ff., bes. S. 1141. — Schlegel, Kurhannov. Kirchenrecht, Th. III. S. 284—324, und die in den Beilagen S. 510—524. abgedruckten Actenstücke; auch Michaelis mosaisches Recht, Bd. II. S. 210 ff. Steinacker, part. Privatrecht des Herzogthums Braunschweig, S. 35.

und theologischen Facultäten eingeholt waren, am 10. October 1681 zu einer feierlichen mündlichen Schlußverhandlung auf der Oettingischen Kanzlei, wobei eine große Aengstlichkeit der Votirenden unverkennbar ist, indem Einige erklären, erst durch „reuffes Nachdenken" zur Erlaubtheit gelangt zu sein, und Einer sogar vor der Abstimmung, die dann für die Gestattung ausfällt, vor lauter Angst krank wird, „er begabe sich Unpäßlichkeit halber aus dem Conclave und kam nicht wieder hinein" *). Man geht sodann im Laufe des achtzehnten Jahrhunderts dazu fort, die Indispensabilität auf die bei Moses ausdrücklich benannten Personen zu beschränken; man hält also das Princip eines göttlichen Rechts in diesen Dingen fest, und verändert nur die Hermeneutik; es hießen diejenigen, welche diesen Standpunkt in der damaligen Zeit vertraten, „die gelindere Partei;" es war das nichts als eine principlose Transaction. Es ist in der That merkwürdig, wie selbst die hervorragendsten Männer, welche von ihren Vordersätzen aus mit innerer Nothwendigkeit zur gänzlichen Verwerfung eines göttlichen Rechts hätten gelangen müssen, wie z. B. von ganz verschiedenen Standpunkten aus Spener und Thomasius bei diesen Fragen sich drehen und wenden, und das Bild eines völligen Schwankens uns bieten. Spener, obgleich er von Neuem auf die alleinige Bedeutung des innerlichen Glaubens hinweist, und obgleich er im Verfolg dieses Grundsatzes behauptet, daß im neuen Testamente von allen äußerlichen Satzungen befreiet sei, namentlich auch von den äußerlichen Satzungen des alten Testaments, wenn sie auch von Gott ausdrücklich vorgeschrieben wären, wie der Sabbat **), so ist er doch nach seinen eignen Aussagen gegenüber den vielfach über diese Sache an ihn ergangenen Anfragen anfangs unbedingter Anhänger der gemeinen Meinung gewesen, wonach die sämmtlichen mosaischen Fälle in weitester Ausdehnung nach Graden indispensabel seien, diese An-

*) Unterschiedliche Streitschriften, Responsa und Gutachten, sammt den Acten eines in der fürstlichen Residenz zu Oettingen d. 10. Oct. 1681 gehaltenen Colloquii über die Frage, ob Gott verboten oder zugelassen habe, daß einer seines verstorbenen Weibs Schwester heirathen möge. Frankfurt und Leipzig 1682. 4. S. 487.

**) Spener, theol. Bedenken, Th. II. Cap. 3. Art. 1. 4.

sicht sei dann zwar später in etwas erschüttert, aber längst nicht soweit, daß daraus eine entgegengesetzte Ueberzeugung geworden wäre; sein ganzer Zweifel aber bezieht sich blos auf die Frage nach Graden oder Personen, und es ist ihm sonst völlig zweifellos, daß eine Dispensation in gewissen Fällen nur unter Verletzung göttlicher Gebote vor sich gehn könne*). Aehnlich verhält es sich mit Thomasius, der ganz davon erfüllt ist, daß Christus nicht ein neuer Gesetzgeber gewesen sei, sondern nur ein neuer Lehrer, der aber, obgleich er überall mit kritischer Unerschrockenheit das Ueberlieferte sichtete, doch nicht dahin gelangt, die Unverbindlichkeit der mosaischen Ehegesetze zu behaupten, in denen er anfangs ein positives göttliches Recht erblickt, während er späterhin, indem er einige fallen läßt, nur ein göttliches Naturrecht hierbei zu Grunde legt**). Es wäre endlich für die Schwankungen der damaligen Zeit noch auf J. H. Böhmer, den berühmtesten Kirchenrechtslehrer des ganzen achtzehnten Jahrhunderts zu verweisen***). Indessen es erlangte doch die sogenannte mildere Meinung im Laufe der Zeit immer mehr Einfluß auf die Gesetzgebung und Praxis der einzelnen deutschen Länder, oft freilich erst, nachdem ein hartnäckiger Widerstand hat überwunden werden müssen, wie namentlich die Vorgänge, welche in Würtemberg gegen Ende des vorigen Jahrhunderts bei dieser Gelegenheit stattgefunden haben, zur Genüge beweisen; in Folge der lebhaften Opposition des

---

*) Spener, theol. Bedenken, Th. II. Cap. 4. Sect. 7. 9. 11. 19; und letzte theol. Bedenken. Halle 1721. 2. Aufl. Th. I. Cap. 2. Art. 3. Sect. 4; es handelt sich in diesem Falle um die Gewissensbedenken eines Geistlichen, der wegen seiner Weigerung, in einem solchen Falle zu trauen, bereits ab officio suspendirt ist, und dem die Remotion droht, Spener räth nur deshalb sich zu fügen, weil der betr. Fall zweifelhaft sei, Th. II. Cap. 4. Sect. 2. 6. 8. 9. 23.

**) Für den ersten Standpunkt des Thomasius ist zu verweisen auf Instit. jurispr. div. L. I. c. 4. n. 79. c. 3. n. 99. 100. L. III. c. 2. n. 220. 247. 178. und de jure principis circa adiaphora (Diss. acad. I. 975 sq.), überhaupt Diss. acad. T. I. p. 629 sq. und T. II. p. 114. 195. Der zweite Standpunkt tritt besonders zu Tage in den Obs. select. T. VI. obs. 27. §. 40 sq., auch Cautelae circa praecognita jurispr. eccl. p. 54. 205. (Diss. acad. II. 656 sq.)

***) J. H. Böhmer, Jus eccl. Protest. T. IV. p. 169 sq. p. 182—206, und im Schilterus illustratus L. I. tit. 2. §. 1. p. 4 sq.

Consistoriums hatte die Regierung das erste Mal 1784/86 von ihrem Vorhaben, das Verbot auf die bei Moses wörtlich benannten Fälle zu beschränken, Abstand nehmen müssen; und als dann 1798 die Maaßregel endlich durchgeführt wurde, so ist doch der Widerstand der geistlichen Organe mächtig genug gewesen, um gegen den Willen der Landstände und der Regierung es durchzusetzen, daß nicht eine allgemeine Erlaubtheit, sondern nur die Möglichkeit einer Dispensation gewährt werde, und daß außerdem das Gesetz nicht förmlich promulgirt werde, um nicht Anstoß beim Volke zu erregen. Es war nun aber ganz klar, daß sobald erst einmal eine Beschränkung auf die bei Moses wörtlich benannten Personen eingetreten sei, die gänzliche Abschaffung der mosaischen Verbote nicht lange auf sich warten lassen würde, denn man verwickelte sich nun in Widersprüche aller Art, von denen noch nicht der schlimmste ist, daß Ehen mit der Tante zwar nach göttlichem Recht verboten waren, Ehen mit der Nichte aber nicht. In der That ist es denn auch allmälig zu einer gänzlichen Aufhebung des göttlichen Rechts an diesem Punkte gekommen; wie mir scheint schon ziemlich früh in Kurbraunschweig, ja man kann zweifelhaft sein, ob hier zu irgend einem Zeitpunkte mit der Indispensabilität Ernst gemacht ist, ob nicht vielmehr blos eine Beschränkung der Dispensationsgewalt der Consistorien dadurch ausgedrückt werden sollte, wenigstens faßte schon Georg I. 1721 die Sache in diesem Sinne auf, wenn auch freilich das Consistorium damals widersprach, und seine Nachfolger vielfach geschwankt haben. In Sachsen wurde zu Anfang dieses Jahrhunderts die allgemeine Dispensabilität durchgeführt, nachdem vorher lange Verhandlungen darüber zwischen den Consistorien und den juristischen und theologischen Facultäten von Leipzig und Wittenberg, zwischen dem Geheimeraths-Collegium und dem Kirchenrathe darüber geführt waren. Erst in der allerneuesten Zeit ist ein gleicher Fortschritt in Würtemberg erfolgt durch das Gesetz vom 1. Mai 1855; und in Mecklenburg endlich scheint man noch gegenwärtig ein indispensabeles göttliches Recht in den wörtlich benannten Fällen anzunehmen.

b) In England und Schottland.

Indem die englische Reformation äußerlich gerade dadurch herbeigeführt wurde, daß Heinrich VIII. vorgab, in einer durch Moses nach göttlichem Recht verbotenen Ehe zu leben, von der zu dispensiren selbst der Papst nicht die Macht gehabt habe, so kam es in England schon sehr früh dahin, daß durch Gesetz und Parlamentsbeschluß die mosaischen Verbote im weitesten Umfange als wahrhaft göttliches Recht anerkannt wurden, in der Weise, daß es keiner menschlichen Macht freistehn solle, von denselben abzuweichen, weder im Ganzen noch im Einzelnen.

Es dürfte einer Inconsequenz in der praktischen Durchführung dieses Gesetzes zuzuschreiben sein, daß dasselbe bis auf die unmittelbare Gegenwart drei Jahrhunderte hindurch in formeller Gültigkeit hat bestehn können. Es wurde nämlich seit den Zeiten Jacobs I. gebräuchlich, gegen derartige Ehen nicht ex officio einzuschreiten, sondern nur auf Grund irgend eines Antrags, und nur dann, wenn ein solcher Antrag zu Lebzeiten beider Betheiligten erfolgte; es waren solche Ehen, um in den englischen Kunstausdrücken zu sprechen, nicht void, sondern blos voidable. Es war damit nun freilich die in solchen Ehen angeblich liegende Sündhaftigkeit aufgegeben, indem das Schicksal derselben auf reinen Zufälligkeiten beruhete, auf Zufälligkeiten sogar von meist sehr unlauterm Ursprung, es waren aber doch auch keine sehr großen Inconvenienzen mit diesem Rechtszustande verbunden, denn nur selten fand sich Jemand, der auf diese Weise eine Erbberechtigung in's Werk setzen wollte. Nur ein einziges Mal ist während dieser ganzen Zeit, soviel uns bekannt geworden ist, ein ernsterer Angriff auf diesen Rechtszustand erfolgt, und die Art und Weise desselben ist im hohen Grade charakteristisch; indem nämlich als etwas ganz Selbstverständliches vorausgesetzt wird, daß, falls solche Verbote bei Moses sich wirklich fänden, sie auch als göttliches Recht zu betrachten wären, so wird zu dem verzweifelten Mittel gegriffen, zu behaupten, daß es sich dort gar nicht um Eheverbote handele, sondern um Verbote außerehelicher Geschlechtsgemeinschaft *).

*) (Foy) The cases of marriages between near relations, London 1756.

Erst durch einen eclatanten Fall dieser Art, der zu Anfang der dreißiger Jahre in den höchsten Gesellschaftskreisen Englands sich ereignete, wobei es sich, wenn ich nicht irre, um die Ehe mit der Schwester der verstorbenen Frau handelte, bekam die Gesetzgebung Veranlassung, sich mit diesen Gegenständen zu beschäftigen. Das Verfahren, welches damals, um Abhülfe zu schaffen, eingeschlagen wurde, ist aber in jeder Beziehung unbegreiflich. Es wurde nämlich 1835 durch St. 5. u. 6. Will. IV. c. 54., bekannt unter der Bezeichnung Lord Lyndhurst's Act, festgesetzt, daß auf der einen Seite alle früher gegen das mosaische Recht geschlossenen Ehen ex post facto für gültig erklärt, daß dagegen alle in Zukunft vorkommenden derartigen Ehen unter Wegfall des Unterschieds von void und voidable, ohne daß es einer besondern Anfechtung bedürfte, eo ipso null und nichtig sein sollten *). Es lag darin auf der einen Seite, indem man eine ganz principlose Milde für die Vergangenheit statuirte, eine großartige Verletzung jenes göttlichen Rechts, während es auf der andern Seite von vornherein klar sein mußte, daß die Strenge, wie sie von jetzt an Rechtens sein sollte, nicht durchzuführen sein würde, um so weniger, als die gesetzgebenden Gewalten selbst die Autorität des angeblich göttlichen Rechts in bedenklicher Weise blosgestellt hatten. Die Logik dabei war aber ungefähr die, als ob bisher fünf Thaler Strafe gegolten hätten, und indem man das nun zu gering fände, festgesetzt würde, daß alle die, welche bisher dagegen gefehlt hätten, gar Nichts zahlen sollten, die es aber in Zukunft thun würden, zehn Thaler.

Es beginnt demgemäß schon nach wenigen Jahren eine umfassende Agitation, an deren Spitze zwei Londoner Sollicitors, die Mrs. Crowder und Maynard, standen, welche sich aber in einer geschickten Organisation über das ganze Land erstreckte, und welche, nachdem die Versuche gescheitert waren, die Bischöfe und die Geist-

*) St. 5. u. 6. Will. IV. c. 54. an act to render certain marriages valid, an to alter the laws with respect to certain voidable marriages. Dazu besonders, um den Gang der Verhandlungen zu überblicken, die Journals of the House of Lords, 1835. Vol. 67.

lichkeit zu gewinnen, in völlig gesetzlicher Weise blos darauf ausging, die Zahl der Fälle zu ermitteln, in denen trotz jenes Gesetzes die mosaischen Vorschriften verletzt seien; denn in der That war es nach wie vor in zahlreichen solcher Fälle zu Eheschließungen gekommen, bei den ärmern Volksklassen wegen der Unbekanntschaft, in der sich meist die Behörde über ihre nähern Verhältnisse befand, bei den höhern Ständen besonders deshalb, weil die englischen Gerichtshöfe sich dafür ausgesprochen hatten, daß die Rechtsregel locus regit actum auch auf dies materielle Requisit sich beziehn sollte, so daß, was gewiß mindestens zweifelhaft war, auf dem Festlande solche Ehen gültig geschlossen werden konnten *). Es gewährt gewiß einen interessanten Einblick in die mühevolle Thätigkeit, der man sich in England zur Erreichung allgemeiner Zwecke unterzieht, wenn man beobachtet, wie nun das Land förmlich in Districte eingetheilt, und innerhalb eines jeden die Erhebungen auf die sorgsamste Weise vorgenommen wurden.

Das Nächste, was nun geschah, ist die gegen Ende des Jahres 1847 erfolgte Niedersetzung einer königlichen Commission, deren Untersuchungen und Verhandlungen ein beinah dramatisches Interesse in Anspruch nehmen. Es erfolgten dort in zahlreichen Sitzungen vom 9. November 1847 bis 18. März 1848 eine Menge von Aussagen auf im Ganzen 1351 Fragen, von über vierzig verschiedenen Auskunftspersonen, die mit der größten Umsicht und Unparteilichkeit aus allen möglichen Berufsständen, Gesellschaftskreisen, kirchlichen und politischen Richtungen ausgewählt waren. Es sind sowohl Geistliche als Weltliche, deren Ansichten und Erfahrungen über die vorliegende Frage dort vernommen werden; Geistliche von allen Religionsparteien, nicht blos aus der established church von England, Irland und Schottland, den verschiedensten Rangstufen angehörig, aus den verschiedensten Gegenden, meist aber solche, die wirklich Seelsorge haben, sondern auch Dissenters aller Art, und von

---

*) The validity of marriages with a wife's sister celebrated abrood, by Edm. Beckett Denison of Lincoln's Inn, barrister-at-law. London 1852.

katholischer Seite der Cardinal Wiseman. Unter den Weltlichen nehmen die Juristen den hervorragendsten Platz ein, und namentlich diejenigen, welche sich schon früher bei dem Unternehmen der Herrn Crowder und Maynard betheiligt hatten, geben die lehrreichsten Aufschlüsse über ihre damalige Thätigkeit; außerdem wurden auch von der Commission Solche vernommen, die aus eigner Erfahrung ihres ehelichen Lebens ein Urtheil abzugeben im Stande waren, und deren Namen, weil es sich um etwas Verbotenes handelt, nicht genannt werden; Cobden berichtet über einen Fall in seiner Familie und außerdem über die Ansichten des Continents; in letzterer Beziehung wurden noch ganz besondere Ermittlungen vorgenommen, die Commission läßt namentlich auch einen in England ansässigen deutschen Juristen, Herrn Bach, vor sich erscheinen, dessen Mittheilungen aber werden ergänzt durch die Erkundigungen, welche man unter Vermittlung Bunsens in Berlin einzieht, es ist damals namentlich ein Gutachten des Professor Helwing abgegeben, Richter stellte Materialien aus dem Ministerium des Cultus und dem Ministerium für die Gesetzesrevision in Aussicht, und das statistische Büreau sollte Erhebungen darüber anstellen, ob nicht gerade solche Ehen besonders häufig geschieden würden, was denn Dieterici ohne sehr umfassendes Material verneinend beantworten konnte; man verschaffte sich aber auch sonst noch alle möglichen Gutachten aus Deutschland, vom Consistorium der Provinz Brandenburg, des Herzogthums Coburg-Gotha u. s. w.; man wandte sich sogar nach Amerika an den berühmten Juristen Story, der bereits im Conflict of the laws sich darüber ausgesprochen hatte, und auch schon früher zugezogen war, endlich wurden noch der Caplan der russischen Gesandtschaft und der Rabbiner Dr. Adler mit ihren Ansichten gehört.

Es ergiebt sich aber aus den vor der Commission geschehenen Aussagen folgendes Resultat. Die weit meisten der dort vernommenen Auskunftspersonen sprechen sich entschieden gegen die Möglichkeit einer rechtlichen Zulässigkeit solcher Ehen aus; am weitesten darin gehn die Herrn Percival und Pusey, die beide namentlich sehr schlecht auf Deutschland zu sprechen sind, wenn ihnen klar gemacht wird, wie es sich bei uns mit diesem Punkte verhält; Percival trägt kein Bedenken, dem deutschen Protestantismus die Natur einer wahren Kirche abzusprechen *), und Pusey giebt eine Schilderung zum Besten, wonach in Deutschland, wo nicht blos der Mann die Schwester seiner verstorbenen Frau, sondern auch der Onkel die Nichte heirathen könne, eine völlige Zerrüttung aller Familienverhältnisse herbeigeführt sei, so daß ein deutscher Philosoph ihm erklärt habe, man müsse vor Schaam über diese Zustände sich mit den Händen das Gesicht zuhalten **). Aber auch abgesehn von solchen Ungeheuerlichkeiten, und überhaupt abgesehn von allen theologischen Meinungen, so kann doch der Bericht an die Königin, welcher auf Grund dieser Untersuchungen erstattet ist, nicht umhin, sich dahin auszusprechen, daß auch die vorherrschenden Gefühle der Laienwelt gegen die Neuerung seien, daß sie wenigstens im ersten Augenblicke in dieser Richtung sich äußern würden, wenn auch später bei längerm Nachdenken, und namentlich erfahrungsmäßig überall da, wo ein solcher Fall in einer Familie sich wirklich ereigne, eine entgegengesetzte Ueberzeugung alsbald Platz griffe; eine Wahrnehmung, die als Ausdruck der damaligen öffentlichen Meinung gewiß um so unverwerflicher ist, als der

---

*) I am very sorry to hear it . . it is quite enough to make a man abjure the term Protestant to hear it. — I spoke of the church, I do not account the Protestant communions on the Continent or in America to be churches.

**) I have been told so by Germans, and they lament it very much. They have told me, that all domestic relations are in consequence broken up, that the uncle's house can not be the home for the orphan niece, nor the sister-in-law take charge of her deceased sister childern, since marriage is permitted. — On the other hand I am informed by Germans, that the state of marriage in Germany is very frightful; divorces may be obtained by mutual consent, and the parties so divorced may marry again, thongh the woman seldom does. — I asked a German doctor of philosophy lately as to the state of marriage and he said: „It makes a German cover his face with his hands for shame.“ Ziemlich sachgemäß über deutsche Zustände sind dagegen die Aussagen des Dr. Bach, und des englischen Officiers, der mehrere Jahre in solcher Ehe in Mannheim und Berlin gelebt hat.

Report trotzdem zu Gunsten freier Eheschließungen in den fraglichen Fällen sich ausspricht *).

Es ist nun aber bisher nicht gelungen, eine Parlamentsacte in diesem Sinne zu Stande zu bringen, denn wenn auch das Unterhaus nach anfänglichem Widerstreben besonders auf den wiederholten Antrag von Sir Stuart Wortley sich mit der Maaßregel einverstanden erklärt hat, und auch von Lord Palmerston im Namen der Regierung eine zustimmende Aeußerung gefallen ist, so sind doch die Bestrebungen des Earl of St. Germans im Oberhause bisher ohne allen Erfolg gewesen, es hat allen solchen Anträgen eine ziemlich compacte Majorität, zu der namentlich auch die Bischöfe gehörten, entgegengestanden.

Unterdessen werden die Maaßnahmen der gesetzgebenden Factoren von einer lebhaften Theilnahme des englischen Volks begleitet; es hat sich namentlich eine eigene Gesellschaft gebildet, mit dem alleinigen Zwecke, dafür zu wirken, daß die Ehe mit der Schwester der verstorbenen Frau erlaubt werde, eine marriage law reform association for the exclusive object of promoting the passing of an act, to render lawful marriage with a deceased wife's sister; die Thätigkeit derselben zeigt sich namentlich darin, daß auf ihren Antrieb Schriften in dem gedachten Sinne verfaßt oder doch verbreitet werden, und es giebt von der Rührigkeit derselben ein bedeutendes Zeugniß, daß sich auf der Göttinger Bibliothek ein Convolut von einigen zwanzig Broschüren befindet, die von jener Gesellschaft geschenkt sind, Broschüren, auf die verschiedensten Leserkreise berechnet, ebensowohl staatsmännische Deductionen der ersten politischen Größen des Landes als gelehrte Erörterungen über die Exegese

*) First report of the commissioners appointed to inquire into the state and operation of the law of marriage, as relating to the prohibited degrees of affinity and to marriages solemnized abroad or in the british colonies; with minutes of evidence, appendix and index. Presented to both houses of Parliament by command of her majesty, London 1848. fol. Das reiche Material, welches dort sich findet, hat dieser Darstellung wesentlich zu Grunde gelegen.

des alten Testaments, und Argumentationen voll von Witz und Satire auf die Fassungskraft des großen Haufens angelegt *).

Aus den ganzen Verhandlungen aber, die gegenwärtig in England über diese Angelegenheit geführt werden, tritt uns eine interessante Wahrnehmung entgegen, welche für den Charakter der dortigen Bewegung im hohen Grade bezeichnend ist, indem sich daraus ergiebt, daß man in England in dieser Entwicklung heutzutage gerade da steht, wo man in Deutschland vor beinah zweihundert Jahren stand, zur Zeit des Oettingischen Falls, der auch vor den Commissioners einmal kurz erwähnt wird. Indem man neuerdings die Frage eingeschränkt hat auf die Frage nach der Erlaubtheit der Ehe mit der Schwester der verstorbenen Frau, so zeigt sich darin zwar einestheils ein gesunder politischer Takt, der es nicht verschmäht, Erfolge im Kleinen zu gewinnen, es zeigt sich darin aber auf der andern Seite noch viel mehr das Bestreben, einer principiellen Lösung des Problems vorläufig aus dem Wege zu gehn. So verschieden nämlich auch im Einzelnen die Gründe derjenigen sind, welche sich für die Erlaubtheit solcher Ehen erklären, so stimmen sie doch in merkwürdiger Weise fast Alle darin überein, daß, falls wirklich im Gesetze Gottes mit klaren Worten ein solches Verbot sich fände, daß dann auch die englische Gesetzgebung sich fügen müsse, und daß nur, weil es sich thatsächlich nicht so verhalte, diese für das sociale Leben unerträgliche Fessel abgeworfen werden dürfe und müsse; zu einem principiellen Angriff auf die Existenz eines göttlichen Rechts überhaupt kommt es also nicht, und wie sehr man, um dergleichen aus aus dem Wege zu gehn, lieber zu den größten Absurditäten seine Zuflucht nimmt, zeigt der Umstand, daß man wirklich wieder zu der Argumentation Fry's zurückgekehrt ist, wonach in allen

*) z. B. eine unter dem Titel A day too late, London 1852; drei Ehepaare melden sich zum Abendmahle, alle drei in verbotenen Graden verheirathet, aber die eine Ehe war geschlossen am 31. Aug. 1835, die andere am 1. Sept. die dritte im Auslande; dasjenige Ehepaar, welches sich am 1. Sept. verheirathet hatte, wird als in Sünde befindlich zurückgewiesen, die beiden andern werden zugelassen. — Selbst die Beecher-Stowe hat übrigens ein Gutachten abgeben müssen.

jenen Stellen von der Ehe gar nicht die Rede wäre. Um jenen eben bezeichneten Charakter der gegenwärtigen Bewegung darzuthun, möge es genügen, auf folgende Aeußerungen aufmerksam zu machen, die ich aus einer Reihe gleichartiger beliebig herausnehme. So sagen zunächst die Commissioners ganz in Uebereinstimmung mit zahlreichen ausdrücklichen Aussagen, die vor ihnen geschehn sind: „Some persons contend that these marriages are forbidden expressely or inferentially by Scripture; if this opinion be admitted cadit quaestio." Ganz ähnlich erklärt Lord Denman in einer eignen Schrift, daß, wenn solche Ehen wirklich in dem Gesetze Gottes verboten wären, sie dann ganz natürlich durch menschliches Recht ungültig erklärt werden müßten, und wenn nur die Prälaten Englands ganz einstimmig in der Aufstellung einer solchen Meinung gewesen wären, so würde das einige Autorität für sich gehabt haben, indeß ein Blick auf die Debatten im Oberhause ergäbe, daß zwar alle geistlichen Lords gegen die erwähnte Maaßregel gestimmt hätten, aber nicht alle von der Existenz eines göttlichen Rechts auf diesem Punkte überzeugt gewesen wären *). Damit stimmt denn auch wesentlich überein der Earl of St. Germans in seiner Rede vom 21. Juni 1852, wenn er sagt: „My Lords, the people of England are a moral and religious people, and if you can satisfy them, that these marriages are forbidden by Scripture, no man would seek to alter the law in this respect;" und es kommt bei ihm auch das protestantische Bewußtsein zum Ausdruck, daß eine Uebereinstimmung der Geistlichen Nichts ausmachen würde in einem Lande, „where every man has access to the Scripture, and where the right of private judgement is claimed and acknowledged." Endlich dürfte noch zu verweisen sein auf einen Artikel in der Edinburgh Review, der beinah gleichlautend sich ausspricht **).

Noch energischer wird aber die Verbindlichkeit der mosaischen Eheverbote geltend gemacht in Schottland.

---

*) Reasons for legalising marriage with a deceased wife's sister by Lord Denman. London 1852.

**) Edinburgh Review. 1853. April. Vol. 97. p. 324.

Indem auch hier schon früh die mosaischen Vorschriften als göttliches Recht recipirt wurden, so ist doch hier der Unterschied von void und voidable niemals Rechtens geworden, alle solche Ehen waren vielmehr void, und Lord Lyndhurst's Act war also ohne alle Beziehung auf schottische Verhältnisse. Wenn nun schon der Report der Commissioners mit besonderer Betonung sich dahin ausgesprochen hat, daß die Geistlichkeit der presbyterialen established church von Schottland ganz entschieden in der Verwerfung solcher Ehen sei*), so wurde nun, als es 1849 zur Discussion über die Bill von Wortley kam, von Seiten der general assembly of the free church durch ein eigens dazu niedergesetztes Comité eine förmliche Opposition in Form eines Adressensturms gegen die ganze Maaßregel in's Werk gesetzt, was sich sogar im folgenden Jahre wiederholte. Es haben dann außerdem sehr ernsthafte Verhandlungen darüber stattgefunden, wie man sich innerhalb der Kirche dagegen verhalten solle, wobei es sich hauptsächlich darum handelte, ob Excommunication in solchen Fällen in Anwendung gebracht werden solle, was bisher allerdings Rechtens gewesen war, oder ob eine mildere Meinung zulässig sei; es ist indeß von Seite der strengern Partei im Falle des Unterliegens eine Spaltung in Aussicht gestellt, da über solche Gewissensfragen Majoritätsbeschlüsse unzulässig seien**). Am allerschroffsten tritt aber merkwürdiger Weise die ganze judenchristliche Auffassung, wie sie in der reformirten Kirche Schottlands herrschend ist, uns entgegen in den Aeußerungen eines einzelnen Aeltesten, der von der Erlaubtheit der fraglichen Ehen überzeugt ist, und wegen des Conflicts, in dem er sich darüber mit der Mehrheit seiner Kirchengenossen befindet, sein Amt niedergelegt hat. Es beruht nämlich seine Ansicht von der Erlaubtheit solcher Ehen lediglich auf einer andern Auffassung der concreten Schriftstellen und der thatsächlichen

*) In Scotland the opinion of the clergy is decidedly against these marriages.

**) The marriage question; a full report of the discussion on the Thamrock-Street and Thornliebank memorials in the united presbyterian synod, on 5. May 1854. Glasgow 1854.

Momente; und es wird hier die Existenz eines göttlichen Rechts an sich in einer so crassen Weise, und in so weitem Umfange behauptet, wie sonst nirgends, denn die Bibel ist ihm das einzige Statutenbuch der christlichen Kirche, zu dessen Inhalt die Kirche aus eigner Macht gar keine Zusätze irgend welcher Art machen könne, indem die Kirche und deren Organe gar keine legislative, sondern blos eine richterliche Gewalt besäßen *).

4) Die Kirchenzucht und der Bann.

Es ist im neuen Testamente vorgeschrieben, daß, wenn ein Christ gegen ein Andern sündigt, sie zuerst versuchen sollen, unter sich eine Versöhnung ohne weitere Vermittlung herbeizuführen, erst wenn das keinen Erfolg hat, sollen noch Andere hinzugezogen werden, und ganz zuletzt, wenn auch das fruchtlos ist, gelangt die Sache an die Gemeinde; „höret er die Gemeinde nicht, so halte ihn als einen Heiden und Zöllner **).

Es muß nun wiederum hervorgehoben werden, wie trotzdem eine große Anzahl der wichtigsten Kirchenordnungen, namentlich solche aus der ältesten Zeit, keine Art von Kirchenzucht eingeführt haben.

In den weit meisten ist eine solche aber allerdings eingeführt worden, und zwar in vielen unter ausdrücklicher Berufung auf die Bibel, in einigen sogar in der Weise, daß man in jenen Bibelworten ein vollständig ausgebildetes Institut hat erkennen wollen, mit einer förmlichen Vorschrift über ein detaillirtes Verfahren, wobei namentlich eine dreimalige Ermahnung in Betracht kommt, an die sich dann die Excommunication anschließt, und daß man in dieser Institution ein wahrhaft göttliches Recht gesehn hat, welches durch die menschliche Rechtsbildung in diesen seinen Grundlagen auf keine Weise beeinträchtigt werden könne. In der That findet sich diese Auffas-

*) Reasons assigned by an elder of the free church. Glasgow, Edinburgh, London 1853. z. B. „the duty of the office-bearers of the church is not legislative, but judicial, not to make laws, but faithfully to administor those, which have been made by him, on his shoulders is the government.

**) Matth. Cap. 18. V. 15—17.

fung nicht blos auf reformirter Seite, sondern auch ebensogut auf lutherischer *).

Es ist nun aber ebensowenig einem Zweifel unterworfen, daß die spätere Entwicklung selbst in denjenigen Landeskirchen, wo die dogmatische Nothwendigkeit der Kirchenzucht so bestimmt wie möglich ausgesprochen war, dahin geführt hat, sie doch wieder ganz außer Wirksamkeit treten zu lassen, so daß sie heutzutage in der frühern Weise in Deutschland nirgends mehr besteht.

Die Auffassung und Würdigung dieser geschichtlichen Thatsache wird nun hier so gut wie in den übrigen Beziehungen, wo im Laufe der Zeit ein göttliches Recht abhanden gekommen ist, durch den allgemeinen Standpunkt bestimmt werden, wonach die Einen darin einen Fortschritt, eine Herausbildung des wahren protestantischen Princips sehn, eine Entwicklung der christlichen Freiheit, während die Andern behaupten, daß hier ein Abfall vom Glauben vorliege, eine Sünde, die gar nicht früh genug wieder rückgängig gemacht werden könne. Dieser letztern Ansicht ist mit Bezug auf unsern Fall namentlich auch Mejer, der zwar zugiebt, daß, wenn die Kirchenzucht in Mecklenburg überhaupt auf irgend eine Weise abgeschafft werden könnte, sie dann allerdings nach allgemeinen Rechtsgrundsätzen durch ein derogirendes Gewohnheitsrecht abgeschafft sei, der aber die Möglichkeit von dergleichen bestreitet; er läßt die Modalitäten bei der Ausführung, wie sie in der letzten Mecklenburgischen Kirchenordnung festgesetzt waren, fallen, sieht aber in den Grundzügen des Instituts beim Matthäus ein unabänderliches göttliches Recht **).

---

*) Ref. eccl. Hassiae 1526. I. 56, wo es heißt, wenn die Excommunication abgeschafft werde, so werde Gottes Wort abgeschafft; Hall. KO. 1526. I. 45. Besonders klar und entschieden spricht sich dann auch in dieser Beziehung aus die Mecklenb. Conf.-O. v. 1570. II. 328. 330 ff.

**) Mejer, Kirchenzucht und Consistorial-Competenz nach Mecklenburgischem Rechte. Rostock 1854. S. 4. 53. 58. bes. 65 ff. Mejer, Institutionen des gemeinen deutschen Kirchenrechts. 2. Aufl. §. 24. Auch Mejer, reformirte Zustände und Bestrebungen im Königreich Hannover (Kliefoth in Mejer's kirchlicher Zeitschrift, Jahrg. 1858. S. 25).

Zweiter Abschnitt.

Das menschliche Recht.

Erstes Capitel.

Die Rechtsbildung hinsichtlich des Subjects.

I. Die geschichtliche Entwicklung*).

1) Das sechszehnte Jahrhundert.

In Folge der eigenthümlichen Verhältnisse der staatlichen Verfassung Deutschlands ist es in der Reformationszeit dahin gekommen, daß überall die höchste Kirchengewalt den einzelnen deutschen Territorialgewalten zufiel, den Landesherrn und den Obrigkeiten der Städte; es entstanden auf diese Weise eine ganze Menge kleiner, unter sich unabhängiger Landeskirchen, in der ersten Zeit noch äußerlich zusammengehalten durch die Obergewalt, welche damals der Reichsstaatsgewalt noch zustand.

---

*) Eine Bearbeitung der Geschichte der protestantischen Kirchenverfassung ist zuerst in Angriff genommen durch Eichhorn, der auch hier bahnbrechend und epochemachend aufgetreten ist; und soviel nun auch seine Darstellung zu wünschen übrig läßt, so zeichnet sie sich doch aus durch eine von theologischen Voreingenommenheiten freie, durchaus klare und nüchterne, rein geschichtliche Betrachtungsweise, worin er noch heute unerreicht dasteht; eine Vergleichung der betreffenden Abschnitte aus dem Kirchenrecht und der Rechtsgeschichte ist noch immer von großem Interesse; Grundsätze des Kirchenrechts Bd. II. S. 44 ff. 232 ff. Bd. I. S. 675 ff. und deutsche Staats- und Rechtsgeschichte Th. IV. S. 380 ff. — Eine nicht unwichtige Förderung ist dann diesen Lehren zu Theil geworden durch das Buch Stahl's, die Kirchenverfassung nach Lehre und Recht der Protestanten, Erlangen 1840, denn wenn auch die meisten unmittelbaren Resultate desselben von der strengen Wissenschaft als geschichtslose Constructionen verworfen werden müssen, so ist doch die Anregung, die von dieser geistvollen, formvollendeten Darstellung ausging, eine bedeutende gewesen; und namentlich hat sie zur Widerlegung die Untersuchungen Richter's hervorgerufen, die gewiß zu seinen bleibendsten Leistungen gehören: die Grundlage der Kirchenverfassung nach den Ansichten der sächsischen Reformatoren (Zeitschrift für deutsches Recht Bd. III. 1840 S. 1—90), worin gegenüber den Zuständen des 17. Jahrhunderts, auf die Stahl sich stützte, energisch auf das 16.

Es muß nun aber mit größter Entschiedenheit hervorgehoben werden, daß in Folge der geschichtlichen Vorgänge von damals auch nicht entfernt die Ansicht begründet ist, als ob eine Uebertragung der Kirchengewalt stattgefunden habe von Seiten eines ursprünglich berechtigten Subjects, eines primären Inhabers, worunter man sich die „ganze Kirche" denkt, auf einen Inhaber, der nur auf Grund eines fingirten Mandats, und nur innerhalb gewisser Schranken seine Gewalt auszuüben hätte; als ob demgemäß der Landesherr nicht als solcher, sondern nur als vornehmes Glied das Kirchenregiment besäße, und dasselbe nicht als Ausfluß, sondern nur als Annex der sonstigen landesherrlichen Gewalt erschiene, indem es andern Grundsätzen unterworfen wäre und durch andere Organe ausgeübt würde als die sonstige landesherrliche Gewalt. Es muß vielmehr, wenn man absieht von Tendenzen und Bestrebungen, die in dieser Richtung allerdings damals zu Tage traten, und für die sich namentlich aus den Schriften der Reformatoren Zeugnisse anführen lassen, und statt dessen rein auf die Gestaltung des wirklichen Lebens und die concreten Verhältnisse sieht, wie sie in den Kirchenordnungen vor-

---

Jahrhundert hingewiesen wird. — Von der höchsten Bedeutung für die Ausbildung der kirchenrechtlichen Wissenschaft überhaupt und die Geschichte des Kirchenrechts insbesondere ist nun aber die durch Richter erfolgte Herausgabe der ältern Kirchenordnungen; Richter, die evangelischen Kirchenordnungen des 16. Jahrhunderts. Urkunden und Regesten zur Geschichte des Rechts und der Verfassung der evangelischen Kirche in Deutschland. 2 Bde. 4. Weimar 1846. Es fehlt indeß viel, daß man diese neue Fundgrube bisher auszubeuten verstanden hätte, und selbst Richter in der Geschichte der evangelischen Kirchenverfassung in Deutschland, Leipzig 1851 (zum 50jährigen Doctorjubiläum Eichhorn's), ist durchaus nicht von dem Vorwurfe freizusprechen, eine Rechtsgeschichte geschrieben zu haben mit zu geringer Berücksichtigung der eigentlichen Rechtsquellen, indem er den Inhalt der Kirchenordnungen gegenüber den Aussprüchen der Reformatoren nicht gehörig zur Geltung bringt. Ich habe nun im Nachfolgenden den Versuch gewagt, den Kirchenordnungen als den unmittelbarsten und unverwerflichsten Quellen der Rechtsgeschichte die Stellung zu verschaffen, die ihnen gebührt; und wenn ich mich nun auf wesentlichen Punkten im schärfsten Widerspruch gegen alle bisherigen Auffassungen befinde, so möge man ohne Voreingenommenheit prüfen; ich muß mich sonst auf ein Wort von Goethe berufen, daß immerfort wiederholte Phrasen sich zuletzt zur Ueberzeugung verknöchern und die Organe der Anschauung verstumpfen.

liegen, es muß dann auf das Bestimmteste behauptet werden, daß ganz einfach die Landesherrn und die Obrigkeiten der Städte als solche in ihrer einen untheilbaren Eigenschaft als staatliche Organe das Kirchenregiment an sich genommen haben, und daß von einem zwiefachen Inhaber, einem idealen und einem realen, damals so wenig sich etwas findet, wie von einem Unterschiede von Kirchenhoheit und Kirchengewalt. In den Eingängen zu den meisten und bedeutendsten Kirchenordnungen der damaligen Zeit ist es geradezu ausgesprochen, daß die Sphäre der staatlichen Thätigkeit sich durch Uebernahme der höchsten Kirchengewalt erweitere, daß es eine falsche Ansicht sei, wonach die Fürsten und andere Obrigkeiten sich blos ihrer Kanzlei annehmen sollten, und es einzig ihre Aufgabe wäre, für gute Polizei zu sorgen, sie seien vielmehr nicht blos um des Friedens willen den Unterthanen vorgesetzt, sondern auch zur Förderung des Gottesdienstes, nicht blos in weltlichen, sondern auch in geistlichen Dingen habe man Recht und Gerechtigkeit zu ertheilen, nicht blos ein zeitliches Regiment, soviel Leib und Gut betrifft, habe man zu führen, sondern noch viel mehr für das Heil der Seelen zu sorgen. Die Obrigkeit, heißt es, sei bei ihrer Seel Seligkeit schuldig, alles anzuordnen, was Christus in einer öffentlichen Versammlung zu thun befohlen habe; wie sich dieser Gedanke im Sprachgebrauche der damaligen Zeit häufig ausgedrückt findet, man betrachtet sich als den Wächter und Hüter beider Tafeln des Gesetzes, ebenso gut der ersten, auf der die Gebote über das Verhältniß der Menschen zu Gott stehen, als der zweiten, welche die Gebote über das Verhältniß der Menschen untereinander enthält; vielfach wird auch verwiesen auf das löbliche Beispiel der Könige des israelitischen Volks, die für alle Zeit den Beruf der Obrigkeit zur Ordnung des christlichen Lebens vorbildlich dargethan haben sollen *).

---

*) Die Kirchenordnungen, in denen das am klarsten ausgesprochen ist, sind folgende: Hall. KO. 1526. I. 40. Berner Ref. 1528. I. 104. Basel. KO. 1529. I. 120 ff. Straßb. KO. 1534. I. 232. Eßling. KO. 1534. I. 247. Brandenb. KO. 1540. I. 323 ff. 334 ff. Schlesw.-Holst. KO. 1542. I. 354. Liegnitz. KO. 1542. I. 360. KO. f. Calenb. u. Gött. 1542. I. 362. Pfalz-Neuburg. KO. 1543. II. 27. Waldeck. KO. 1556. II. 169. Würtemb. Summ. Begriff 1559.

Demgemäß geht denn auch die Rechtsbildung von den Staatsgewalten als solchen aus, und die Entstehung der Bekenntnißschriften, Katechismen, Liturgien, Gesangbücher, der Kirchenordnungen selbst ist auf diese Weise erfolgt; die Kirchenordnungen sind einfach Erzeugnisse der rechtsbildenden Thätigkeit des Staats, staatliche Gesetze wie andere auch; nicht durch ihre Entstehung, sondern nur durch ihren Inhalt sich auszeichnend. Es ist also klar, daß wenn das Eherecht meist in den Kirchenordnungen abgehandelt ist, dadurch für die Competenz von Staat und Kirche in damaliger Zeit nicht das Allergeringste entschieden ist; noch viel weniger wird man sich natürlich auf diesen Umstand stützen dürfen, um daraus eine Berechtigung der Kirche für die Gegenwart abzuleiten; und am Allerwenigsten darf behauptet werden, daß, weil die Kirchenordnungen angeblich auf specifisch kirchliche Weise entstanden seien, sie deshalb später von Seiten des Staats durch dessen Gesetze nicht hätten rechtsgültig abgeändert werden können *).

In jeder Beziehung wird nun auch die Kirchengewalt von den territorialen Obrigkeiten ganz auf dieselbe Weise ausgeübt, wie die sonstige Staatsgewalt.

Es bestehen zunächst für die freie Entfaltung der territorialen Selbstständigkeit gewisse Schranken, denen dieselben nicht blos in politischer, sondern anfangs auch in kirchlicher Beziehung unterworfen war.

Eine solche Schranke wird hauptsächlich gebildet durch die Reichsstaatsgewalt, die gerade kurz vor der Reformationszeit in Folge der großen Reformen der deutschen Reichsverfassung am Ende des Mittelalters zu neuer Kraft und Bedeutung sich erhoben hatte. In der

---

II. 198. KO. f. Steuerwolt 1561. II. 224. Pfälz. Kirchenraths-O. 1564. II. 276. Braunschw.-Küneb. KO. 1564. II. 285. Braunschw.-Wolfenb. KO. 1569. II. 319.

*) Es wird dergleichen allerdings mit größter Bestimmtheit behauptet in dem Gutachten des Königl. preuß. Kronsyndicats v. 30. April 1856, gegen dessen Argumentationen sehr erhebliche Einwendungen zu machen sind; man vergleiche darüber besonders Jacobson, über die Geltung der ältern evangelischen Kirchenordnungen in der Gegenwart (Zeitschrift für deutsches Recht. Bd. 19. 1859. S. 1—99).

That tritt nun das Bewußtsein von dem Vorhandensein einer solchen Obergewalt in sehr bestimmten Aeußerungen zu Tage, und namentlich werden häufig bei der Emanation der Kirchenordnungen die Rechte von Kaiser und Reich als solche hingestellt, die dadurch nicht alterirt werden dürften, die ganze Regulirung, wie sie hier durch die territorialen Gewalten erfolgt, erscheint häufig nur als eine vorläufige, bis zu einer definitiven Entscheidung durch die Stände des heiligen Reichs *). Erst als es sich immer mehr herausstellte, daß eine solche Entscheidung durch die Reichsstaatsgewalt nicht erfolgen könne, weil sich auf den Reichstagen und auch auf den Schlachtfeldern die beiderseitigen Parteien in zu gleicher Stärke gegenüberstanden, so kam es dann dahin, daß das bisherige Provisorium in einen definitiven Rechtszustand verwandelt wurde, indem die Kirchengewalt von jeder Einwirkung des Reichs emancipirt, und lediglich in die Hand der Territorialherrn gelegt wurde, die also auf diesem Gebiete in Folge des Reichsabschiedes von Augsburg 1555 schon zur Zeit des Reichs souverän waren.

Indem aber die Reformation vielfach von noch kleinern Gewalten innerhalb der Territorien durchgeführt wurde, und auch diesen nun eine Kirchengewalt zufiel, so ergiebt sich für diese eine weitere Schranke in der Geltendmachung derselben an der Obergewalt der Territorialherrn. Es sind besonders manche von jenen Städten gewesen, die zwischen Reichsunmittelbarkeit und Landsässigkeit gleichsam in der Mitte stehn, die in der That keine freien Reichsstädte sind, indem sie namentlich auf den Reichstagen keine Berechtigung haben, die aber doch zu den Landesherrn zeitweise nur in einem sehr lockern Abhängigkeitsverhältnisse standen, von denen es gesagt werden muß, daß sie die Rechte ihrer Landesherrn bei der Reformation und bei der Handhabung der Kirchengewalt zu achten

*) Brandenb.-Ansb. Absch. 1526. I. 50. Ref. eccl. Hassiae. 1526. I. 56; beide Ordnungen berufen sich auf den eben erfolgten Reichsabschied von Speier. Cöln. Ref. 1543. II. 30. Eigenthümlich ist die Rechtsanschauung in der KO. der Stadt Hall 1526. I. 40, wonach eine kaiserl. Genehmigung dieser autonomischen Rechtsbildung nicht nothwendig wäre, theils in Folge der Freiheiten und Privilegien, besonders aber deshalb, weil auch das katholische Kirchenrecht vom Kaiser nicht bestätigt sei.

hatten, und daß sich in der That auch, wie in Braunschweig, Hamburg, Rostock, Stralsund, Göttingen ein Bewußtsein davon findet; es wird ausdrücklich versichert, daß weder kaiserlicher Majestät noch dem Landesfürsten dadurch ein Abbruch geschehen solle *). Eigenthümlich ist in dieser Beziehung noch das Verhältniß von Lübeck zu den Städten oder Flecken des lübischen Landgebiets, indem ganz entsprechend der allgemeinen staatlichen Abhängigkeit die Städte Möllen und Travemünde zwar ihre besondern Kirchenordnungen erhalten, aber durch Rathsherrn und Bürger von Lübeck, die zu diesem Zwecke dahin abgesandt sind; nachher bedanken sich dann Bürgermeister und Rathsleute von Möllen dafür nächst Gott beim erbaren Rathe zu Lübeck **).

Nachdem nun so im regelmäßigen Verlaufe der Dinge die Kirchengewalt zur freien Territorialsache geworden war, so wurde sie nun weiterhin auf dem Boden der Territorien ganz in der Weise zur Ausführung gebracht, wie auch die sonstige öffentliche Gewalt.

Es waren demgemäß namentlich in den größern landesherrlichen Territorien bei der Rechtsbildung, vorzüglich bei dem Erlaß der Kirchenordnungen, neben dem Landesherrn auch die Landstände betheiligt, am entschiedensten zufälligerweise in vielen von denjenigen Gebieten, aus denen sich später der heutige preußische Staat gebildet hat; und noch ganz zu Ende des Reformationsjahrhunderts ist die preußische Consistorialordnung von 1584 an dem Widerspruche der Stände gescheitert ***). Im Einzelnen ist freilich die Art der Mitwirkung

*) Stralſ. KO. 1525. I. 25 ff. Braunschw. KO. 1528. I. 106 ff. Hamb. KO. 1529. I. 127 ff. Göttinger KO. 1530. I. 142. Rostock. Raths=O. 1531. I. 144. Hannov. KO. 1536. I. 273. Es gehört dahin auch die Leisnig. KO. 1523. I. 10, die deshalb blos Entwurf geblieben ist, weil es zu der für nothwendig erachteten Bestätigung durch den Kurfürsten von Sachsen nicht kam; Elbogen. KO. 1523. I. 15 ff.

**) KO. f. d. Lüb. Landgebiet. 1531. I. 149 ff.

***) Die Kirchenordnungen, bei denen das besonders hervortritt, sind folgende: Preuß. Art. 1525. I. 28. Brandenb.-Ansb. Absch. 1526. I. 50 ff. Pomm. KO. 1535. I. 248. Lipp. KO. 1538. II. 489. Preuß. Art. 1540. I. 338. Schlesw.-Holst. KO. 1542. I. 354. Wittenb. Cons.-O. 1542. I. 368. Pomm. KO. 1563.

sehr verschieden, je nachdem die Persönlichkeit des regierenden Herrn beschaffen war, je nachdem unter den Ständen eine Einigkeit in religiöser Beziehung herrschte oder nicht; so daß sie vielfach die Initiative ergriffen, während sie dagegen anderswo blos vollendeten Thatsachen ihre Billigung aufzudrücken hatten. Wie sehr aber die Landstände häufig im Vordergrunde bei der Neuordnung der kirchlichen Verhältnisse standen, dafür scheint mir vor allen Dingen die berühmte Verordnung des Herzogs Ulrich von Würtemberg vom Jahre 1540 von großer Wichtigkeit zu sein, worin er es als „billig" anerkannte, daß zur Verwaltung der Kirche „Oeconomi" gewählt würden, die „der Kirche, das ist etlich gewehleten von der Landschaft," zu jeder Zeit Rechnung thun sollten, man sieht doch in der That nicht ein, warum darin nicht der Ausdruck eines völlig klaren Bewußtseins gefunden werden soll*). Das versteht sich übrigens von selbst, daß während auf der einen Seite hier wie in andern Dingen die Landstände vielfach in die eigentliche Verwaltung eingriffen, auf der andern Seite ihre Mitwirkung bei der Rechtsbildung hier so wenig wie sonst auf alle neu zu erlassenden Normen sich erstreckte, indem es neben eigentlichen, der landständischen Zustimmung bedürftigen Kirchengesetzen bloße Verordnungen gab, die der Landesherr einseitig ohne landständische Concurrenz erlassen konnte; es möchte dahin z. B. die Hessische und die Würtembergische Kastenordnung zu rechnen sein**), die von den Fürsten ohne Weiteres auf eigne Hand erlassen sind, während sonst gerade in Hessen und in Würtemberg eine landständische Mitwirkung stattfand. Es gehört während der längsten Zeit des sechszehnten Jahrhunderts zu den seltensten Ausnahmen, daß in Territorien, wo übrigens das Institut der Landstände in anerkannter Wirksamkeit sich befand, was namentlich in den allerkleinsten nicht der Fall war, eine kirchliche Rechtsbildung ohne dieselbe vorgeht; die berühmteste

II. 229. Lüneb. KO. 1564. II. 285. Preuß. Bisch. Wahl, 1568. II. 310. Pomm. Syn.-O. 1569. II. 318. Braunschw. KO. 1569. II. 318. Hess. Ref. 1572. II. 348. Preuß. Cons.-O. 1584. II. 462.

*) Richter, Gesch. d. evang. Kirchenverf. S. 113 ff.

**) Hess. Kasten-O. 1533. I. 212. Würtemb. Kasten-O. 1536. I. 261.

dieser Ausnahmen bezieht sich auf die Mark Brandenburg, indem der Kurfürst schon 1561 ganz bestimmt erklärte, an die Zustimmung der Landstände in diesen Dingen nicht gebunden zu sein, weil sie früher den Bischöfen und ihren Officialen allein zugestanden hätten, „und dann dieselbige geistliche Expedition jetzt an uns kommen"*).

Eine besondere Betrachtung erfordern noch die Verhältnisse in den Städten.

Nur in verhältnißmäßig wenigen ist nämlich die Durchführung der Reformation und der Erlaß der ersten Kirchenordnungen einfach durch die gewöhnlichen Organe der städtischen Verfassung, durch Bürgermeister und Rath ohne weitere Zuziehung von außerordentlichen Vertretern der Bürgerschaft erfolgt; so viel uns bekannt geworden ist, sind mit völliger Sicherheit nur zwei schweizerische Städte dafür anzuführen, nämlich Zürich und Bern, und es ist ganz bezeichnend, daß in beiden auch für die gewöhnlichen städtischen Angelegenheiten eine sehr umfassende Repräsentation besteht**).

In den weit meisten Städten ist dagegen der erste Act der kirchlichen Rechtsbildung auf eine außergewöhnliche Weise erfolgt. Besonders anziehend ist der dabei stattgehabte Hergang geschildert in der von Bugenhagen verfaßten und für so viele andere niedersächsische Städte maaßgebend gewordenen Kirchenordnung der Stadt Braunschweig von 1528. Es heißt zunächst in der Einleitung, daß der Rath mit vielen verständigen, ehrenwerthen und redlichen Bürgern gehandelt habe im Namen der ganzen Gemeinde:

„Got vnse leve vader sy gelavet vnde gepriset dorch Jesum Christum vnsen Herrn, da he vth gnaden disse Stadt in disser

---

*) Brandenb. Visit.-O. 1573. II. 358 ff. v. Mühler, Geschichte der evang. Kirchenverfassung in der Mark Brandenburg, Weimar 1846. S. 68 ff. und Richter, a. a. O. S. 134. — Außerdem ist einseitig erlassen die Clev. KO. 1532. I. 160. und Clev. KO. 1533. I. 212.

**) Zürcher Chorgerichts-O. 1525. I. 21, beschlossen „durch Bürgermeister, Rath, großen Rath, die 200 der Stadt Zürich;" Zürch. Pred.-O. 1532. I. 168, auf einer Synode beschlossen, nachher vom „Bürgermeister, kleinen und großen Rath" bestätigt. Berner Ref. 1528. I. 104, beschlossen „vom Schultheiß, Rath und den 200, genannt der große Rath."

saken mit groter barmhertickheit hefft angesehn, vnde gegeven, dat ein Erbar Radt mit velen vorstendigen, erenwerden vnde redeliken borgern im namen der ganzen gemeynen hyr inne Christlick vnde eyndrechtichlick, van anfange tom ende na gelegenheit der tidt gehandelt hebbe;" und es heißt dann zum Schlusse hinsichtlich der Annahme der Kirchenordnung:

„vnde eyn Erbar Radt vnde de gantze Stadt edder gemeyne, hebben angenamen eyndrechtichlick alle ordeninge van den Scholen, predicanten, Casten, kercksengen, vnde anderen dinge, alse in dissem boeke bescreven is. De anneminge vnde eyndrechtige voreynunge is geschehn, des Sunnavendes vor Nativitatis Marie im iare 1528 vnde vth gescryet in allen kerken van den predikstoelen des andern dages, darum ock de borgere over de gantze Stadt in allen kerken, tor danksegginge gesungen hebben Te Deum laudamus. Got geve sine gnade vortan dorch Jesum Christum vnsen Herrn. Amen.

Eben so lebendig spricht sich die Soester Kirchenordnung von 1532 über das Verfahren aus, was bei der Emanation derselben stattgefunden hat:

„im yare der gebordt vnses Herrn vnd Heilandes Jesu Christi des levendigen Gades sonne 1532 des negest volgenden Donnersdages na Paschen ist dorch yngevunge vnde medewerkunge Godliker gnade vnd barmhertichcit beslaten van dem Erbaren Wolwysen Rade Olde Rade, Twelfen Olden Twelfen, Richtlüeden Ampten und gantzer Gemeine eyndrechtigen, vrywillick angenamen alle Christlike Ordnunge vth oeren biddent vnd beveel yn dit Bock vorvatet vnd gedruckt in der Keyserliken Stadt Luebeck dorch Johan Balhorn."

Aehnlich ist es nun aber auch in andern Städten zugegangen; in Leisnig, wo „Rath, Viertelmeister, Elteste und gemeine Einwohner der Stadt und Dörfer eingepfarrter Versammlung und Kirchspiels zu Leisnig" genannt werden; in Basel, wo „Bürgermeister, kleiner und großer Rath sammt den Verordneten von uns und gemeiner unserer Bürgerschaft der Stadt Basel sonderlich hierzu berufen," mitgewirkt haben; in Göttingen, wo neben dem „Erbarn Rath" noch „die Gildemeister, Seßmannen, Mittlere und gantze Gemeinde" erwähnt werden, und wo es am Schlusse ganz nach dem braunschweigischen Vorbilde heißt, daß Rath und ganze Gemeinde nochmals am Palmsonntage sich zur Annahme der neuen Ordnung vereinigt hätten; so ferner in Straßburg, wo sogar ein ziemlich complicirter Modus einer Repräsentation der Zünfte stattgefunden hat; in Rostock, wo wenigstens die Kirchherrn und Prädicanten mitwirken; in Northeim, wo der anfängliche Widerstand des Raths, der auch in Rostock anfangs abgeneigt gewesen war, erst durch das energische Verlangen der Gildemeister und Gemeine hatte gebrochen werden müssen; so endlich auch in Elbogen, Nördlingen, Münden, wo immer neben Bürgermeister und Rath noch die Betheiligung der ganzen Gemeinde hervorgehoben wird *).

Abgesehn von dieser Anomalie, die aber gewiß durch die eigenthümlichen Verhältnisse gerade in den Städten völlig erklärt wird, so entspricht nun die damalige kirchliche Rechtsbildung der staatlichen auch darin ganz und gar, daß von einer Autonomie kleinerer Kreise, namentlich der Gemeinden, auf kirchlichem Gebiete so wenig die Rede ist wie auf politischem; es waren vielmehr die Gemeinden damals nichts weiter als Verwaltungssprengel ohne jedes selbstständige Leben; am allerwenigsten aber kam ihnen eine irgendwie selbstständige Rechtsbildung zu; und wenn nicht schon die allgemeinen Culturzustände in der großen Mehrzahl der Gemeinden allen solchen Plänen die Ausführung von vornherein verwehrt hätten, so würde sie vielfach an der Kleinheit der Gebiete haben scheitern müssen, und in der Kleinheit des Gebiets ist auch wohl der Grund zu sehn, warum nicht wenigstens in den Städten ein selbstständiges Leben dieser Art erwachte.

Wenn endlich vielfach von einer Mitwirkung der theologischen Wissenschaft bei der Emanation der damaligen Kirchenordnungen gesprochen ist, und zwar in einer Weise, wonach die Theologen der

---

*) Leisn. Kasten-O. 1523. I. 10. Elbogen. KO. 1523. I. 15. Renov. eccl. Nordl. 1525. I. 18. Baseler KO. 1529. I. 120. Braunschw. KO. 1528. I. 106 ff. Münden. KO. 1530. I. 140. Gött. KO. 1530. I. 144. Rostock. Raths-O. 1532. I. 144. Soest. KO. 1532. I. 168. Straßb. KO. 1534. I. 232. Northh. KO. 1539. I. 287.

einzelnen Landeskirchen ein förmliches Recht gehabt hätten, in solchen Fällen gehört zu werden, so ist nun gegen ein solches angebliches Recht der Wissenschaft zunächst Alles dasjenige geltend zu machen, was oben im Allgemeinen zur Widerlegung dieser Phantasie gesagt worden ist. Abgesehn davon ist es hinsichtlich der kirchlichen Rechtsbildung der damaligen Zeit so natürlich wie möglich, daß die Landesherrn und Stadtobrigkeiten dabei besonders Solche zuzogen, die vermöge ihres ganzen Lebensberufs den kirchlichen Angelegenheiten nahe standen, Kenntniß von ihnen haben mußten; und es ist demgemäß richtig, daß in materieller Beziehung die damalige Rechtsbildung sehr wesentlich unter dem Einflusse der theologischen Wissenschaft gestanden hat. Es kann aber nicht gut klarer, als das in den Kirchenordnungen selbst geschehn ist, der Unterschied von materieller und formeller Mitwirkung hervorgehoben werden, indem vielfach in den Eingängen oder in den Schlußworten derselben Wendungen vorkommen, worin geradezu gesagt wird, die Kirchenordnung sei entstanden auf Rath der Theologen und Bewilligung der Landschaft, oder die Geistlichen hätten deliberirt, der Rath hätte approbirt *).

2) Das siebzehnte und achtzehnte Jahrhundert.

In dem Organismus der Kirchenverfassung, und somit auch in den Grundsätzen über die Rechtsbildung sind wesentliche Veränderungen während dieser ganzen Zeit nicht vor sich gegangen.

Zwar die Landstände treten immer mehr in ihrer Betheiligung

---

*) Leisnig. Kasten-O. 1525. I. 10. Nördl. KO. 1538. I. 286. Schlesw.-Holst. KO. 1542. I. 354: „alse auerst nu desse Ordeninge dermaten dorch de gelerden tho hope gebracht, hebbe wy se vnsen Reden vnde Landtschoppen tho besichtigende vnde tho lesende auerantworden laten.“ Pomm. KO. 1563. II. 229: „up Radt der Theologen vnd bewilligung der Landstend verniet vnd vermehret.“ Brandenb. KO. 1573. II. 358, die frühere Kirchenordnung sei entstanden „mit Bewilligung und Vorwissen der Städte, Ritter, Adel u. s. w., und Deliberation und Consilien der berühmtesten und vornehmsten Theologen deutscher Nation.“ Jenaische Cons.-O. 1574. II. 396, in Ehe- und andern Sachen hätten einige berühmte Theologen, z. B. Luther und Melanchthon, aus der Bibel Ansichten abgeleitet, die mit dem Recht nicht stimmten, auf solche Meinung solle das Gericht nur insoweit Rücksicht nehmen, als schon früher danach gehandelt sei.

an der Kirchengewalt zurück; indem dieselben überhaupt ihren frühern Einfluß verlieren, so hat eine mißverständliche Auffassung der staatsrechtlichen Vorgänge auf dem Reichstage von Augsburg 1555, in Folge deren die Kirchengewalt einfach zur Territorialsache gemacht wurde, schon früh dahin geführt, gerade hier einen Absolutismus der Landesherrn zu begründen; dergleichen Mißverständnisse waren aber nur bei dem allgemeinen Verfall des landständischen Instituts überhaupt möglich.

Dagegen läßt sich nun durchaus nicht nachweisen, daß das landesherrliche Kirchenregiment hinfort auf andere Weise beschränkt sei, wie das namentlich zu Gunsten des sogenannten Lehrstandes öfters behauptet ist. Wenn wir vielmehr absehn von vielfachen Prätensionen, die in dieser Hinsicht von der Geistlichkeit häufig erhoben wurden, namentlich während des siebzehnten Jahrhunderts, der Periode der Orthodoxie, wo also der Lehrstand eine ganz besonders hervorragende Stellung in Folge der allgemeinen Zeitrichtung einnahm; wenn wir statt dessen uns einfach an die thatsächlichen Vorgänge des wirklichen Lebens halten, so zeigt es sich, daß nirgends der Landesherr auch in den wichtigsten Angelegenheiten der Kirchenregierung an eine solche angebliche Schranke sich kehrte, daß er namentlich überall die Rechtsbildung völlig selbstständig vornahm, und daß er bei der Emanation von Kirchenordnungen, Katechismen, Gesangbüchern, Agenden gerade so absolut verfuhr, wie bei der Gesetzgebung auf weltlichem Gebiete. Das erleidet selbst keine Einschränkung in Bezug auf diejenigen Landeskirchen, in denen der geistliche Stand in seiner Gesammtheit eine Art Organisation erlangt hatte, wo also geistliche Synoden oder ähnliche Einrichtungen entstanden waren, wie namentlich in Pommern und Hessen. Denn so sehr auch diese Organe selbst, und so sehr sich unter der Herrschaft der damaligen Zeitströmung die Gutachten der Facultäten und einzelner Autoritäten vielfach in diesem Sinne aussprachen, besonders auf Grund von Aeußerungen der Reformatoren über die Scheidung der geistlichen und weltlichen Gewalt, für die sich sogar in den Symbolen Anhaltspunkte finden, so sind doch das Alles blos Bestrebungen und Tendenzen gewesen, die nicht zu einer förmlichen Anerkennung im Rechtsleben geführt sind. Man bezeichne nur klar und bestimmt in einer einzigen Landeskirche denjenigen Fürsten, unter dessen Regierung diese Theilnahme der Geistlichkeit an der Kirchenregierung zur Geltung gekommen ist, und man zeige mir diejenige Kirchenordnung, die auf diese Weise zu Stande gekommen ist *).

Ebensowenig läßt sich aber auf dem Boden der damaligen bestehenden Verhältnisse nachweisen, daß den Einzelgemeinden irgend welches selbstständige Recht bei der Ausübung der Kirchengewalt, namentlich bei der Rechtsbildung zugestanden hätte; sie brauchten auch bei den wichtigsten Dingen nicht um ihre Zustimmung gefragt zu werden, sie hatten nicht die Wahl zwischen Annehmen und Ablehnen, und sie hatten auch nicht die Befugniß, in unwichtigen Punkten auf Grund einer autonomen Berechtigung Abänderungen vorzunehmen, sie hatten kein Recht, kirchliche Statuten irgend welcher Art zu machen. Nur so viel soll allerdings nicht in Abrede gestellt werden, daß eine particuläre Rechtsbildung dieser Kreise insofern bestand, als durch derogatorische Gewohnheiten, die hier entstanden, der bestehende Rechtszustand in unwesentlichen Punkten abgeändert werden konnte, wovon noch Beispiele angeführt werden sollen.

II. Die Gegenwart.

Die deutschen Landeskirchen treten gegenwärtig mit Rücksicht auf die Gestaltung der Kirchenverfassung in zwei Gruppen auseinander.

In den kleinern namentlich norddeutschen Gebieten ist eine Veränderung des frühern Organismus bisher noch nicht vorgegangen, und in Mecklenburg, in den Hansestädten, in Braunschweig geht die kirchliche Rechtsbildung noch heutzutage allein von den Landesherrn oder den Stadtobrigkeiten aus, die neue Katechismen, Gemeindeordnungen, Liturgien selbstständig einführen, ohne dabei weder durch die Gesammtheit der Geistlichen, noch durch die Einzelgemeinden beschränkt zu sein, und auch

*) Eine vielfach andere Auffassung ist bei Richter, Gesch. der evang. Kirchenverfassung, S. 122 ff.

ohne daß die Landstände dabei weiter in Betracht kämen; und wenn z. B. in Braunschweig bei dem Erlaß der neuen kirchlichen Gemeindeordnung die Landesversammlung mitgewirkt hat, so ist die Thätigkeit derselben, wie ausdrücklich bemerkt worden ist, eine blos gutachtliche gewesen, eine ganz andere, als sonst, wo ständische Concurrenz erfordert wird. Ganz so verhielt es sich auch mit den kirchlichen Zuständen Preußens bis zum Jahre 1850; es wurde namentlich unter Friedrich Wilhelm III. die Kirche ebenso absolutistisch regiert, wie der Staat; die wichtigsten Vorgänge auf dem Gebiet der Rechtsbildung, wie der Erlaß der neuen Kirchenagende, erfolgten einseitig nur auf Grund der königlichen Machtvollkommenheit; nur hinsichtlich der Berechtigung zur Einführung der Union waltete an der maaßgebenden Stelle, wie aus bekannten königlichen Aeußerungen auf das Unzweideutigste hervorgeht, eine andere Auffassung ob, wonach das eine Angelegenheit sei, in welcher der König, „weit entfernt, etwas verfügen oder bestimmen zu wollen," nur einen landesväterlichen Vorschlag seinem evangelischen Volke zu machen habe, dem dann die freie Zustimmung aller Betheiligten folgen müsse. Es scheint mir nun in der That auf Grund des damaligen positiven Rechtszustandes nicht, daß die königliche Kirchengewalt an diesem Punkte einer Beschränkung unterworfen gewesen wäre, denn welcher Ansicht man nun auch sein möge über die Natur der damals zu Stande gekommenen Union, ob man eine bloße Regimentsunion darin sieht, oder eine liturgische, oder sogar eine Bekenntniß- und Consensusunion, so scheint es mir selbst im letztern Falle nicht, der übrigens in Preußen in der That nicht in Betracht kommt, daß das bestehende höchste Kirchenregiment incompetent gewesen wäre, und ich beziehe mich dafür besonders auf das, was ich oben über die allgemeine kirchenrechtliche Bedeutung der Symbole gesagt habe. Indeß so sehr auch positivrechtlich der König zur unbedingten Einführung der Union würde berechtigt gewesen sein, natürlich mit der Maaßgabe, daß den Sectenbildungen neben der neuen unirten Landeskirche auf Grund des Landrechts kein Hinderniß in den Weg gelegt würde, so ist es doch im höchsten Grade bezeichnend, daß das damalige Kirchenregiment in seiner bestehenden Organisation, wo es blos im absoluten Königthume besteht, eine solche Aufgabe nicht auf seine Schultern nehmen wollte; man fühlte sich der Durchführung derselben nicht gewachsen, weil inzwischen veränderte Verhältnisse eingetreten waren, welche eine Theilnahme des Volks an der Wahrnehmung der kirchlichen Angelegenheiten gebieterisch forderten. Es ist bekannt, wie es trotz mannigfacher Ansätze zu einer Umgestaltung der preußischen Kirchenverfassung, abgesehn von der Kirchenordnung für Rheinland und Westphalen, unter dieser Regierung nicht gekommen ist; seit Anfang der zwanziger Jahre ruheten sowohl die politischen als die kirchlichen Entwürfe. Erst König Friedrich Wilhelm IV. nahm sofort nach seiner Thronbesteigung beide wieder auf, und wie es in politischer Beziehung zu einer häufigen Versammlung der Provinziallandtage und zur Einrichtung der ständischen Ausschüsse kommt, so in kirchlicher zu einem Zusammentritt von Kreissynoden; der Abschluß dieser Bestrebungen war dann in politischer Beziehung der vereinigte Landtag, in kirchlicher die Generalsynode des Jahres vorher. Es war aber, näher betrachtet, die Stellung der Generalsynode längst nicht von solcher Bedeutung in kirchlichen Dingen, wie die Stellung des vereinigten Landtags in politischen. Wie auf der einen Seite die Generalsynode gar nicht als eine Vertretung des christlichen Volks angesehn werden kann, sondern nur als eine kirchliche Conferenz, als eine Versammlung von Vertrauensmännern, eine kirchliche Notabelnversammlung von Sr. Majestät berufen, während doch der vereinigte Landtag auf fester Berechtigung und Wahlen beruhte, die, so unvollkommen sie sein mochten, doch eine Macht außerhalb der königlichen darstellten, so hatte nun auch auf der andern Seite dem entsprechend die Generalsynode nicht die geringsten wirklichen Rechte, sie hatte nicht Zustimmung, sondern blos Gutachten und Rath zu ertheilen. Es braucht kaum bemerkt zu werden, daß durch diese Erörterungen die große materielle Bedeutung der preußischen Generalsynode von 1846 für die Entwicklung der protestantischen Kirchenverfassung unangetastet bleibt.

In einer Anzahl anderer deutscher Staaten ist es nun aber im Laufe des gegenwärtigen Jahrhunderts in der That dahin gekommen, daß eine Veränderung in dem Organismus der Kirchenregierung herbeigeführt ist, indem diese kirchliche Verfassungsentwicklung wiederum auf das Engste zusammenhing mit Vorgängen auf dem politischen Gebiete.

Nach einer doppelten Richtung hin ist eine Umbildung des kirchlichen Verfassungsorganismus erfolgt.

Zunächst ist neben das landesherrliche Kirchenregiment wieder eine Vertretung hingestellt worden; es war ganz unmöglich, daß nachdem in politischen Dingen eine größere Theilnahme des Volks in den Landtagen gewährt worden war, auf die Länge eine solche auf dem kirchlichen Gebiete versagt werden sollte; und es ist ganz charakteristisch, daß gerade da, wo die Entfaltung des landständischen Wesens am kräftigsten war, also im südwestlichen Deutschland, auch schon am frühesten und bestimmtesten solche Forderungen hervortraten, und solchen Forderungen ein Genüge geleistet wurde. Es war nun aber nicht mehr möglich, eine solche weitere Theilnahme des Volks an der Kirchengewalt wie früher den Landtagen zu übertragen, einfach deshalb nicht, weil an die Stelle der frühern Gemeinsamkeit des Bekenntnisses in den einzelnen deutschen Ländern jetzt fast allerwärts ein Zustand confessioneller Mischung getreten war, und es natürlich sich von selbst verbot, Volksvertretungen, in denen vielleicht sogar confessionelle Momente die Parteigruppirungen mit bestimmen, wo neben Christen auch Juden sitzen, eine entscheidende Stimme in den innern Angelegenheiten des protestantischen Kirchenwesens einzuräumen. Man hat sich deshalb genöthigt gesehn, den veränderten Verhältnissen entsprechend jetzt eigene rein kirchliche Repräsentationen in's Leben zu rufen, Synoden, denen es zusteht, in allen wichtigen Sachen eine Zustimmung zu geben, so daß dadurch der Gegensatz von Gesetzen und Verordnungen auch auf kirchlichem Gebiete wieder praktisch geworden ist; solche Synoden sind entweder als regelmäßige Organe in den kirchlichen Verfassungsorganismus eingereiht, oder sie haben nur eine Bedeutung für gewisse Fälle, wo es sich um eine Umänderung wesentlicher Theile des bestehenden Rechtszustandes handelt, wie in Hannover. In Preußen ist es bisher zu einer solchen Einrichtung noch nicht gekommen, und es unterliegt bei einer rein juristischen Betrachtung nicht dem geringsten Zweifel, daß es auf Grund von Art. 15 der Verfassungsurkunde, worin den Kirchen und Religionsgesellschaften die selbstständige Ordnung und Verwaltung ihrer Angelegenheiten zugesichert wird, zu einer solchen Einrichtung nicht zu kommen braucht, am allerwenigsten ist es aber richtig, daß schon in diesem Artikel eine derartige neue Kirchenverfassung enthalten sei. Jene Bestimmung bezieht sich vielmehr einzig und allein auf das Verhältniß von Kirche und Staat, nicht aber auf die innern Angelegenheiten einer einzelnen Kirche oder Religionsgesellschaft, als ob die Kammern in dem Augenblick, wo sie die Kirche von dem Staate emancipirten, der evangelischen Kirche noch zu guter letzt eine ganz neue Organisation hätten wollen zu Theil werden lassen. Die Herbeiführung eines den veränderten Verhältnissen entsprechenden Verfassungszustandes der evangelischen Kirche Preußens ist lediglich Sache der Kirche selbst, und ganz so wie bei den dortigen politischen Verfassungsänderungen die bisherigen Gewalten die Urheber des jetzigen Rechtszustandes geworden sind, wie das absolute Königthum den vereinigten Landtag berufen hat, und durch diesen bei seinem zweiten Zusammentritt im Einverständniß mit dem Könige die Initiative für die weitere Entwicklung ergriffen ist, so muß auch in kirchlichen Dingen die zu Recht bestehende Gewalt, das landesherrliche Kirchenregiment, dem bis zu diesem Augenblicke in der Kirche eine absolute Gewalt zukommt, die Mittel und Wege anbahnen, um sich durch weitere Organe, durch eine allgemeine Repräsentation der Kirche von Neuem zu kräftigen. Wie dies das einzig rechtlich zulässige Verfahren ist, so ist es auch, wenn man nicht den völlig revolutionären Weg einschlagen will, das einzig logisch mögliche; denn wenn nun auch statt einer Octroyirung einer neuen Kirchenverfassung eine constituirende Synode berufen würde, so müßte doch wieder mindestens das Wahlgesetz für dieselben einseitig aus der landesherrlichen Machtvollkommenheit heraus erlassen werden; es ist eben einfach nicht anders möglich, als daß, wenn ein bestehender Rechtszustand auf rechtlichem Wege abgeändert werden soll, das geschehn muß durch einseitiges Vorgehn der bisherigen Gewalten; es kann sich diese Initiative auf ein Minimum erstrecken, aber an irgend einem Punkte muß sie sich finden. Wie die Dinge in Preußen gegenwärtig liegen, so hat man bekanntlich vorläufig eine Gemeindeordnung octroyirt, und beabsichtigt nun zu immer höhern Organisationen aufzusteigen, indem an der Ordnung der höhern Kreise, wie es scheint, die schon vorhandenen kirchlichen Organe bereits eine Mitwirkung haben sollen. Das Alles ist nicht entfernt Parteiansicht, sondern einfach Rechtswissenschaft, und es ist charakteristisch, daß entgegengesetzte Ansichten vorzugsweise von theologischer Seite her ausgegangen sind, aus Kreisen, wo man gewiß von den besten Absichten für das Wohl der Kirche erfüllt ist, und deren kirchenpolitische Pläne gewiß diejenigen sind, die sich dereinst realisiren werden, wo man es aber nicht versteht, das juristische Sachverhältniß rein von allen weitern Momenten, frei von allen Wünschen und Bestrebungen hinzustellen.

Abgesehn von dieser Vertretung, die gegenwärtig in vielen deutschen Landeskirchen neben das landesherrliche Kirchenregiment gestellt ist, so ist nun eine weitere Verfassungsänderung dadurch herbeigeführt worden, daß man angefangen hat, kleinern kirchlichen Kreisen innerhalb der Landeskirche eine selbstständige Bedeutung beizulegen, in Folge deren ihnen neben einer gewissen Selbstverwaltung auch eine Art von autonomer Rechtsbildung zukommt. Es ist ein doppeltes Moment gewesen, welches auf eine derartige Gestaltung der Dinge Einfluß geübt hat; einmal jenes Streben nach autonomer Selbstständigkeit überhaupt, welches nun einmal für die gegenwärtige Zeit charakteristisch ist, und welches nicht blos dahin geführt hat, die Kirche selbstständig gegen den Staat zu stellen, sondern sich auch innerhalb der Kirche fortwährend bethätigt, sodann aber der Umstand, daß in Folge der Consolidation der deutschen Territorien in politischer Beziehung, wie eine solche namentlich auch seit Anfang dieses Jahrhunderts stattgefunden hat, Landeskirchen von einem Umfange entstanden sind, wie man dergleichen in der Reformationszeit und später nicht kannte. Jene Gliederung in selbstständige kleinere Kreise ist daher auch eine größere, je größer der Umfang der betreffenden Landeskirche ist; auch hier aber ist ein Parallelismus mit politischen Eintheilungen unverkennbar; ausgehend von der Ortsgemeinde, erheben sich dann über ihnen, wie es namentlich in Preußen beabsichtigt wird, und in den westlichen Provinzen bereits durchgeführt ist, Kreise oder Superintendentursprengel, über diesen dann Provinzen, über diesen endlich die Gesammtheit der Landeskirche. Diese einzelnen Abtheilungen sollen dann auch das Recht der Autonomie in gewissem Umfange haben, wie das namentlich bereits in der Weise zu Tage getreten ist, daß man von Seiten des obersten Kirchenregiments nur die Grundzüge zu Gemeindeordnungen, nur den Kern einer Agende, nur den Grundbestandtheil eines Gesangbuchs als obligatorisch aufgestellt, dagegen es den kleinern Kreisen, namentlich den Ortsgemeinden, überlassen hat, Statuten darüber zu machen, wie es sich, auf Grund der concreten Verhältnisse, mit der nähern Ausführung der Gemeindeordnung, der Liturgie u. s. w. verhalten solle.

Es ist dann zuletzt noch auf eine Verfassungsentwicklung kurz hinzuweisen, welche zwar jetzt noch in den ersten Anfängen begriffen ist, die aber für die Zukunft eine Bedeutung gewinnen kann, und wodurch denn auch ein neues Organ für die Rechtsbildung geschaffen werden würde. Es hat nämlich den Anschein, als ob auch die Analogie einer völkerrechtlichen Verbindung auf das Gebiet der protestantischen Kirchenverfassung übertragen werden sollte, als ob die einzelnen deutschen Landeskirchen im Laufe der Zeit zu einem Kirchenbunde zusammentreten würden, wie von dergleichen in den Conferenzen der Vertreter evangelischer Kirchenregimente zu Eisenach wenigstens die Anfänge vorliegen. In wie weit es freilich gelingen wird, sogar über die Grenzen Deutschlands hinaus dergleichen zu Stande zu bringen, muß der Zukunft überlassen bleiben.

Zweites Capitel.

Die Rechtsbildung hinsichtlich des Inhalts.

I. Im Allgemeinen.

Es versteht sich von selbst, daß auch die Entstehung des protestantischen Kirchenrechts innerlich gewissen Gesetzen unterliegt, und es kommt besonders ein zwiefaches Moment in Betracht, welches für diese innerliche Rechtsbildung maaßgebend ist.

Es ist zunächst der religiöse Glaube, welcher die kirchliche Rechtsbildung regiert; eine Wahrheit, von der man namentlich damals auf das Tiefste durchdrungen war, als es sich darum handelte, auf Grund einer tiefern Erkenntniß dieses Glaubens mit den überlieferten Rechts- und Verfassungsformen zu brechen, und ein neues Kirchenrecht aufzurichten, welches nun, wie es in den alten Kirchenordnungen heißt, dem Worte Gottes gemäß sein müsse, hinsichtlich dessen eine Unterwerfung unter das Wort Gottes stattfinden müsse, ohne jede Verkürzung desselben, so daß also die Bibel als die oberste Norm bei der protestantischen Rechtsbildung erscheint, in der Weise, daß, wie in zahlreichen Kirchenordnungen ausdrücklich erwähnt wird, bei fortschreitender Erkenntniß des Evangeliums auch eine fortschreitende Entwicklung der Kirchenverfassung stattfinden müsse*). Blos als Principien für die Rechtsbildung kommen demgemäß auch jene Aussprüche Christi in Betracht, die vorzüglich in der Bergpredigt über das Eherecht und andre Rechtsverhältnisse sich finden; nur daß einige davon in einer Weise spiritualistisch sind, daß sie, statt den Inhalt des positiven Rechts zu normiren, eine Negation alles Rechts überhaupt enthalten.

Diese Grundsätze nun, welche uns die religiöse Glaubensgrundlage des Protestantismus für den Inhalt der Rechtsbildung bietet, und

---

*) Elbog. KO. 1523. I. 17. Stralſ. KO. 1525. I. 25: „Were ock wol .. deme disse ordeninge wo baven geschreven, mishagede, unn se gedechte myt göttlicker schrifft anthofechten, unn gar nedder tho leggen im dehle: densulnigen schall fry und seker geleide aff unn tho thoreisen disser saken halnen gegeuen, von uns broderlick entfangen werden, unn christlike antwort mit gades hülpe entfangen.“ Landesordn. f. d. Herzogth. Preuß. 1525. I. 28 ff. Ausschreib. d. Herzogs v. Liegnitz, 1527. I. 72 ff. Kursächs. Instr. f. d. Vis. 1528. I. 77 ff. Berner Ref. 1528. I. 104. Baseler KO. 1529. I. 120. Hamburg. KO. 1529. I. 127. Hess. KO. 1532. I. 162. Liegn. Verordn. 1534. I. 239. Würtemb. Kasten-O. 1536. I. 261. Würtemb. Ehe-O. 1537. I. 280. Sächs. KO. 1539. I. 307. Brandenb. KO. 1540. I. 323. Preuß. Art. 1540. I. 334. Schlesw.-Holst. KO. 1542. I. 353. Preuß. KO. 1544. II. 64. Würtemb. KO. 1553. II. 131. Pomm. KO. 1563. II. 229. Brandenb. Vis.-Cons.-O. 1573. II. 358. Kurchsächs. KO. 1580. II. 447. Solms-Braunfels. KO. 1582. II. 458. Preuß. Cons.-O. 1584. II. 452. Nassauer Synod.-Schl. 1586. II. 473.

durch welche die Rationabilität des Kirchenrechts wesentlich bestimmt wird, sind wie die übrigen Glaubensgrundsätze zu einem Ausdrucke gelangt in den Bekenntnißschriften der protestantischen Kirche, indem in ihnen die Rede ist von dem allgemeinen Priesterthum der Gläubigen und andern Glaubenssätzen, die auf die Gestaltung des Verfassungslebens den nachhaltigsten Einfluß üben. Es ist das die Bedeutung der Symbole für das protestantische Kirchenrecht; die Bedeutung des allgemeinen Theils bei der Darstellung der kirchenrechtlichen Lehren, wo der Begriff und die Eigenschaften der Kirche, der Unterschied von Geistlichen und Laien u. s. w. erörtert wird, wo es sich also wesentlich um Gesetzgebungspolitik handelt, um die letzten Gründe des bestehenden Rechts, und um Ideen zur Fortentwicklung, eine Kritik des Bestehenden, vielfach de lege ferenda.

Auch die Aussprüche der Reformatoren sind für die Feststellung dieser dogmatischen Grundlagen neben den Symbolen gewiß von großer Bedeutung; nur muß man dabei nie vergessen, was sich von selbst versteht, daß man es hier nur mit Forderungen an die Rechtsentwicklung zu thun hat, daß man sich also auf Luther und Melanchthon nicht dafür berufen kann, daß einer Gemeinde die Wahl ihres Predigers wirklich zustehe und dergleichen; sodann aber wird man sich stets vergegenwärtigen müssen, daß nicht jede Aeußerung der Reformatoren hierbei von gleichem Werth ist, und daß es eine ganz unsinnige Methode ist, auf jede Aeußerung hin, die Luther etwa bei Tisch, und die Melanchthon in einem beliebigen Briefe gethan hat, eine Gestaltung des Kirchenrechts begründen zu wollen, darin eine Autorität und einen Ausgangspunkt für eine ganz besondere Entwicklung zu sehn.

Außer den religiösen Glaubensgrundlagen müssen dann aber für eine rationale kirchliche Rechtsbildung noch in Betracht gezogen werden die Verhältnisse des übrigen Rechtslebens, die Verhältnisse des Lebens überhaupt in ihrer Gesammtheit. Ja, es liegt in diesen Momenten sogar der bedeutendste und wichtigste Bestimmungsgrund für die kirchliche Rechtsbildung, da jene Glaubensgrundsätze doch nur die Spitzen der Institute berühren, aber für die weitere Gestaltung derselben völlig indifferent sind, und außerdem dieselben gegenüber den Realitäten des Lebens sich nicht immer in ganzer Stärke geltend machen können, sondern nur modificirt zur Anwendung gelangen. So sehr auch in den Symbolen eine Rechtfertigung für Synodaleinrichtungen, für Selbstständigkeit der Localgemeinden und Aehnliches enthalten sein mag, so würde es doch irrational sein, dergleichen in's Leben zu führen, wo die allgemeinen Volkszustände nicht der Art sind, um solche Einrichtungen ertragen zu können, und eine freie kirchliche Gemeindeverfassung in einer Zeit, wo von politischer Selbstständigkeit solcher Kreise keine Rede ist, würde gewiß so unvernünftig wie möglich sein, da es an der Voraussetzung zu einer gedeihlichen Wirksamkeit fehlen würde.

Es müssen die beiden bezeichneten Momente bei der innern Rechtsbildung zusammenwirken; eine einseitige Berücksichtigung der Grundprincipien des Protestantismus würde Nichts sein, als ein geschichtsloses Experimentiren, dagegen eine einseitige Berücksichtigung der Lebensverhältnisse würde leicht zu einem geistlosen Verharren in althergebrachten Zuständen führen, und könnte sogar eine unprotestantische Entwicklung veranlassen.

II. In der Anwendung auf die äußere Rechtsbildung.

Es muß nun aber so bestimmt wie möglich hervorgehoben werden, daß jene Grundsätze für die Rationabilität des protestantischen Kirchenrechts, namentlich diejenigen, welche von der religiösen Glaubensgrundlage hergenommen sind, nur eine Bedeutung für den Gesetzgeber haben, als Anforderung an das Recht, als Ideen zur Verfassung der Kirche der Zukunft, daß aber, wenn die höchste rechtsbildende Gewalt ihren Ausspruch gethan hat, die Frage nach der Rationabilität hier so gut erledigt ist, wie auf andern Gebieten. Es würde heißen den Grundgedanken der Reformation verfälschen, wenn man hier eine Ausnahme machen, und von einer bestehenden Rechtsordnung erklären wollte, sie errege Gewissensbedenken, oder es müsse aus Gewissensrücksichten diese oder jene Kirchenverfassung eingeführt werden. Es darf eben keine protestantische

Verfassung darauf Anspruch machen, innerlich nothwendig zu sein; ein göttliches Recht ist im Protestantismus unmöglich, und nur weil wesentliche Theile der katholischen Kirchenverfassung auf solchen Grundlagen beruheten, ist dieselbe verworfen worden; die protestantische Rechtsbildung muß sich dagegen in der höchsten Freiheit bewegen; und es wäre sicher kein Gewinn, wenn man eine noch so freie Kirchenverfassung nur dadurch zur Geltung bringen könnte, daß man sie mit einem Nimbus biblischer Nothwendigkeit umgäbe, denn was so an äußerer Freiheit gewonnen würde, würde an innerer eingebüßt. Man würde also sehr wohl sagen können, daß nach echten protestantischen Grundsätzen eine Unterscheidung von Geistlichen und Laien auf Synoden unrichtig ist, man wird aber nicht füglich eine Kirchenverfassung darum für ungültig, für unprotestantisch erklären können, weil etwa ein gesetzliches Mischlingsverhältniß dem Wahlgesetze zu Grunde liegt, oder wohl gar die Synode aus lauter Geistlichen besteht. Recht ist auch hier das, was von der höchsten rechtsbildenden Gewalt, die einmal besteht, ausgegangen ist.

Es ist dies Alles hier um so mehr hervorzuheben, als das positive Kirchenrecht in manchen Ländern noch immer in einem ziemlich schroffen Widerspruch sowohl gegen die obersten Glaubensgrundlagen, als gegen die Summe der heutigen Lebensverhältnisse und das Zeitbewußtsein sich befindet, noch mehr in einem solchen vor nicht zu langer Zeit sich befand; ein solcher Widerspruch ist aber gerade in kirchlichen Dingen am wenigsten zu ertragen, und es ist auf diese Weise so natürlich wie möglich dahin gekommen, daß gegenüber diesen Unvollkommenheiten des Lebens um so energischer an die protestantischen Principien erinnert wurde, wobei dann blos die große Verwechselung begangen wurde, positives Recht und Forderungen an das Recht, die lex lata und die lex ferenda nicht gehörig zu scheiden. Es ist das eine Eigenthümlichkeit der Auffassung, wie sie sich besonders auf theologischer Seite findet, und wie sie nirgends so entschieden hervorgetreten ist, als in den kirchenrechtlichen Schriften des Größten der modernen Theologen, bei Schleiermacher. Man würde seine Deductionen, wie sie namentlich in der preußischen Agendensache an's Licht getreten sind, im Großen und Ganzen durchaus adoptiren können in einer Commission zur Berathung einer neuen Kirchenverfassung; so lange es sich aber einfach um Anwendung des Bestehenden handelt, sind sie nicht zu gebrauchen. Es ist das eine Eigenthümlichkeit, die auch auf seine Schüler übergegangen ist, wie sich bei Gelegenheit der Reform der preußischen Kirchenverfassung gezeigt hat *).

Dergleichen Erscheinungen sind übrigens nicht blos in der Gegenwart zu Tage getreten, sondern auch schon früher; es ist das die Bedeutung, welche vielfach den Aeußerungen der Reformatoren zukommt, indem diese häufig, statt maaßgebend für die wirkliche Rechtsbildung geworden zu sein, Nichts weiter sind als Zeugnisse für Verfassungsideale, denen der Weg in die Wirklichkeit verwehrt worden ist, und unter diesem Gesichtspunkte allein wird auch die Bedeutung der drei Systeme der protestantischen Kirchenverfassung richtig gewürdigt werden. Zweierlei Irrthümer haben nämlich bisher einer richtigen Auffassung dieser Systeme im Wege gestanden; es ist auf der einen Seite unrichtig, darin bloße theoretische Lösungsversuche eines und desselben Problems zu sehn, als ob es sich blos darum handelte, die Thatsache des landesherrlichen Kirchenregiments wissenschaftlich zu begründen, und solche Begründung auf verschiedene Weise möglich wäre, ohne daß die innere Natur des landesherrlichen Kirchenregiments dadurch wesentlich berührt würde, so daß man also unter den drei Systemen wählen könne, wie auf einem Bazar unter den Waaren, je nach dem verschiedenen wissenschaftlichen Standpunkte. Es ist das bleibende Verdienst Stahls gewesen, gründlich nachgewiesen

*) Schleiermachers sämmtliche Werke, Abth. I. Zur Theologie. Bd. 5., besonders das Glückwünschungsschreiben an die hochwürdigen Mitglieder der von Sr. Majestät dem Könige von Preußen zur Aufstellung neuer liturgischer Formeln ernannten Commission. — Ueber die neue Liturgie für die Hof- und Garnisongemeinde zu Potsdam und für die Garnisonkirche zu Berlin. — Ueber das liturgische Recht evangelischer Landesfürsten. — Gespräch zweier selbstüberlegender evangelischer Christen über die Schrift: Luther in Bezug auf die neue preußische Agende. — Außerdem Jonas, Sydow u. s. w., die Selbstständigkeit der evangel. Landeskirche in Preußen, Berlin 1851; und Petition von Dr. Jonas und Genossen, betr. die Selbstständigkeit u. s. w., Berlin 1860.

zu haben, daß den drei Systemen nicht blos eine formelle Bedeutung zukomme, sondern eine reale, in der Weise, daß innerlich die ganze Kirchenverfassung auf diesen verschiedenen Standpunkten einen ganz verschiedenen Inhalt gewinnt. Trotzdem aber darf man die Bedeutung der drei Systeme nicht so auffassen, als ob sich die Wirklichkeit des Lebens darin abspiegelte, als ob es Formeln für wirkliche Zustände wären, Bezeichnungen für auf einander folgende Perioden in der Geschichte der protestantischen Kirchenverfassung, in der Weise, daß zuerst ein Zustand der Dinge bestanden hätte, den man mit der Formel Episcopalsystem bezeichnete, daß dann durch den staatlichen Absolutismus das früher-bestandene Verhältniß aufgehoben und an Stelle desselben eine Verfassungsgestaltung getreten wäre, die man kurz als Territorialismus charakterisirte, bis dann endlich im Collegialismus, — doch hinsichtlich dessen hat man schon längst anerkannt, daß er kein Ausdruck der Wirklichkeit sei, sondern als oppositionelle Richtung der wirklichen Gestaltung gegenüber gestanden habe. Wie es aber hinsichtlich des Collegialismus sich verhält, ganz so auch hinsichtlich des Episcopalismus und Territorialismus. Es hat überhaupt nur eine einzige Periode von wesentlich demselben Charakter in der Geschichte der protestantischen Kirchenverfassung bis auf unsere Zeit herab gegeben; die drei Systeme sind nicht Abstractionen aus dem Leben, sondern Abstractionen ohne Leben; Schattenbilder an der Wand; es sind keine Perioden für die Geschichte des Kirchenrechts, sondern blos Perioden für die Literärgeschichte des Kirchenrechts. Man soll doch denjenigen Rechtszustand erst urkundlich nachweisen, wo wirklich, wie das Episcopalsystem fordert, der Landesherr nur titulotenus der oberste Bischof gewesen wäre, er nur dem Namen nach die höchste Kirchengewalt gehabt hätte, und seine ganze Bedeutung darauf eingeschränkt gewesen sei, für diejenigen Festsetzungen die formelle Sanction zu ertheilen, die vom Lehrstande ausgegangen wären. Ebensowenig ist das Territorialsystem in der Weise, wie es von Thomasius formulirt ist, ein ganz treuer Ausdruck der Verhältnisse, wenn es auch freilich denselben sehr viel mehr entspricht. Wäre es übrigens richtig, daß sich Episcopalismus und Territorialismus der Zeit nach gefolgt seien, so würde darin eine völlige Verurtheilung des so gepriesenen Episcopalsystems liegen, welches sich als zu schwach erwiesen haben würde, gegen so unkirchliche Einflüsse sich zu behaupten, wie sie beim Territorialsystem angenommen werden. Außerdem würde darin ganz offenbar ein Fortschritt liegen auf dem Wege nach der Reinheit der protestantischen Verfassungsgedanken hin, denn so viel Mängel auch dies sogenannte Territorialsystem hat, so ist doch jedenfalls darin beseitigt diese ganz unprotestantische Scheidung von Geistlichen und Laien, und wenn auch das allgemeine Priesterthum dabei noch keine positive Anerkennung gefunden hat, so ist doch eine Gleichheit der Kirchenglieder herbeigeführt, nicht in der Freiheit Aller, aber in der gleichmäßigen Unterdrückung Aller. Selbst heute wird gegenüber von episcopalistischen Gelüsten die territorialistische Ansicht noch immer siegreich sein.

Drittes Capitel.

Die Rechtsbildung hinsichtlich der Form.

I. Gesetz und Gewohnheit im Allgemeinen.

Die äußere Manifestation in der Rechtsbildung geschieht auch hinsichtlich des protestantischen Kirchenrechts auf die doppelte Weise von Gesetz und Gewohnheit. Auch hier erscheint, unter Berücksichtigung dessen, was bereits früher gesagt ist, das Gesetz als die vollkommenere Art der Manifestation des Rechts; und das Gesetz ist dem entsprechend auch hier die weit häufigere Art dieser Manifestation; alle bedeutendern Vorgänge auf dem Gebiete der Rechtsbildung haben eine gesetzliche Regulirung herbeigeführt, wie sich das namentlich in den ersten Zeiten der Entstehung des protestantischen Kirchenrechts zeigt; die Gewohnheit hat daneben mehr nur eine Bedeutung für die Rechtsbildung kleinerer Kreise, und sie wird weniger bei der positiven Entstehung des Rechts, als bei der Abschaffung desselben wirksam, sie ist meist nur derogatorischer Natur.

Es ist nun weiter kein Wort darüber zu verlieren, wenn Puchta auch für das protestantische Kirchenrecht jede Möglichkeit eines Gewohnheitsrechts in Abrede stellt, denn es ist ganz klar, daß die Fälle, wo ein solches thatsächlich vorkommt, nicht blos scheinbar dem Kirchenrechte angehören, wie Puchta meint, sondern recht eigentlich Ausflüsse der kirchlichen Rechtsbildung im engsten Sinne sind. Es ist oben gezeigt worden, wie diese ganze Auffassung auf das Engste mit der gesammten Puchtaschen Theorie zusammenhängt, und wie sie im Ganzen gerade von hier aus widerlegt werden muß.

Dagegen ist eine andere Ansicht, die neuerdings von Bluhme aufgestellt ist, noch kurz zu berücksichtigen. Danach wird nämlich zwischen Gesetz und Gewohnheit auf dem Gebiete des Kirchenrechts insofern ein Unterschied gemacht, daß der Gewohnheit ein weniger zwingender Charakter zukäme als dem Gesetze, als ob die Gewohnheit kaum wirkliches Recht hervorbringe, und es wird dem entsprechend ganz consequent der Gewohnheit eine vorzugsweise Bedeutung im Kirchenrechte zuerkannt, da es hier mehr auf Rechtsüberzeugung, auf freien Gehorsam ankomme, mehr auf Ermahnung, als auf bindenden, satzungsmäßigen Wortlaut, auf Majoritätsbeschlüsse und Befehle; man könne eher die Existenz einer kirchlichen Gesetzgebung als eines Gewohnheitsrechts leugnen*). Es scheint mir nun, als ob in dieser Argumentation ein doppelter Irrthum enthalten wäre; einmal wird es gänzlich unzulässig sein, zwischen Recht und Recht hinsichtlich des zwingenden Charakters, der demselben innewohnt, einen Gradunterschied zu machen; das Moment des Zwanges ist eben ein wesentliches Moment für den Rechtsbegriff, und nur insofern gewisse Normen eine zwangsweise Durchführung zulassen, haben sie auf den Namen rechtlicher Normen einen Anspruch; Zwang ist aber eben einfach Zwang, und es ist wirklich nicht gerechtfertigt, neben solchen Normen, bei denen Zwang angewandt wird, und sol-

*) Bluhme, Encycl. der in Deutschland geltenden Rechte, Abth. 1. S. 98 ff., und bes. Abth. 3. Lief. 2. §. 7. 8. Auch Jacobson in der angeführten Abhandlung (Zeitschrift f. deutsches Recht Nr. 19.) S. 64 ff.

chen, bei denen kein Zwang angewandt wird, auch noch solche anzunehmen, bei denen eine gewisse Portion Zwang angewandt wird, nach dessen fruchtlosem Verbrauch dann die Sache auf sich beruhen bleibt. Außerdem aber wird man sich nicht damit einverstanden erklären können, daß zwischen dem übrigen Recht und dem Kirchenrecht hinsichtlich der Natur desselben ein Unterschied aufgestellt wird, denn so oft das auch geschieht, so dürfte das immer von einer Unklarheit nicht frei sein. Richtig ist allerdings so viel, daß die Kirche eine Anstalt ist, welche nicht wie der Staat, wie der Vermögensverkehr u. s. w., einen vorzugsweise juristischen Charakter hat, daß vielmehr die juristische Natur derselben hinter andern Momenten wesentlich zurücktritt. Dagegen wo nun hinsichtlich kirchlicher Verhältnisse eine rechtliche Normirung überhaupt nothwendig wird, — und daß das in vielen Beziehungen der Fall ist, darüber kein Wort, — da ist dann auch nicht der geringste Unterschied mehr zwischen dem Recht hier und dem Recht anderswo. Es empfiehlt sich gewiß im höchsten Grade, die Kirchenverfassung so einzurichten, daß bei der Rechtsbildung der Wille der Gesammtheit möglichst zum Ausdruck kommt, aber von einer freien Zustimmung ist hier so wenig die Rede wie anderswo. Beiläufig möchte ich noch anheimgeben, ob nicht diese grenzenlose Verachtung gegen Majoritätsbeschlüsse auf ein richtiges Maaß zurückzuführen wäre; Kopfzahlwahlen haben gewiß in der Kirche so gut wie im Staate große Bedenken; warum aber in jedem Falle die Minorität in der kirchlichen Rechtsbildung das Richtigere ergreifen soll, ist nicht einzusehn.

Noch ein Wort über den anfänglichen Sprachgebrauch hinsichtlich der Gewohnheit. In den Kirchenordnungen kommt nämlich der Ausdruck Gewohnheit noch in demselben doppelten Sinne vor, wie im Mittelalter der Ausdruck consuetudo, oder auch in den deutschrechtlichen Quellen Gewohnheit. Die Gewohnheit der Kirchenordnungen bedeutet also zunächst so viel wie Recht überhaupt *). Sie

*) Hamb. KO. 1529. I. 129. 130. Goslar. KO. 1531. I. 156. Hess. KO. 1532. I. 160. Soest. KO. 1532. I. 167. Brandenb. KO. 1540. I. 201. Wittenb. KO. 1533. I. 224. Straßb. KO. 1534. I. 234. Preuß. Art. 1546.

bedeutet dann aber außerdem so viel wie Gewohnheit im engern Sinne, jedoch mit ganz bestimmter Beziehung auf particuläre Rechtsbildung, so daß man zweifelhaft sein kann, welches Moment dabei mehr hervortritt, das gewohnheitsmäßige oder das particuläre*); es sind indeß meist unbedeutende Sachen, die auf diese Weise regulirt werden, Vertheilung der Kirchenbaulast, Betrag aller möglichen Gebühren und Leistungen, Auseinandersetzung der Erben des Pfarrers mit dem Nachfolger und dergleichen mehr.

II. Die Gewohnheit insbesondere**).

1) Die Erfordernisse.

Eine eigenthümliche Theorie des Gewohnheitsrechts existirt wiederum nicht. Die Gewohnheit ist zunächst hinsichtlich der Erfordernisse ganz denselben Grundsätzen unterworfen, wie auch das Gesetz. Denn was zunächst die Erfordernisse hinsichtlich des Subjects an-

---

I. 337. Meckl. KO. 1552. II. 118. Wittenb. KO. 1555. II. 162. Außerdem Conf. Aug. Art. 22. 26. 28. Apol Conf. Art. 15. 24. Art. Smalc. de potest. et prim. papae et de potest. et jurisd. episc. Catech. major. P. I. Decal. Praec. 3. Auch Luther in dem Unterricht der Visit. an die Pfarrherrn im Kurfürstenthum Sachsen, 1528. I. 91. Note 10, ebend. I. 93. 97.

*) Hamb. KO. 1529. I. 129. Brandenb. KO. 1533. I. 199. Sächs. KO. 1539. I. 312. 313. Brandenb. KO. 1540. I. 324. 328. 329. Außerdem Carpzov, def. eccl. seu constit. L. I. 3. 25. I. 3. 38. I. 7. 104. 105. 111. 114. I. 8. 127. 134. I. 9. 145. I. 11. 182. I. 12. 213. 229. II. 8. 155. II. 22. 338. 344. 349. II. 24. 392. III. 1. 12.

**) Die Literatur darüber ist in der That nicht sehr bedeutend: Die Stellen, in denen bei Carpzov von Gewohnheiten die Rede ist, sind in der vorigen Note citirt. Man vergleiche außerdem Brunnemann, tract. de jure eccl. L. I. §. 7. 8. Thomasius, diss. de morum cum jure scripto contentione. (Diss. acad. T. II. p. 356 sq.) Böhmer, jus eccl. Protest. L. I. tit. 4. Glück, praecognita §. 60. G. L Böhmer, principia jur. can. §. 229—236. Wiese, in beiden Werken, §. 51. Richter, §. 84. Mejer, 2. Aufl. §. 83. Schlegel, Kurhann. Kirchenrecht, Th. I. S. 15 Weber, syst. Darstellung, Th. I. S. 79—92. Letzterer sagt sehr naiv, daß je mehr Schriften und Abhandlungen man über das Gewohnheitsrecht nachläse, desto schwerer es wäre mit sich einig zu werden.

langt, so wird in dieser Beziehung hinsichtlich der Gewohnheit nicht weniger verlangt, als hinsichtlich des Gesetzes; es wird ein bestimmter Träger für die Rechtsbildung auch in den Fällen vorausgesetzt, wo sie als Gewohnheit sich manifestirt, und es findet namentlich nicht statt, daß eine Gewohnheit ganz von selbst ohne ein rechtsbildendes Subject entstände. Was sodann die Erfordernisse hinsichtlich des Inhalts betrifft, so wird in dieser Beziehung von der Gewohnheit nicht mehr verlangt, wie vom Gesetze; es kommen allerdings bei Gelegenheit der Gewohnheit und als nothwendige Attribute derselben Ausdrücke vor, die der Rationabilität durchaus entsprechen, wie gute, löbliche, christliche, wohlhergebrachte, unsträfliche Gewohnheit *), es gilt aber davon ganz dasselbe, was hinsichtlich des Erfordernisses der Rationabilität überhaupt schon gesagt ist, daß darin für die Gewohnheit an sich nichts Besonderes liegt, daß es sich auf allgemeine Gewohnheiten nicht bezieht, daß es dagegen für alle particuläre Rechtsbildung, einerlei ob sie als Gesetz oder als Gewohnheit sich manifestirt, in Betracht kommt, nur daß bei Gewohnheiten dergleichen deshalb häufiger ausdrücklich erwähnt wird, weil einerseits die meisten Gewohnheiten den Kreisen particulärer Rechtsbildung angehören, und sodann bei der Entstehung der Gewohnheiten in der That viel weniger eine bewußte Reflexion stattfindet, wie bei der Entstehung der Gesetze, so daß ein öfteres Erinnern daran nothwendig ist. Sollte es sich also herausstellen, daß in irgend einer Landeskirche, z. B. in Meckleuburg, die Abschaffung der Kirchenzucht durch eine allgemeine Gewohnheit erfolgt wäre, so würde die Rationabilität weiter gar nicht in Frage kommen, denn es muß ein höheres Organ da sein, welches äußerlich constatirt, ob ein Vor-

*) Soest. KO. 1532. I. 167: „gude lafflike gewonhiet." Brandenb.-Nürnb. KO. 1533. I. 199: „löbliche wolgegründete gewonheyt." Clev. KO. 1533. I. 218. 219: „loeffliche Ordnung und alderes herkommen." Würtemb. Ehe-O. 1537. I. 281. Pomm. KO. 1563. II. 236. Acta syn. Wesal. 1568. II. 311: „in gravibus et necessariis rationibus subnixa consuetudo." Jenaische Conf.-O. 1569. II. 325. Pomm. Syn.-Stat. 1574. II. 389. Kursächs. KO. 1580. II. 420. Hoya. KO. 1581. II. 456. 458. Rigaer O. d. Kirchendienstes, 1580. II. 487. -- Carpzov, l. c. I. 3. 38.

gang rational sei oder nicht; in diesem Falle aber würde die höchste Kirchengewalt selbst als Träger der Gewohnheit angesehn werden müssen. Endlich was die Erfordernisse hinsichtlich der Form betrifft, so ist das nun der einzige Unterschied zwischen Gesetz und Gewohnheit, daß es dort zu einem förmlichen Ausdruck für die Rechtsnormen gekommen ist, hier nicht, daß bei der Gewohnheit sich das Vorhandensein eines Rechtssatzes einfach in der längern Dauer einer demgemäßen Uebung documentirt. Die Dauer dieser Uebung ist nun aber nach protestantischem Kirchenrecht ganz wie nach allgemeinen Rechtsbegriffen an sich unbestimmt und nur in concreto zu bestimmen; es besteht kein gesetzlich fixirter Termin dafür, namentlich auch nicht der Ablauf der Verjährungszeit; und es ist ohne allen Grund, das Erforderniß der Präscription, weil es für das katholische Kirchenrecht gilt, auch für das protestantische in Anwendung bringen zu wollen; es beruht diese ganze Ansicht auf einer völligen Verkennung des Umstandes, wie sehr die Lehre der Rechtsbildung mit den eigensten Grundsätzen der Kirchenverfassung zusammenhängt, und wenn an irgend einem Punkte eine Unabhängigkeit vom corpus juris canonici behauptet werden muß, so gerade hier. Die Kirchenordnungen haben selbst Normen darüber, und sie verlangen zum weit größten Theil durchaus nicht eine bestimmte Zeit*), dergleichen beruht nur auf den Besonderheiten einzelner Länder, wobei leicht nachzuweisen sein möchte, daß ursprünglich eine Unklarheit über die Bedeutung der Decretalensammlungen für das protestantische Kirchenrecht den Anstoß dazu gegeben hat**).

2) Die Wirkungen.

Eine eigenthümliche Theorie des Gewohnheitsrechts existirt auch nicht hinsichtlich der Wirkungen; es versteht sich vielmehr auch hier

*) Clev. KO. 1533. I. 218: „alderes herkommen." Brandenb. KO. 1540. I. 324: „althergebrachtes herkommen." Preuß. Art. 1540. I. 335: „alte gewonheit." Ord. de Genève 1541. I. 342. Schlesw.-Holst. KO. 1542. I. 160. Pomm. KO. 1563. II. 236. Acta syn. Wesal. 1568. II. 311. Jenaische Cons.-O. 1569. II. 325.

**) Weber, syst. Darstellung, Th. I. S. 16 ff.

ganz von selbst, daß, wo überhaupt die Bedingungen vorliegen, einer Gewohnheit irgend welche Wirkung zu verschaffen, dann diese Wirkung auch eine volle und ganze ist, und es kann an und für sich auf diese Weise nicht nur neues Recht entstehn an Stellen, wo bisher noch keins war, sondern es kann auch schon vorhandenes Recht, sei es Gesetz oder Gewohnheit, auf diese Weise abgeschafft werden. Es ist hinsichtlich der derogatorischen Bedeutung des Gewohnheitsrechts einfach auf dasjenige zu verweisen, was darüber beim katholischen Kirchenrechte gesagt worden ist. Es besteht eine völlige Gleichstellung von Gesetz und Gewohnheit *).

*) In diesem Sinne hat sich namentlich schon Carpzov, l. c. ausgesprochen, z. B. I. 7. 114: „Consuetudo siquidem lex est; tantumque valet quantum lex ipsa, nec quicquam differt a lege scripta, nisi quantum tacitum ab expresso, quin et lege omni est valentior, et chymica arte nigrum in album vertit. Quare non minus secundum consuetudinem quam legem scriptam judicandum;“ und ähnlich in den verschiedensten Wendungen mit meist ganz kritikloser Berufung auf das römische Recht: I. 1. 7. I. 3. 25. I. 3. 38. I. 7. 104. I. 8. 127. 134. 155. I. 9. 145. I. 11. 182. I. 12. 239. II. 1. 6. 7. 8. II. 8. 155. II. 22. 344. 349. II. 24. 392. III. 1. 12. Man vergleiche übrigens Jacobson, a. a. O. S. 85 ff.

Kolibri 360 GmbH
Ferdinand-Jühlke-Straße 7
99095 Erfurt, Deutschland
produktsicherheit@kolibri360.de